SHiPin

高职高专食品类专业系列教材

GAOZHI GAOZHUAN SHIPINLEI ZHUANYE XILIE JIAOCAI

食品微生物

（第2版）

主　编◇贾洪锋

副主编◇段丽丽

参　编◇（以姓氏笔画为序）

马　洁	王俪睿	刘兰泉
刘建峰	安攀宇	严鹤松
张　芳	张红娟	李　维
宗　宝	徐　培	戢得蓉
谭国强		

重庆大学出版社

内 容 提 要

本书介绍了食品微生物的相关内容。全书共分为 8 章,具体包括微生物的概念和特性、微生物(细菌、放线菌、酵母菌、霉菌、病毒等)的形态和结构、微生物的营养与培养基、微生物的代谢、微生物的生长及控制、微生物与食品制造、微生物与食品腐败变质,以及微生物与餐饮食品加工。本书编写时本着实用、够用的原则,在内容上力求条理清晰、重难点突出,并努力与实际相结合,充分体现其实用性。

本书可作为高等院校食品科学与工程、食品质量与安全、发酵工程及餐饮食品等相关专业的教材,也可作为相关领域研究和技术人员的参考用书。

图书在版编目(CIP)数据

食品微生物 / 贾洪锋主编. -- 2 版. -- 重庆 :重庆大学出版社,2021.2
高职高专食品类专业系列教材
ISBN 978-7-5624-9268-9

Ⅰ.①食… Ⅱ.①贾… Ⅲ.①食品微生物—高等职业教育—教材 Ⅳ.①TS201.3

中国版本图书馆 CIP 数据核字(2021)第 032224 号

食品微生物
(第 2 版)

主 编 贾洪锋
副主编 段丽丽
策划编辑:袁文华

责任编辑:陈 力 涂 昀　　版式设计:袁文华
责任校对:贾 梅　　　　　　责任印制:赵 晟

*
重庆大学出版社出版发行
出版人:饶帮华
社址:重庆市沙坪坝区大学城西路 21 号
邮编:401331
电话:(023) 88617190　88617185(中小学)
传真:(023) 88617186　88617166
网址:http://www.cqup.com.cn
邮箱:fxk@ cqup.com.cn(营销中心)
全国新华书店经销
重庆华林天美印务有限公司印刷

*
开本:787mm×1092mm　1/16　印张:14.25　字数:329 千
2021 年 2 月第 2 版　　2021 年 2 月第 3 次印刷
印数:4 001—6 000
ISBN 978-7-5624-9268-9　定价:36.00 元

高职高专食品类专业系列教材
GAOZHI GAOZHUAN SHIPINLEI ZHUANYE XILIE JIAOCAI

◀ 编委会 ▶

总主编　李洪军

◀ 参加编写单位 ▶

（排名不分先后）

安徽合肥职业技术学院

重庆三峡职业学院

甘肃农业职业技术学院

甘肃畜牧工程职业技术学院

广东茂名职业技术学院

广东轻工职业技术学院

广西工商职业技术学院

广西邕江大学

河北北方学院

河北交通职业技术学院

河南鹤壁职业技术学院

河南漯河职业技术学院

河南牧业经济学院

河南濮阳职业技术学院

河南商丘职业技术学院

河南永城职业技术学院

黑龙江农业职业技术学院

黑龙江生物科技职业学院

湖北轻工职业技术学院

湖北生物科技职业学院

湖北师范学院

湖南长沙环境保护职业技术学院

湖南食品药品职业学院

内蒙古农业大学

内蒙古商贸职业技术学院

山东畜牧兽医职业学院

山东职业技术学院

山东淄博职业技术学院

山西运城职业技术学院

陕西杨凌职业技术学院

四川化工职业技术学院

四川旅游学院

天津渤海职业技术学院

浙江台州科技职业学院

前言
Foreword

　　食品微生物是专门研究与食品有关的微生物以及微生物与食品关系的一门学科,是微生物学的一个重要分支,也是食品等相关专业的一门专业基础课程。本书编写时本着"实用、够用"的原则,在广泛收集已有著作、教材资料的基础上,吸收新的研究成果,对与食品联系较为紧密的内容进行了一定的丰富,而对与食品关系不太紧密且在其他课程中有所涉及的内容(如微生物的代谢、微生物的遗传变异和育种)进行了一定的精简;同时辅以较多的图表,以加深学生对文字内容的理解和掌握。

　　本书编写团队汇集了长期在高职高专院校第一线执教的老师,编写内容均为各自所熟悉的教学和科研内容,从而保证了本书在内容和表现形式上能更加贴近高职高专院校学生对食品微生物知识的需求。

　　本书在内容上共分为8个项目,涵盖了微生物的概念和特性、微生物(细菌、放线菌、酵母菌、霉菌、病毒等)的形态和结构、微生物的营养与培养基、微生物的代谢、微生物的生长及控制、微生物与食品制造、微生物与食品腐败变质,以及微生物与餐饮食品加工等内容。编写时力求条理清晰、重点难点突出,并努力与实际相结合,体现实用性。本书可作为高等院校食品科学与工程、食品质量与安全、发酵工程及餐饮食品等相关专业教材,也可作为相关领域研究和技术人员参考用书。

　　本书由贾洪锋(四川旅游学院)担任主编,段丽丽(四川旅游学院)担任副主编,马洁(湖北轻工职业技术学院)、王俪睿(河南濮阳职业技术学院)、刘兰泉(重庆三峡职业学院)、刘建峰(湖北轻工职业技术学院)、安攀宇(四川旅游学院)、严鹤松(湖北轻工职业技术学院)、张芳(河南鹤壁职业技术学院)、张红娟(陕西杨凌职业技术学院)、李维(四川旅游学院)、宗宝(广西邕江大学)、徐培(四川旅游学院)、戢得蓉(四川旅游学院)和谭国强(湖南食品药品职业学院)参与了编写。具体分工如下:项目1由贾洪锋编写;项目2由徐培、李维编写;项目3由刘兰泉、安攀宇编写;项目4由王俪睿、段丽丽编写;项目5由刘建峰、严鹤松、马洁编写;项目6由张红娟编写;项目7由宗宝、戢得蓉编写;项目8由张芳编写;附录由贾洪锋编写;全书由贾洪锋统稿。西南大学李洪军教授及相关专家对本书的编写大纲和编写内容进行了审定,特此致谢。同时感谢四川旅游学院阎红教授和重庆大学出版社的大力支持。

　　由于编者水平和时间有限,书中的不足、错误和缺点在所难免,敬请广大读者和同行专家批评指正,并提出宝贵意见。

编　者
2021 年 1 月

目 录
Contents

项目1
绪　论

1.了解微生物在自然界中的分布、微生物学的发展、微生物学及其分支学科。
2.熟悉有益微生物和有害微生物与人类的关系、食品微生物的研究内容。
3.掌握微生物的概念及特点、食品微生物的概念。

知识链接

食品的产生起源于 8 000～10 000 年以前。推测在这段时间的早期,出现了食品腐败和食物中毒问题。随着制作食物的出现,由于不恰当的保存方法引起了食物的迅速腐败,其所造成的疾病传播问题也就出现了。最早的酿造啤酒的证据可以追溯到古巴比伦时代(大约公元前 7 000 年)。公元前 3 000—1 200 年,犹太人用死海中获得的盐来保存各种食物;中国和希腊人的食物中就已经有盐腌鱼。中国人和古巴比伦人早在公元前 1 500 年就制作和消费发酵香肠。但遗憾的是,当时的人们并不知道食品发酵、食品腐败和食物中毒的原因是微生物。

任务 1.1　微生物的概念及特点

1.1.1　微生物的概念

微生物(microorganism,microbe)通常是指所有形体微小、个体结构简单的单细胞或多细胞,甚至没有细胞结构的微小生物的通称。包括细菌、真菌、病毒、原生生物和某些藻类等。

由于微生物的个体微小(一般小于 0.1 mm),肉眼看不见或看不清,因此必须借助显微镜才能观察(图 1.1)。然而在微生物中也有一些例外,一些藻类和真菌较大且明显可见,如蘑菇和某些大型的藻类;另外,近年来还发现了两种不用显微镜就能观察到的细菌——硫珍珠状菌(*Thiomargarita*)和费氏刺骨鱼菌(*Epulopiscium fishelsoni*),如图 1.2 所示。但是大多数微生物的个体都十分微小。

$$
微生物
\begin{cases}
小(个体微小)
\begin{cases}
\mu m(微米)级:光学显微镜下可见
\begin{cases}
细菌:0.1 \sim 10 \ \mu m \\
真菌:2 \ \mu m \sim 1 \ m \\
原生生物:2 \sim 1\ 000 \ \mu m \\
藻类:1 \ \mu m \ 至数米
\end{cases} \\
nm(纳米)级:电子显微镜下可见(病毒:10 \sim 300 \ nm)
\end{cases} \\
简(结构简单)
\begin{cases}
单细胞 \\
简单多细胞 \\
非细胞
\end{cases} \\
低(进化地位低)
\begin{cases}
原核类:细菌、放线菌、支原体、立克次氏体、衣原体、蓝细菌 \\
真核类:真菌(酵母菌、霉菌)、原生动物、藻类 \\
非细胞类:病毒、类病毒、朊病毒
\end{cases}
\end{cases}
$$

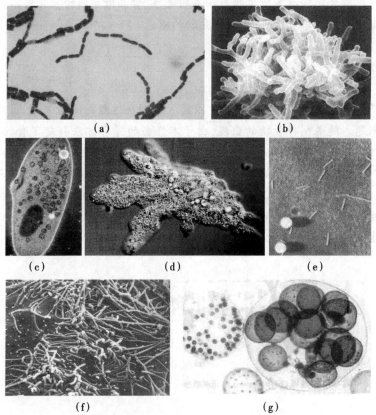

图 1.1　显微镜下的微生物

（a）巨大芽孢杆菌（*Bacillus megaterium*），光学显微镜（×600）；

（b）放线菌（*Actinomyces*），扫描电镜（×21 000）；

（c）草履虫（*Paramecium*），光学显微镜（×115）；

（d）原生动物（阿米巴变形虫（*Amoeba proteus*）），相差显微镜（×160）；

（e）烟草花叶病毒（Tobacco mosaic virus, TMV），透射电镜（白色球状物为对比物:直径264 nm的乳胶颗粒）；

（f）肺炎支原体（*Mycoplasma pneumoniae*），扫描电镜（×26 000）；

（g）团藻属（*Volvox*），光学显微镜（×450）

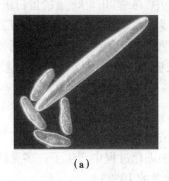
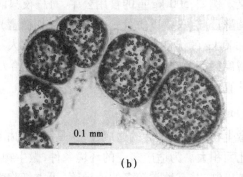

(a)　　　　　　　　　　　　　　　(b)

图 1.2 　个体较大的细菌

（a）上端是费氏刺骨鱼菌（*Epulopiscium fishelsoni*），下端是对比之下像侏儒似的草履虫（×200）；

（b）光学显微镜下的纳米比亚硫珍珠状菌（*Thiomargarita namibiensis*），其外部为黏液鞘，内部有硫滴

1.1.2 微生物的特点

虽然微生物的个体极其微小，但是具有代谢活力强、生长繁殖快、适应性强、易变异、分布广、种类多等特点。

1）代谢活力强

微生物的体积小，比表面积（表面积/体积）大，例如直径为 1.0 μm 的球菌的比表面积可达 60 000，而直径为 1 cm 的生物体的比表面积仅为 6，两者相差 10 000 倍。正是由于微生物的体积小、比表面积大，所以微生物能更加有效和迅速地与外界环境进行物质交换，吸收营养物质和排泄废弃物，具有极大的代谢速率。其代谢速率通常比高等动植物的代谢速率高数十倍、百倍甚至数千倍。发酵乳糖的细菌在 1 h 内可分解其自重 1 000 ~ 10 000 倍的乳糖；产朊假丝酵母（*Candidautilis*）合成蛋白质的能力比大豆强 100 倍，比食用公牛强 10 万倍。

正是由于微生物具有代谢活力强的特点，因此可将微生物作为"活的化工厂"来快速生产人类需要的代谢产物和发酵产物。

2）生长繁殖快

微生物具有极高的生长和繁殖速度。在合适的生长条件下，大肠埃希氏菌（*Escherichia coli*，简称大肠杆菌）细胞每分裂 1 次的时间是 12.5 ~ 20 min。如按 20 min 分裂 1 次计，则每小时可分裂 3 次，每昼夜可分裂 72 次，后代数为 4 722 366 500 万亿个（重约 4 722 t），48 h 为 2.2×10^{43} 个（约等于 4 000 个地球的重量）。但是事实上，由于各种客观条件（环境条件、营养、代谢产物等）的限制，细菌的指数分裂速度只能维持数小时，因而在液体培养基中，细菌细胞的浓度一般仅能达到 10^8 ~ 10^9 个/mL。

微生物的生长繁殖快，因此在发酵工业上它的生产效率高、发酵周期短。如生产用作发面鲜酵母的酿酒酵母（*Saccharomyces cerevisiae*），其繁殖速度不算太高（2 h 分裂 1 次），但在单罐发酵时，几乎每 12 h 即可"收获" 1 次，每年可"收获"数百次，这是其他任何农作物所不可能达到的"复种指数"，其对缓和人类面临的人口增长与食物供应矛盾也有着重大

的意义。例如,500 kg 重的食用公牛,每昼夜只能从食物中"浓缩"0.5 kg 重的蛋白质,而同样重的酵母菌,只要以质量较次的糖液(如糖蜜)和氨水为主要养料,在 24 h 内即可真正合成 50 000 kg 的优良蛋白质。但是,对于危害人、畜和植物等的病原微生物或使物品发生霉腐的霉腐微生物来说,它们的这个特性就会给人类带来极大的麻烦甚至严重的危害,因而需要认真对待。

3)适应性强、易变异

微生物有极其灵活的适应性,这是高等动植物所无法比拟的。其原因主要也是其体积小和比面积大。为适应多变的环境条件,微生物在长期的进化过程中产生了许多灵活的代谢调控机制,并有种类较多的诱导酶(可占细胞蛋白质含量的 10%)。

微生物对环境条件尤其是恶劣的"极端环境"所具有的惊人适应力,堪称生物界之最。例如在海洋深处的某些硫细菌可在 250 ℃ 甚至在 300 ℃ 的高温条件下正常生长;大多数细菌能耐 -196 ~ 0 ℃(液氮)的低温,甚至在 -253 ℃(液态氢)下仍能保持生命;一些嗜盐菌甚至能在约 32% 的饱和盐水中正常生活;许多微生物尤其是产芽孢的细菌可在干燥条件下保藏几十年、几百年甚至上千年;在抗辐射能力方面,大肠杆菌的辐射半致死剂量是人和哺乳动物的 10 倍,酵母菌是 30 倍,而耐辐射戴因氏球菌(*Deinococcus radiodurans*)可达到 750 倍。在抗静水压方面,酵母菌为 500 个大气压,某些细菌、霉菌为 3 000 个大气压,植物病毒可抗 5 000 个大气压。地球上大洋最深处的关岛附近的马里亚纳海沟,那里的水压约为 1 103.4 个大气压,仍有细菌生存。

微生物的个体一般都是单细胞、简单多细胞或非细胞的,它们通常都是单倍体,同时它们具有繁殖快、数量多和与外界环境直接接触等原因,即使其变异的频率十分低(一般为 $10^{-5} \sim 10^{-10}$),也可在短时间内产生大量变异的后代。利用微生物易变异的特点可以进行菌种选育,在短时间内获得优良菌种,提高产品质量和生产效率。1943 年,每毫升青霉素发酵液中产黄青霉(*Penicillium chrysogenum*)只产约 20 单位的青霉素,而病人每天却要注射几十万单位。通过世界各国微生物遗传育种工作者的不懈努力,使该菌变异产量逐渐累积,加上其他条件的改进,目前其发酵水平每毫升已超过 5 万单位,甚至接近 10 万单位。

4)分布广、种类多

微生物体积小、生长繁殖快、适应性强、易变异,因此只要生活条件合适,就可迅速繁殖。地球上除了火山的中心区域外,从土壤圈、水圈、大气圈直至岩石圈,到处都有微生物的踪迹。动物体内外、植物体表面、土壤、河流、空气、平原、高山、深海、冰川、海底淤泥、盐湖、沙漠、油井、地层下以及酸性矿水中,都有大量与其相适应的微生物在活动着。图 1.3 中显示的是人们生活中所用的针尖上的细菌。

图 1.3　针尖上的细菌

迄今为止,人们所知道的微生物约有 10 万种,而目前估计人类至多开发利用了已发现微生物种数的 1%。

任务 1.2　微生物在自然界中的分布

1.2.1　土壤中的微生物

由于土壤具备了各种微生物生长发育所需要的营养、水分、空气、酸碱度、渗透压和温度等条件,因此土壤是微生物生活的良好环境。对微生物来说,土壤是微生物的"大本营";对人类来说,土壤是人类丰富的"菌种资源库"。

尽管土壤中各种微生物含量的变动很大,但每克土壤的含菌量大体上有一个 10 倍系列的递减规律:细菌($\sim 10^8$)>放线菌(孢子数)($\sim 10^7$)>霉菌(孢子数)($\sim 10^6$)>酵母菌($\sim 10^5$)>藻类($\sim 10^4$)>原生动物($\sim 10^3$)。由此可知,土壤中所含的微生物数量很大,尤以细菌为最多。据估计,每亩耕作层土壤中,细菌湿重为 90～225 kg;以土壤有机质含量为 2% 计算,则所含细菌干重约为土壤有机质的 1%。通过土壤微生物的代谢活动,可改变土壤的理化性质,进行物质转化,因此,土壤微生物是构成土壤肥力的重要因素。

1.2.2　水中的微生物

在自然界的江、河、湖、海等各种淡水与咸水水域中都生存着相应的微生物。由于不同水域中的有机物和无机物种类和含量、光照度、酸碱度、渗透压、温度、含氧量和有毒物质的含量等差异很大,因而各种水域中的微生物种类和数量有明显的差异。

在洁净的湖泊和水库蓄水中,因有机物含量低,故微生物数量很少($10～10^3$个/mL)。典型的清水型微生物以化能自养微生物和光能自养微生物为主,如硫细菌和铁细菌等,以及含有光合色素的蓝细菌、绿硫细菌和紫细菌等,也有部分腐生性细菌。

流经城市的河水、港口附近的海水、滞留的池水以及下水道的沟水中,由于流入了大量的人畜排泄物、生活污物和工业废水等,因此有机物的含量大增,同时也夹入了大量外来的腐生细菌,使腐败型水生微生物尤其是细菌和原生动物大量繁殖,每毫升污水的微生物含量达到 $10^7～10^8$ 个。

海洋是地球上最大的水体。海水与淡水最大的差别在于其中的含盐量。含盐量越高,则渗透压越大,反之则越小。因此海洋微生物与淡水中的微生物在耐渗透压能力方面有很大的差别。此外,在深海中的微生物还能耐很高的静水压。例如,少数微生物可以在 600 个大气压下生长。如水活微球菌(*Micrococcus aquivivus*)和浮游植物弧菌(*Vibrio phytoplanktis*)等。

1.2.3　空气中的微生物

空气中并不含微生物生长繁殖所需要的营养物质和充足的水分,而且日光中还有有害的紫外线的照射,因此不是微生物良好的生存场所。然而,空气中还含有一定数量的微生物。这是由于土壤、人和动植物体等物体上不断以微粒、尘埃等形式飘逸到空气中而造成的。

凡是含尘埃越多的空气,其中所含微生物的种类和数量也就越多。因此,灰尘可被称作"微生物的飞行器"。一般在畜舍、公共场所、医院、宿舍、城市街道的空气中,微生物的含量较高,而在大洋、高山、高空、森林地带、终年积雪的山脉或极地上空的空气中,微生物的含量就极少。

1.2.4　食品上的微生物

食品是用营养丰富的动植物原料经过人工加工后的制成品,其种类繁多。由于在食品的加工、包装、运输和贮藏等过程中,都可能遭到霉菌、细菌和酵母等的污染,在合适的温、湿度条件下,它们又会迅速繁殖。因此,食品上常常有各种微生物分布着,且保存时间稍长,就会使食品迅速变质,详细的内容见项目7。

图1.4所示为腐乳生产中豆腐坯表面生长的毛霉。

1.2.5　人体内外的微生物

在人类的皮肤、黏膜以及一切与外界环境相通的腔道,如口腔、鼻咽腔、消化道和泌尿生殖道中经常有大量的微生物存在着。生活在健康动物各部位,数量大、种类较稳定且一般是有益无害的微生物,称为正常菌群。如鼻黏膜上皮细胞上的金黄色葡萄球菌,如图1.5所示。

图1.4　腐乳生产中豆腐坯
表面生长的毛霉

图1.5　鼻黏膜上皮细胞上的金黄色葡萄球菌
(*Staphylococcus aureus bacteria*),扫描电镜

任务1.3　微生物与人类的关系

叠层石(stromatolites)是成层的岩石,由矿物质沉积物插入微生物垫结合而形成(图1.6)。其中的微生物垫由蓝细菌和其他微生物构成。在早期地球无氧的情况下,其中的微

生物产生的氧气使得地球上的氧变得丰富。由此可见,没有微生物的存在就没有地球生物,同时也没有依赖氧气的人类。

微生物分布广泛,与人类的关系极其密切。微生物已在食品、发酵、医药、化工、农业、畜牧业、纺织、皮革、造纸、能源、石油、环保等方面发挥着重要的作用。根据微生物与人类之间的关系,可将微生物分为有益微生物和有害微生物两大类。

1.3.1 有益微生物

有益微生物是指可应用于食品制造、工业生产、人体保健等方面的微生物。如酿酒酵母、乳酸菌、醋酸杆菌、黑曲霉等。

1)微生物与食品工业

微生物在食品工业中的应用分为3种方式,如下所述。

（1）微生物菌体的应用

如供人们食用的食用菌;蔬菜、乳类及其他多种食品发酵中添加的乳酸菌使得最终产品中含有大量的乳酸菌菌体,不但可以用于产品的发酵,同时可为人体补充乳酸菌;以微生物来生产蛋白质所获得的单细胞蛋白也是人们对微生物菌体的利用。

（2）微生物代谢产物的应用

人们食用的很多食品都是利用微生物发酵作用产生的代谢产物来生产的,如酒类、食醋、氨基酸、有机酸、维生素等。

（3）微生物酶的应用

如豆腐乳、酱油等。酱类是利用微生物产生的酶将原料中的成分分解而制成的食品。白酒酿造中的糖化过程就是利用微生物所产生的淀粉酶将原料中的淀粉水解成葡萄糖,以供酵母菌发酵所需。

2)微生物与农牧业

利用微生物可生产菌体蛋白饲料、发酵饲料、益生菌饲料添加剂、微生物农药、微生物肥料、农用抗生素等。与豆科植物共生的根瘤菌能在根部形成根瘤（图1.7）,并将空气中的氮还原成氨,为植物提供氮素营养,以减少化肥的施用量并提高作物的产量。

图1.6 叠层石

图1.7 苜蓿中华根瘤菌（*Sinorhizobium meliloti*）在白色草木樨（*Melilotus alba*）根部形成的固氮根瘤

3）微生物与医疗卫生

微生物在医疗卫生中的应用主要是利用微生物生产抗生素类药物,现在所使用的绝大多数抗生素都是利用微生物发酵生产的。其次是利用基因工程菌生产干扰素、功能肽、胰岛素、疫苗等生物制品。

4）微生物与工业

微生物可产生大量的酶和代谢产物,因此广泛应用于酶制剂工业、氨基酸工业、有机酸工业、生物化工、纺织、皮革、造纸、能源、石油等工业领域中。

5）微生物与环境保护

微生物在污水处理、垃圾处理、有机物降解等过程中起着重要的作用,对环境保护有巨大的贡献。

6）微生物与人体保健

微生态制剂(probiotics)是可以促进健康和生长的活微生物或物质的通俗说法,在这些制剂中,绝大多数含有乳酸杆菌和(或)链球菌,以及双歧杆菌。越来越多的证据表明,某些微生态制剂对人的健康有相当大的益处,主要包括:抗癌活性、控制肠道病原体、降低血清胆固醇浓度等。

1.3.2 有害微生物

有害微生物可对工业、农牧业、食品工业和医疗卫生等领域产生一定的危害,其中与食品关系最为密切的是引起食品的腐败变质以及引起人类的食物中毒和疾病。造成食品腐败变质的微生物称为腐败微生物。引起人类食物中毒的微生物(包括因感染而发生疾病的微生物)称为病原微生物。

食品能为人们提供丰富的营养,同样也是微生物生长的良好环境。因此,微生物不但能用于食品的生产,同样也能引起食品的腐败变质,从而使食品的营养价值降低甚至完全丧失。

肉类和乳制品营养价值高,含有容易利用的碳水化合物、脂肪和蛋白质,因此成为腐败变质的理想环境。含有碳水化合物较多的水果和蔬菜容易受到霉菌和细菌的污染而引起腐败变质。谷物在潮湿的条件下容易受到霉菌的污染而引起腐败变质,更为重要的是某些霉菌的生长还伴随着有毒有害物质的产生。如潮湿条件下的谷物和坚果制品容易产生黄曲霉毒素。

食品中微生物导致的中毒和疾病(表1.1和表1.2)同样影响着人们的生活。根据原国家卫生部(现国家卫计委)发布的中国疾病预防控制中心网络直报系统收集的全国食物中毒类突发公共卫生事件(食物中毒事件)情况,从2010—2014年,全国共报告食物中毒类事件895起,其中由微生物所引起的食物中毒事件占37.1%,中毒人数占总中毒人数的46.4%,死亡人数占总中毒人数的18.1%。在微生物引起的食物中毒事件中,主要是由副溶血性弧菌、沙门氏菌、变形杆菌、致泻性大肠杆菌、金黄色葡萄球菌及其肠毒素、蜡样芽孢杆菌和肉毒毒素等引起食物中毒。

表1.1 2010—2014年全国食物中毒事件统计

中毒原因	报告起数/起	中毒人数/人	死亡人数/人
微生物性	332	15 603	124
其 他	563	18 005	562
合 计	895	33 608	686

表1.2 引起严重细菌性腹泻和食品中毒的部分细菌

微生物	流行病学
金黄色葡萄球菌	生长于肉类、奶制品、面包产生肠毒素
蜡样芽孢杆菌	重新加热的炒饭引起呕吐或腹泻
产气荚膜梭菌	在重新加热的肉菜上生长
肉毒梭菌	生长于无氧的食物中并产生毒素
大肠杆菌(产肠毒素菌株)	生长于人的肠道,是流行性腹泻的主要原因
副溶血弧菌	在海产品和肠道内生长,产生肠毒素,有侵袭力

食品中微生物的生长是有利于食品生产还是导致食品腐败变质,取决于微生物的种类和食品的自身条件及环境条件。因此,一种微生物是对人类有益还是有害不能一概而论,如黄曲霉作为有益微生物可产生淀粉酶和蛋白酶,是酿酒、发酵酱油和豆瓣等产品的重要菌种,但对于谷物和坚果制品而言,在不适当的贮藏条件下又会成为产生毒素的有害微生物。

任务1.4 微生物学的发展

1.4.1 史前期

在史前期,世界各国人民在自己的生产实践中积累了许多利用有益微生物和防治有害微生物的经验,例如发面,天然果酒和啤酒的酿造,牛乳和乳制品的发酵以及利用霉菌来治疗疾病等。其中水平最高的应该是我国人民在制曲和酿酒(图1.8和图1.9)等方面的应用。在距今8 000~4 500年间,我国人民已发明了制曲酿酒工艺。而当时的埃及人已学会烤制面包和酿制果酒(图1.10)。在2 500年前的春秋战国时期,我国人民已经开始制酱和酿醋,已经利用酒曲来治疗消化道疾病。北魏(公元386—534年)贾思勰的《齐民要术》一书中,详细地记载了制曲、酿酒、制酱和酿醋等工艺。在2 000年前,已发现豆科植物的根瘤有增产的作用,并利用豆科植物轮作来提高土壤肥力。在宋代还创造了用种人痘来预防天花。另外,豆类制酱、豆豉、腐乳、泡菜等技术有着悠久的历史,并一直沿用至今。在对有害微生物进行防治方面,民间一直沿用盐腌、糖渍、烟熏、风干等方法。

图1.8　东汉时期的酿酒画像砖

图1.9　酿酒坊遗址

图1.10　采摘葡萄及酿造葡萄酒——埃及金字塔壁画

1.4.2　初创时期和形成时期

1)初创时期

微生物学作为一门学科,是从显微镜的发明开始的。1676年,列文虎克(Antonie van

Leeuwenhoek,1632—1723)使用他自制的单式显微镜(50～300倍)首次观察并描述了微生物的形态(图1.11),列文虎克将成果汇集在《安东·列文虎克所发现的自然界秘密》一书中,首次揭示了微小的微生物世界。

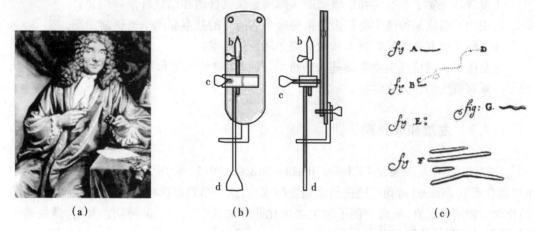

图1.11 列文虎克和他的显微镜及所观察到的微生物

(a)列文虎克;(b)列文虎克自制显微镜;(c)列文虎克自制显微镜观察到的微生物

在随后的近200年时间,随着显微镜分辨率的不断提高,人们对微生物的研究从粗略的形态描述,逐步发展到对微生物进行详细的观察和根据形态进行分类研究,在这个阶段还未从微生物的生理生化及与人类实践活动的关系方面进行研究,因此,微生物学还未真正的形成。

2)形成时期

19世纪中期,微生物学研究从形态描述进入到生理学研究阶段,出现了两位代表人物——巴斯德(Louis Pasteur,1822—1895)和柯赫(Robert Koch,1843—1910)(图1.12)。

图1.12 巴斯德和柯赫

(a)巴斯德;(b)柯赫

巴斯德的主要贡献是:

①彻底否定了"自然发生说"。

②证明了发酵是由微生物引起的。

③首次制成狂犬病疫苗,奠定了免疫学——预防接种的基础。

④创立了沿用至今的巴斯德消毒法(60~65 ℃,30 min)。

柯赫的主要贡献是:

①发现和证实了炭疽病和结核病的病原菌是炭疽杆菌和结核杆菌。

②提出了确定某种微生物是否为某种疾病病原体的基本原则——柯赫法则。

③发明了培养基的配制技术和微生物分离纯化技术。

正是由于这两位微生物学奠基人的贡献,使微生物学逐渐形成一门独立的学科,并出现了一系列微生物学分支学科。

1.4.3 发展和成熟期

1897 年德国人布赫纳(Edward Buchner,1860—1917)采用无细胞酵母菌压榨汁中的"酒化酶"(zymase)对葡萄糖进行酒精发酵成功,这一结果首次将微生物的生命活动与酶的化学紧密结合起来,从而开创了微生物生化研究的新时代——发展期。此后,微生物生理、代谢研究蓬勃开展起来。

1929 年弗莱明(Alexander Fleming,1881—1955)发现了青霉菌产生的青霉素(Penicillin)能抑制金黄色葡萄球菌的生长(图1.13),1944 年瓦克斯曼(Selman Abraham Waksman,1888—1973)对土壤中放线菌的研究发现了链霉素,从而出现了新的应用微生物分支学科——抗生素科学。在生化研究这一阶段,出现了寻找微生物有益代谢产物的热潮,如维生素、酶、抗生素等。在各微生物应用学科较深入发展的基础上,以研究微生物的基本生物学规律的综合学科——普通微生物学开始形成。

 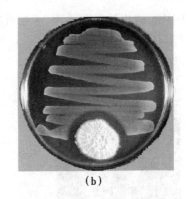

(a)　　　　　　　　　　　(b)

图 1.13　弗莱明及其发现的青霉素对金黄色葡萄球菌的抑制作用

(a)弗莱明;(b)青霉素对金黄色葡萄球菌的抑制作用

1941 年,比得尔(Beadle)等用 X 射线和紫外线诱变链孢霉获得了营养缺陷型,并提出一个基因一个酶的假设,使人们对基因的本质和作用有了进一步的认识。1944 年艾弗里(Oswald Theodore Avery,1877—1955)证实了肺炎链球菌荚膜多糖遗传性状转化的物质是脱氧核糖核酸,1953 年沃森(J. D. Watson)和克里克(H. F. C. Crick)在英国的《自然》杂志上发表关于 DNA 结构的双螺旋模型,从而使微生物学的发展进入了分子生物学研究阶段,标志着微生物学逐渐走向成熟。随后,许多学者在关于信使核糖核酸的遗传密码、病毒的亚显微结构、病毒的感染增殖过程以及固氮菌的固氮机理的研究,微生物代谢类型、代谢途径及代谢调节机理的研究等,对推动微生物学的发展具有重要的理论和实践意义,展示了微生物学极其广阔的应用前景。此时期,用微生物来生产激素、甾体药物、抗生素、维生素、氨基酸、有机酸、核苷酸、酶制剂、单细胞蛋白、植物生长激素等已进入工业化生产。

任务1.5 微生物学及其分支学科

微生物学是在细胞、分子或群体水平上研究微生物的形态构造、生理代谢、遗传变异、生态分布和分类进化等生命活动基本规律及其应用的一门科学。研究微生物及其生命活动规律的目的在于充分利用有益微生物,控制有害微生物,使微生物能更好地为人类服务。

随着微生物学的不断发展,逐渐形成了众多分支学科。着重研究微生物学基本问题的分支学科有普通微生物学、微生物形态学、微生物分类学、微生物生理学、微生物生物化学、微生物遗传学、微生物生态学等。按照微生物的应用领域不同,可分为工业微生物学、农业微生物学、医学微生物学、食品微生物学、药用微生物学、兽医微生物学等分支学科。按照研究的对象不同,可分为细菌学、真菌学、病毒学、噬菌体学、原生动物学、藻类学等分支学科。按照微生物的生态环境不同,可分为土壤微生物学、海洋微生物学、环境微生物学、水微生物学、宇宙微生物学等分支学科。

任务1.6 食品微生物及其研究的内容和任务

食品微生物是专门研究与食品有关的微生物的种类、特点及其在一定条件下与食品工业关系的一门学科。其研究内容主要有:研究与食品相关的微生物的特性;研究如何利用有益微生物为人类生产食品;研究如何控制有害微生物,防止食品的腐败变质;研究食品中微生物的检测技术和方法,制订食品中微生物指标,从而为判断食品的卫生质量提供科学依据。

食品微生物研究的主要任务是开发微生物资源,利用和改善有益微生物,使其为人类提供更多更好的食品,以及控制、消除或改造有害微生物,减少其对人类的有害作用,并采用现代的检测手段,对食品中的微生物进行检测,以保证食品安全性。总之,食品微生物的任务在于,为人类提供既有益于健康、营养丰富,而又保证生命安全的食品。

项目小结)))

微生物通常是指所有形体微小、个体结构简单的单细胞或多细胞,甚至没有细胞结构的微小生物的通称。包括细菌、真菌、病毒、原生生物和某些藻类等。由于微生物的个体微小(一般小于0.1 mm),肉眼看不见或看不清,所以必须借助显微镜才能观察到。

微生物的个体极其微小,具有以下的特点:代谢活力强;生长繁殖快;适应性强、易变异;分布广、种类多。正是由于微生物具有这些特点,所以微生物广泛存在于土壤、水、空气、食品、人体内外等。根据微生物与人类之间的关系,可将微生物分为有益微生物和有害微生物两大类。

随着微生物学的不断发展,逐渐形成了众多分支学科。其中,食品微生物是专门研究与食品有关的微生物的种类、特点及其在一定条件下与食品工业关系的一门学科。其研究内容主要有:研究与食品相关的微生物的特性;研究如何利用有益微生物为人类生产食品;研究如何控制有害微生物,防止食品的腐败变质;研究食品中微生物的检测技术和方法,制订食品中微生物指标,从而为判断食品的卫生质量提供科学依据。食品微生物的任务在于为人类提供既有益于健康、营养丰富,而又保证生命安全的食品。

复习思考题 》》》

1. 微生物的定义是什么? 包括哪些类群?
2. 试分析微生物的特点对人类的利弊。
3. 列出在生活中你所接触的与微生物有关的事物。
4. 你认为微生物学的发展中什么是最重要的发现? 为什么?

项目2
微生物的形态和结构

学习目标

1. 了解微生物的基本分类、形态结构特点以及微生物的分类与命名。
2. 熟悉常见微生物的种类、形态及繁殖。
3. 掌握常见微生物的结构、特性及其对食品行业的影响。

知识链接

微生物种类繁多,根据有无细胞结构,主要分为细胞型和非细胞型两类。

细胞型的微生物根据细胞结构的不同,又可分为原核微生物和真核微生物。原核微生物是一大类原始的单细胞生物。它们没有由核膜包裹的成型的细胞核,而只含有被称为核区的裸露 DNA,缺乏细胞器。原核微生物主要分为细菌(bacteria)和古生菌(archaea)两大类群,广义的细菌类群还包括了放线菌、蓝细菌、立克次氏体、支原体、衣原体、螺旋体等。真核微生物是细胞核具有成型的核膜、核仁,能进行有丝分裂,细胞质内含有线粒体等多种细胞器的一类微生物。与原核细胞相比,真核细胞形态更大,结构更复杂,细胞器的功能更为专一。真核微生物主要包括单细胞藻类、原生动物以及酵母菌、霉菌、蕈类等真菌。

非细胞型的微生物主要是病毒、亚病毒及朊病毒等结构更简单,个头更细小的微生物。非细胞型微生物的发现时间远远晚于细胞型微生物,直到20世纪30年代电子显微镜发现后,人类才得以一窥"滤过性病毒"的真面目。病毒是一类体积非常微小、不具细胞结构、性质非常特殊的生命形式。它们只能寄生在活细胞中,利用寄主细胞进行繁殖,也只有当它们侵入活细胞中,才会表现出生物的特性。

任务2.1 细 菌

细菌是一类形状微小,结构简单,多以二分裂方式进行繁殖的原核微生物,是在自然界中分布最广、个体数量最多的一类微生物。细菌的革兰氏染色法可为其分类提供重要的依据。革兰氏染色法是由丹麦病理学家克里斯蒂安·革兰(Christian Gram)于1884年创立的,该法可将所有细菌区分为两大类。染色后呈紫蓝色的细菌称为革兰氏阳性细菌(G^+);染色后呈红色的称为革兰氏阴性细菌(G^-)。细菌革兰氏染色呈现的阳性或阴性等结果,与细菌细胞壁的构造及化学组成有关。

2.1.1 细胞的形态构造及其功能

细菌个体微小、结构相对简单,其基本形态主要分为球状、杆状、螺旋状3类,分别称为球菌(coccus)、杆菌(bacillus)和螺旋菌(spirillum)(图2.1)。杆菌最为常见,球菌次之,螺旋菌最为少见。细菌除存在这3种基本形状外,还有少数种类具有其他形状或因培养条件改变而表现为其他形状,如丝状、三角形、方形等。

1)球菌

细胞呈球状或椭圆状,根据细胞的分裂方向及分裂时新细胞空间排列方式的不同,球菌(coccus)又可分为单球菌、双球菌、链球菌、四联球菌、八叠球菌和葡萄球菌等几种,如图2.2所示。

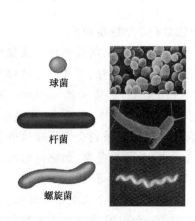

图2.1　细菌的不同形态

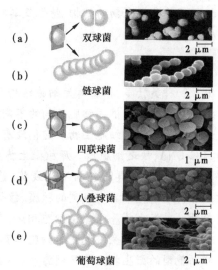

图2.2　球菌的形态及排列方式
(a)双球菌;(b)链球菌;(c)四联球菌;
(d)八叠球菌;(e)葡萄球菌

(1)单球菌

细胞沿着一个平面分裂,新的个体分散而独立地存在,如尿素微球菌(*Micrococcus ureae*)。

(2)双球菌

细胞沿着一个平面分裂,新的个体成对排列,如肺炎双球菌(*Diplococcus pneumoniae*)。

(3)链球菌

细胞沿着一个平面分裂,新个体连成链状,如乳链球菌(*Streptococcus lactis*)。

(4)四联球菌

细胞沿两个互相垂直的平面进行分裂,形成的4个细胞特征性地连在一起,如四联微球菌(*Micrococcus tetragenus*)。

(5)八叠球菌

细胞沿着3个相互垂直的方向分裂,分裂后每八个细胞特征性地叠在一起,呈现立方体的形状,如尿素八叠球菌(*Sarcina ureae*)。

（6）葡萄球菌

细胞不定向分裂，多个新个体形成一个不规则的集群，状似一串葡萄，如金黄色葡萄球菌（*Staphylococcus aureus*）。

2）杆菌

细胞呈杆状或圆柱状。其长短、粗细、大小的差别很大（图2.3）。杆菌（bacillus）的分类方法较为多样，根据长度、形状、排列方式以及是否产生芽孢等方面均可对其进行分类。如根据长度不同可以分为长杆菌、短杆菌及球杆菌。而根据杆菌的排列方式，可将成双存在的杆菌称为双杆菌，而成串存在的杆菌称为链杆菌。多数杆菌分散存在，也有链状、栅状、八字状的群体。生长过程中会产生芽孢的杆菌称为芽孢杆菌，如枯草芽孢杆菌（*Bacillus subtilis*），而不产生芽孢的称为非芽孢杆菌。此外，呈分枝状的称为分枝杆菌，如双歧杆菌（*Bifidobacterium* spp.）。

杆菌分裂是沿着杆菌长度的垂直方向，因此同一种杆菌的粗细比较稳定，仅是长短常会因为培养时间、培养条件不同而有较大变化。

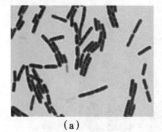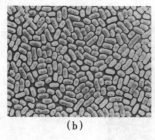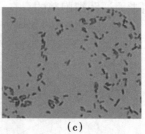

　　　　（a）　　　　　　　　　　（b）　　　　　　　　　　（c）

图2.3　杆菌

（a）炭疽芽孢杆菌（*Bacillus anthraci*）；

（b）大肠杆菌（*Escherichia coli*，*E. coli*）；（c）布鲁氏菌（*Brucella*. spp.）

3）螺旋菌

呈螺旋状弯曲杆状的细菌统称为螺旋菌。弯曲不满一周，呈弧状或逗号状的称为弧菌（*Vibrio*），如霍乱弧菌（*Vibrio cholerae*）。而菌体较长，弯曲在2~6圈，螺旋刚直不易弯曲的称为螺菌（*Spirillum*），如幽门螺杆菌（*Helicobacter pylori*）。菌体弯曲在6圈以上，体长而柔软的称为螺旋体（*Spirochaeta*），如梅毒螺旋体（*Treponema pallidum*），具体如图2.4所示。

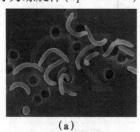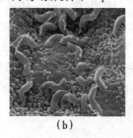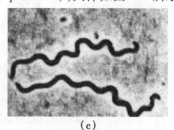

　　　　（a）　　　　　　　　　　（b）　　　　　　　　　　（c）

图2.4　螺旋菌的不同形态

（a）霍乱弧菌；（b）幽门螺杆菌；（c）梅毒螺旋体

4）细菌细胞的构造

细菌细胞的结构（图2.5）可分为一般结构和特殊结构。一般结构是指大多数细菌都具有的结构,包括细胞壁、细胞膜、细胞质、间体和核区等。特殊结构是指部分细菌才具有的或在特殊环境下才形成的结构,如荚膜、鞭毛、菌毛和芽孢等。

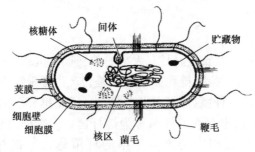

图 2.5　细菌细胞结构模式图

（1）细菌细胞的一般结构

①细胞壁:是位于细胞表面的一层坚韧而略带弹性的结构,利用质壁分离或适当的染色方法,可在光学显微镜下看到细胞壁;用电子显微镜观察细菌超薄切片(图 2.6)等方法,可清晰地证明细胞壁的存在。

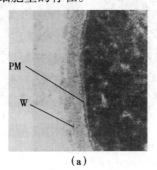

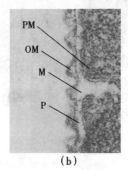

（a）　　　　　　　　　　　　　（b）

图 2.6　G⁺菌和 G⁻菌细胞壁

（a）G⁺菌地衣芽孢杆菌(*Bacillus licheniformis*)外壳(显微图片);

（b）G⁻菌蛇形水螺菌(*Aquaspirillus serpens*)外壳(显微图片)

M—肽聚糖层或胞壁质层;OM—外膜;PM—质膜;P—周质空间;W—革兰氏阳性肽聚糖壁

A. 细胞壁的功能:细胞壁的功能主要是维持细胞外形并提高机械强度,使其免受渗透压等外力的损伤;为细胞的生长、分裂和鞭毛运动所必需;能阻挡大分子有害物质进入细胞;赋予细菌特定的抗原性、致病性和对抗生素及噬菌体的敏感性。

B. 细胞壁的化学组成:细菌细胞壁的主要成分是肽聚糖(peptidoglycan),这是原核微生物所特有的成分。此外,可能还具有磷壁酸(teichoicacid)、脂多糖、脂蛋白等成分,革兰氏阳性细菌和革兰氏阴性细菌细胞壁的成分有着明显的差别(表 2.1)。

表 2.1　G⁺和 G⁻细菌细胞壁的比较

细胞壁	G⁺菌	G⁻菌
强度	坚韧	较疏松
厚度	20 ~ 80 nm	10 ~ 15 nm
肽聚糖层数	15 ~ 50 层	1 ~ 3 层
肽聚糖含量	占细胞壁干重 50% ~ 80%	占细胞壁干重 10% ~ 20%
糖类含量	约 45%	15% ~ 20%

续表

	1%～4%	11%～22%
脂类含量	1%～4%	11%～22%
磷壁酸	＋	－
外膜	－	＋
脂蛋白	－	＋
脂多糖	－	＋

C.细胞壁的结构:细菌细胞壁大多数以肽聚糖为基本成分,在革兰氏阳性细菌和革兰氏阴性细菌中各有自己的特点,如图2.7所示。

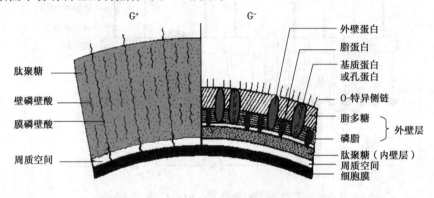

图2.7　G⁺菌和G⁻菌细胞壁

a.革兰氏阳性菌的细胞壁厚度大、层次多、空间结构稳定,主要由肽聚糖和磷壁酸组成。

革兰氏阳性细菌,如金黄色葡萄球菌的细胞壁较厚,只有肽聚糖层,厚20～80 nm,由25～50层网状分子交织成的网络覆盖整个细胞。肽聚糖分子是由肽与聚糖两部分组成,肽包括四肽(由L-Ala-D-Glu-L-Lys-D-Ala组成,即L-丙氨酸-D-谷氨酸-L-赖氨酸-D-丙氨酸)侧链和由甘氨酸组成的五肽交联桥两种,而聚糖由N-乙酰葡萄糖胺(N-acetylglucosamine,用G表示)和N-乙酰胞壁酸(N-acetylmuramic acid,用M表示)两种单糖相互间隔交替排列,通过β-1,4-糖苷键连接而成,呈长链。四肽侧链连接在胞壁酸上,相邻聚糖骨架上的四肽侧链则通过五肽交联桥交叉连接形成具有三维网状结构的肽聚糖,如图2.8所示。

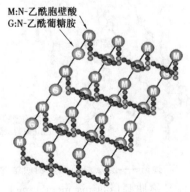

图2.8　G⁺细菌(金黄色葡萄球菌)细胞壁肽聚糖结构模式图

磷壁酸(teichoic acid)是革兰氏阳性细菌细胞壁所特有的成分,是细胞壁上的酸性多糖,主要成分为甘油磷酸或核糖醇磷酸。磷壁酸有两类,其中与肽聚糖分子进行共价结合的称为壁磷壁酸;跨越肽聚糖层与细胞膜交联的称为膜磷壁酸。

b.革兰氏阴性细菌的细胞壁比革兰氏阳性细菌的细胞壁薄(仅10~15 nm),但结构较为复杂,分为外膜和肽聚糖层(2~3 nm)(图2.9)。在细胞壁和细胞膜之间有一个明显的空间,称为壁膜间隙。

外膜:G⁻细菌细胞壁的外膜位于G⁻细菌细胞壁的最外层,外膜层分为内中外3层:内层为脂蛋白层,以脂类部分与肽聚糖相连;中层为磷脂层;外层为脂多糖层,是重要的组成成分,有8~10 nm。脂多糖是G⁻细菌特有的成分,由脂类A、核心多糖、O-特异多糖构成。

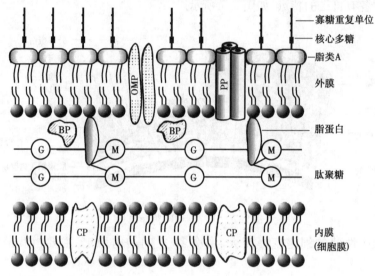

图2.9 G⁻细菌细胞壁的结构

肽聚糖层:肽聚糖层由肽聚糖构成,厚2~3 nm,很薄,单分子或双分子层。肽聚糖和外膜的内层之间通过脂蛋白连接。肽聚糖单体的结构与G⁺的基本相同,不同之处是:四肽侧链中的第三个氨基酸分子(L-Lys)被m-DAP(内消旋二氨基庚二酸)替代;没有五肽交联桥,聚糖骨架仅由相邻的两个四肽侧链相连,形成较稀疏、强度较低的肽聚糖二维网状结构,如图2.10所示。

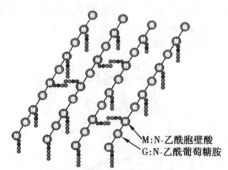

M:N-乙酰胞壁酸
G:N-乙酰葡萄糖胺

图2.10 G⁻细菌——大肠杆菌肽聚糖的结构模式图

②细胞膜(cell membrane):又称质膜(plasma membrane),是围绕细胞质外面的磷脂双

分子层(phospholipids bilayer)膜结构(图2.11)。磷脂亲水和疏水的双重性质使它具有方向性,磷脂的疏水脂肪酸链相对排列在内,与周围的水隔离;而亲水的两层磷酸基则相背排列在外,与细胞质和体液等水性物质融合。细胞膜很薄,厚度为5~10 nm,只有在电子显微镜下才可观察到。目前被广泛接受的膜结构是由 S. Jonathan Singer 和 Garth Nicholson 提出的流动镶嵌模型(fluid mosaic model),蛋白质镶嵌在双层磷脂中,并伸向膜内外。

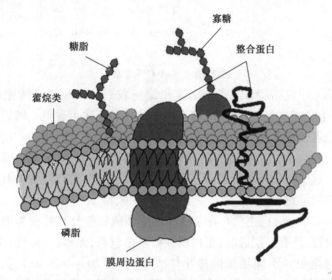

图2.11　细胞膜的结构

　　细胞膜可保护细胞质。细胞膜也是一个选择透过性的屏障,可调控物质的出入,维持细胞内正常渗透压;可避免重要的细胞组分因渗漏而损失。细胞膜还是呼吸作用和磷酸化作用等多种代谢过程的场所,是细胞的产能基础;是鞭毛基体的着生部位;是合成细胞壁和荚膜有关成分(如肽聚糖和磷壁酸等)的重要场所。

　　间体(mesosome)是由细胞膜内陷形成层状、管状或囊状结构(图2.12)。每个细胞可含有一个至多个间体,常见于分裂期的细菌的隔或横壁旁,它们可能与细胞壁横隔壁的形成及遗传物质的复制和分裂有关。

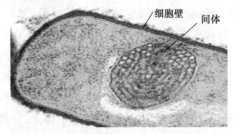

图2.12　细菌的间体

　　③细胞质(cytoplasm):是位于细胞膜与拟核之间的透明黏稠状胶体,是细菌细胞的基础物质。其主要成分是水(细菌重量的70%是水)、蛋白质、核酸和脂类,也含有少量的糖和无机盐类。细胞质具有生命物质所有的各种特征,含有丰富的酶系,是营养物质合成、转化、代谢的场所,能不断进行新陈代谢以更新细胞的结构和成分。

　　④内含物。

　　a.异染颗粒(metachromatic granule):是普遍存在的贮藏物,其主要成分是多聚磷酸盐。

多聚磷酸盐颗粒对某些染料有特殊反应,产生不同的颜色,如用甲苯胺蓝、甲基蓝等蓝色染料染色后呈现红色。其功能是贮藏磷元素和能量,并可降低渗透压。

b. 聚 β-羟基丁酸(poly-β-hydroxybutyric acid,PHB)颗粒:是由相邻 β-羟丁酸分子间的羟基和羟基通过酯键连接而成,是碳源及能源性贮藏物质。由于 PHB 无毒、可塑、易降解,可用来制作医用塑料器皿和外壳手术线等。PHB 的结构式(图 2.13)中的 n 一般大于 10^6。

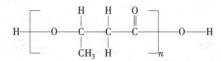

图 2.13 聚-β-羟基丁酸

c. 多糖类贮藏物:包括糖原(glycogen)和淀粉粒(granulose)。糖原颗粒直径 20 ~ 100 nm,几乎均匀地分布在细胞质中,只有在电子显微镜下才可看见。糖原颗粒小,遇碘呈红褐色。而淀粉粒遇碘呈蓝色。糖原粒和淀粉粒是细菌碳源和能量的贮藏物。

d. 硫粒(sulfur granule):有些硫细菌,如贝氏硫细菌(*Beggiatoa* spp.)能将硫化氢氧化为硫来获得能量。这些细菌能将硫贮藏在细胞内,形成硫粒,当环境缺少 H_2S 时,硫粒就被氧化为硫酸并释放出能量,故硫粒是硫源与能源的贮藏物。

e. 磁小体(megnetosome):主要存在于许多水生细菌和部分真核藻类细胞中,是细胞内的 Fe_3O_4 结晶体颗粒,外有一层磷脂、蛋白质或糖蛋白包裹,无毒,具磁性,被某些细菌用于在地球磁场中进行定位。不同细菌的磁小体大小均匀(20 ~ 100 nm),数目不等(2 ~ 20 颗),形状不一,可为正方形、长方形和刺状等。其功能是导向作用,细菌借助鞭毛游向最有利的泥土、水界面等微氧处生活。

f. 气泡(gas vacuole):是由大量称为气泡囊(gas vesicle)的小的中空圆筒状结构聚集而成。这一结构使蓝细菌等水生细菌的细胞能漂浮在最适宜的水层中以获取光能、氧气和营养物质。

g. 液泡:许多细菌在衰老时,细胞质内就会出现液泡。其主要成分是水和可溶性盐类,被一层含有脂蛋白的膜包围。

⑤核质体(nuclear body):又称核区(nuclear region)或拟核(nucleoid)。细菌没有核膜、核仁,只有一个核质体或称染色质体,一般呈球状、棒状或哑铃状。原核微生物通常包含一个双链 DNA 单环,但有些也具有线状的 DNA 染色体。核质体在遗传物质的传递中起着重要的作用。

在很多细菌细胞中还存在着染色体外的遗传因子,绝大多数是由共价闭合环状双链 DNA 分子构成,分子质量较细菌染色体小,分散在细胞质中,能自我复制,称为质粒(plasmid),质粒可独立于染色体存在并复制,也可整合到染色体上,一般都可以正常遗传或传递给子代。它们也是遗传信息储存和遗传的物质基础。

⑥核糖体(ribosome):是细胞中的颗粒状结构,由核糖核酸(RNA)与蛋白质组成,其中 RNA 约占 60%,蛋白质占 40%。核糖体常充满于细胞质中,也可松散地结合在细胞膜上,是细胞合成蛋白质的场所。

(2)细菌细胞的特殊结构

细菌细胞除具有一般结构外,有些还有荚膜、鞭毛、菌毛和芽孢等特殊结构。

①荚膜(capsule):有些细菌在一定营养条件下,可向细胞壁表面分泌一层松散、透明的

黏液状或胶质状物质,称为荚膜。荚膜的化学组成主要是水,占重量的90%以上,其余为多糖类、多肽类,或者多糖蛋白质复合体,尤以多糖类居多。根据荚膜有无固定的层次以及层次的厚薄可细分为荚膜(或大荚膜)、微荚膜、黏液层和菌胶团等,如图2.14所示。

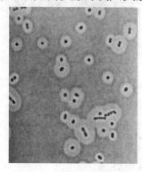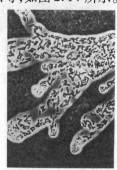

图2.14 细菌的荚膜

a.荚膜(或大荚膜,capsule):较厚(约200 nm),有明显的外缘和一定的形态,相对稳定地附着于细胞壁外,排列有序且不易被洗脱。它与细胞结合力较差,通过液体振荡培养或离心便可得到荚膜物质。

b.微荚膜(microcapsule):较薄(<200 nm),光学显微镜下不能看见,但可采用血清学方法证明其存在。微荚膜易被胰蛋白质酶消化。

c.黏液层(slime layer):量大且没有明显边缘,结构比荚膜疏松,排列无序且易被清除,可扩散到周围环境,并增加培养基黏度。

d.菌胶团:荚膜物质互相融合,连为一体,多个菌体包含于共同的荚膜中。

产荚膜细菌由于有黏液物质,在固体琼脂培养基上形成的菌落,表面湿润、有光泽,有黏状液的,称为光滑型(smooth,S型)菌落。而无荚膜细菌形成的菌落,表面干燥、粗糙,称为粗糙型(rough,R型)菌落。

荚膜的主要功能:

a.保护作用:可保护细菌免于干燥;防止化学药物毒害;能保护菌体免受噬菌体和其他物质(如溶菌酶及补体等)的侵害;能抵御吞噬细胞的吞噬。

b.贮藏养料:当营养缺乏时,可被细菌用作碳源和能源。

c.堆积某些代谢废物。

d.致病功能:荚膜为主要表面抗原,是有些病原菌的毒力因子;荚膜也是某些病原菌必需的黏附因子。

产荚膜细菌常给人类带来一定的危害,除了上述的致病性外,还常使糖厂的糖液以及酒类、牛乳等饮料和面包等食品发黏变质,给制糖工业和食品工业等带来一定的损失。但也可使它转化为有益的物质,例如,肠膜状明串珠菌(*Leuconostoc mesenteroides*)的葡聚糖荚膜已用于生产代血浆的主要成分——右旋糖酐和葡聚糖。

②鞭毛(flagellum,复数 flagella):是细菌的运动器官,着生于某些细菌体表的细长、波浪形弯曲的丝状蛋白质附属物,其数目为1~10根(图2.15)。鞭毛长15~20 μm,直径仅10~20 nm。

大多数球菌(除尿素八叠球菌)不生鞭毛,杆菌中有的生鞭毛而有的不生鞭毛,螺旋菌一般都生鞭毛。不同种细菌的鞭毛分布特点常有显著的不同。根据细菌鞭毛的着生位置

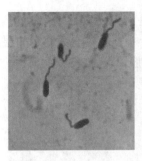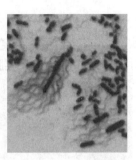

图 2.15　细菌的鞭毛

和数量,可将细菌分为 5 种类型。

　　a. 偏端单生鞭毛菌:在菌体的一端只生一根鞭毛,如霍乱弧菌。

　　b. 偏端丛生鞭毛菌:菌体一端生出一束鞭毛,如荧光假单胞菌。

　　c. 两端单生鞭毛菌:在菌体两端各生一根鞭毛,如鼠咬热螺旋体。

　　d. 两端丛生鞭毛菌:菌体两端各生出一束鞭毛,如红色螺菌。

　　e. 周生鞭毛菌:菌体周身都生有鞭毛,如大肠杆菌、枯草芽孢杆菌等。

　　鞭毛的着生位置和数目是细菌菌种的特征,具有分类鉴定的意义。鞭毛由基体、钩形鞘(也称鞭毛钩)和鞭毛丝组成,G$^-$细菌和 G$^+$细菌的鞭毛构造稍有差别(图 2.16)。鞭毛的主要化学成分为蛋白质,还有少量的多糖或脂类。

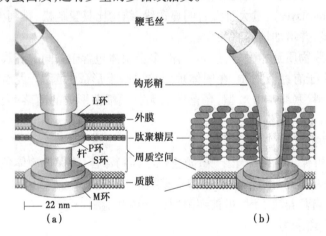

图 2.16　细菌鞭毛的结构

(a)G$^-$细菌;(b)G$^+$细菌

　　③菌毛(fimbria,复数 fimbriae):又称纤毛、伞毛或须毛,存在于许多 G$^-$细菌中。是一种着生于某些细菌体表的纤细、中空、短直(长 0.2～2 μm,直径 3～10 nm),类似毛发的蛋白质类附属物。菌毛的结构和功能不同于鞭毛,是僵硬的蛋白质丝或细管,能使大量菌体缠绕在一起。它们比鞭毛细,不参与运动。

　　菌毛具有以下功能:

　　a. 促进细菌的黏附。菌毛能使细胞吸附在固体表面或液体表面,尤其是某些 G$^-$致病菌,依靠菌毛来定殖以致病(如淋病奈氏球菌黏附于泌尿生殖道上皮细胞);菌毛也可黏附于其他有机物质表面,而传播传染病(如副溶血弧菌黏附于甲壳类表面)。

　　b. 促使某些细菌缠集在一起而在液体表面形成菌膜(pellicle)和浮渣(scum),以获取充分的氧气。

c. 是许多 G⁻ 细菌的抗原——菌毛抗原。

性毛(sex pili,单数 pilus)又称性菌毛,是一类特殊的菌毛,其构造和成分与菌毛类似,通常比菌毛长且较粗(直径 9～10 nm),是一些 G⁻ 细菌(如大肠杆菌)接合所必需的,具有在不同菌株间传递遗传物质的作用,如图 2.17 所示。

图 2.17　细菌通过性毛接合
图中右边的细胞周身布满小的菌毛或纤毛,
一根性毛将两个大肠杆菌细胞连在一起。

④芽孢(spore):是某些细菌(主要是 G⁺ 细菌)在生长发育后期,细胞内形成的圆形或椭圆形、厚壁、含水量低、抗逆性强的休眠结构。能产芽孢的细菌不多,杆菌仅有好氧芽孢杆菌属(*Bacillus*)和厌氧的梭菌属(*Clostridium*)。球菌除芽孢八叠球菌属(*Sporosarcina*)外,均不产芽孢。螺旋菌少数种能产芽孢。放线菌中高温放线菌属(*Thermoactinomyces*)产芽孢。

每一个细菌只能形成一个芽孢,一个芽孢萌发后也只能产生一个菌体,所以它不是繁殖体,只起度过不良环境的作用。这种休眠结构对热、干燥、紫外线、γ 辐射、化学消毒剂和静水压力等有很强的抗性。芽孢的抗逆性和休眠能力有助于产芽孢细菌度过不良环境,故芽孢对产芽孢细菌的生存具有重要意义。在食品工业及医学中,杀灭芽孢是制订灭菌标准的主要依据,常以有代表性的产芽孢菌——肉毒梭菌、破伤风梭菌、产气荚膜梭菌(*Clostridium perfringens*)和嗜热脂肪芽孢杆菌(*Bacillus stearothermophilus*)等高耐热性细菌的芽孢耐热性作为衡量灭菌程度的依据。芽孢的形状、大小和位置因菌种而异,如图 2.18 所示。

芽孢的结构相当复杂(图 2.19),最外层称为芽孢外壁(exosporium),主要含蛋白质、脂类和糖类,有的芽孢无此层。紧靠孢外壁内侧是由多层蛋白质组成的芽孢衣(spore coat),主要含疏水性角蛋白,层次很多(3～15 层),致密,透性差,增强芽孢对化学物质的抗性。位于芽孢衣内侧的皮层(cortex)很厚,约占芽孢总体积的一半,主要含大量芽孢皮层特有的芽孢肽聚糖。芽孢壁(spore cell wall 或 core wall)在皮层内侧,包裹着原生质体。核心(core)由芽孢壁、芽孢膜、芽孢质和核区构成,具有正常的细胞结构,主要含核糖体和 DNA,含水量极低,芽孢内新陈代谢几乎停止。

芽孢的高度耐热性,目前有两种解释:一是因为芽孢皮层中含有芽孢特有的吡啶二羧酸(dipicolinic acid,DPA)及大量 Ca²⁺,两者结合成的吡啶二羧酸钙盐(calcium dipicolinate,DPA-Ca)约占芽孢干重的 15%,这种物质可能与芽孢的抗热性直接相关。另一种解释认为芽孢衣对多价阳离子和水分的透性很差,而皮层的离子强度很高,从而使皮层产生极高的渗透压来夺取芽孢核心的水分,其结果使皮层充分膨胀,而核心部分的细胞质却形成高度失水状态,因而产生极强的耐热性。

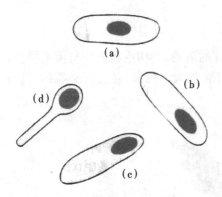

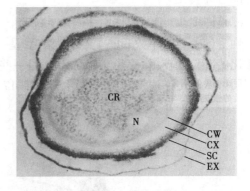

图 2.18　细菌芽孢的形态和位置
(a)中央生芽孢;(b)近端生芽孢;
(c)端生芽孢;(d)膨大的端生芽孢

图 2.19　芽孢结构
炭疽芽孢杆菌(*Bacillus anthrocis*)内生孢子
在芽孢原生质体或核心中还有拟核(N)及核糖体(CR)
EX—孢外壁;SC—芽孢衣;CX—皮层;CW—芽孢壁

2.1.2　群体(菌落)形态

细菌的群体[菌落(colony)]形态在微生物学中,主要用于微生物的分离、纯化、鉴定、计数等研究和菌种选育等实际工作。

1)菌落特征

如果将单个微生物细胞或芽孢接种到合适的固体培养基上,在适合的环境条件下细胞就能迅速生长繁殖,繁殖的结果是形成一个肉眼可见的细胞群体,人们把这个微生物细胞群体称为菌落。不同菌种的菌落特征不一,即使是同一个菌种因培养基及培养条件的不同,所形成的菌落形态也不尽相同。但是同一菌种在相同培养条件下所形成的菌落形态几乎是一致的,所以菌落的形态特征具有一定的鉴定意义。

菌落特征包括菌落的大小,形态(圆形、丝状、不规则状、假根状等)(图2.20),侧面观察菌落隆起程度(如扩展、台状、低凸状、乳头状等),菌落表面状态(如光滑、皱褶、颗粒状龟裂、同心圆状等),表面光泽(如闪光、不闪光、金属光泽等),质地(如油脂状、膜状、黏、脆等),颜色与透明度(如透明、半透明、不透明等)等。

在固体培养基表面,细菌菌落一般较湿润,较光滑,透明,较黏稠,易挑取,小而突起或大而平坦,菌落正反面或边缘与中央部位的颜色一致。球菌的菌落小而突起,边缘极其圆整;长有鞭毛的细菌菌落大而扁平,形状不规则;有荚膜的细菌……光滑,并呈透明的……外形及边缘……于营……时,

2)液体培养特征

将细菌接种于液体培养基中进行培养,多数细菌表现为浑浊,部分表现为沉淀,一些好

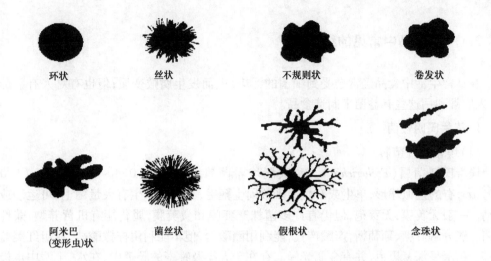

环状	丝状	不规则状	卷发状

阿米巴 (变形虫)状	菌丝状	假根状	念珠状

图 2.20 细菌菌落特征图

氧性细菌则在液面大量生长形成菌膜或菌环等现象。有的还会产生气泡、分泌色素等。

3)半固体培养基内的培养特征

纯种细菌穿刺接种在半固体培养基中会出现许多特有的培养性状,有鞭毛的细菌可以从接种线向四周蔓延;无鞭毛的仅沿接种线生长;好氧的细菌在上层生长得好;厌氧的在底部生长得好。这对菌种鉴定和纯培养识别等都非常重要。

2.1.3 细菌的繁殖

细菌的繁殖方式主要是二等分裂。

细菌的繁殖过程主要分为 3 步:首先菌体伸长,细胞核分裂,菌体中部的细胞膜从外向中心做环状推进,然后闭合形成一个垂直于细胞伸长方向的细胞质隔膜,把菌体分开;接着,细胞壁向内生长,把横膈膜分为两层,形成子细胞壁;最后子细胞分离形成两个菌体,如图 2.21 所示。

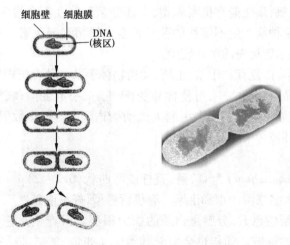

图 2.21 细菌的裂殖

2.1.4　食品中常见的细菌

在日常生活中食品经常会受到细菌的污染,进而发生腐败变质;但也有对人有益的细菌,人们常利用这些有益菌来制造食品。

1)革兰氏阴性菌

(1)埃希氏杆菌属

埃希氏杆菌属(*Escherichia*)又称大肠埃希菌属,短杆菌,$(0.4 \sim 0.7)\mu m \times (1.0 \sim 4.0)\mu m$,有的近似球形,单生或对生。多数周生鞭毛,有的菌株生有大量菌毛,可运动或不运动。一般无荚膜,无芽孢,但仍有许多菌株产荚膜和微荚膜,属化能有机营养型,兼性厌氧菌。能分解乳糖、葡萄糖,产酸产气,能利用醋酸盐,但不能利用柠檬酸盐,在伊红美蓝培养基上菌落呈深紫黑色,并有金属光泽。存在于人类及牲畜的肠道中,在水、土壤中也极为常见。

该属的代表种是大肠杆菌(*E. coli*),是人和动物肠道内的正常菌群,但在特定条件下可导致大肠杆菌病,为条件致病菌;另外,该属中也有少数病原性大肠杆菌存在。大肠杆菌是食品中常见的腐败细菌,故常以"大肠菌群数"作为饮用水、牛乳、食品、饮料等食品的卫生检定指标。

(2)醋酸杆菌属

醋酸杆菌属(*Acetobacter*)分布广泛,一般从腐败的水果、蔬菜及变酸的酒类、果汁等食品中都能分离出醋酸杆菌。该属细胞呈椭圆形、杆状、直或稍弯曲,大小为$(0.6 \sim 0.8)\mu m \times (1 \sim 4)\mu m$,单个、成对或成串排列。不产芽孢,需氧,属化能有机营养型,对热抵抗力较弱,在60 ℃下10 min 便可致死。本属菌有很强的氧化能力,在中性或酸性(pH 4.5)时可将乙醇氧化成醋酸。醋酸杆菌是制醋、葡萄糖酸和维生素 C 的重要生产菌株,但醋酸杆菌中有的种可引起菠萝的粉红病和苹果、梨的腐败病。

(3)假单胞菌属

假单胞菌属(*Pseudomonas*)菌体呈直或弯杆状$(0.5 \sim 1)\mu m \times (1.5 \sim 4)\mu m$,$G^-$菌,不产芽孢,可运动。需氧,属化能有机营养型,大部分菌种能在不含维生素、氨基酸的培养基上生长良好。有些菌种能产生不溶性的荧光色素和绿菌素等色素。有很强的分解蛋白质和脂肪的能力,但能水解淀粉的菌株较少。

本菌属种类繁多,广泛存在于水、土壤、动植物体表及各种含蛋白质的食品中。假单胞杆菌是最重要的食品腐败菌之一,可使食品变色、变味,引起变质;氧气充足时还会引起冷藏食品的腐败;少数假单胞杆菌还会引起人或动植物病变。但多数假单胞菌能在农业、工业、污水处理、清除环境污染中起重要作用。

(4)黄杆菌属

黄杆菌属(*Flavobacterium*)为 G^-菌,直杆或弯曲状$(0.2 \sim 2)\mu m \times (0.5 \sim 6)\mu m$,通常极生鞭毛,可运动,大多来源于水和土壤。有机营养型,好氧或兼性厌氧。菌落可产生黄色或褐色等多种非水溶性色素,分解蛋白质的能力很强。可产生热稳定的胞外酶,引起低温下牛乳及乳制品的酸败。同样也会引起其他食品如鱼、禽类、蛋等的腐败变质。

（5）沙门氏菌属

沙门氏菌属（*Salmonella*）属无芽孢杆菌，不产荚膜，周生鞭毛，通常可运动，也有无鞭毛的变种，G⁻菌。寄生于人和动物肠道内，兼性厌氧菌。大多数发酵葡萄糖产酸产气，不分解乳糖，可利用柠檬酸盐。在肠道鉴别培养基上，形成无色菌落。

该属菌常污染肉、蛋、乳等含蛋白质的食品，特别是肉类。除可引起肠道病变外，还能引起脏器或全身感染，如肠热症、败血症等，是重要的肠道致病菌。误食被此类菌污染的食品，可引起肠道传染病或食品中毒。

（6）黄单胞菌属

黄单胞菌属（*Xanthomonas*）为直杆状细菌，专性好氧，端生鞭毛，能运动。在培养基上可产生一种非水溶性的黄色类胡萝卜素，使菌落呈黄色。绝大多数为植物病原菌，如水稻黄单胞菌能引起水稻白叶枯病。而导致甘蓝黑腐病的野油菜黄单胞菌，可作为菌种生产荚膜多糖，即黄原胶。

2）革兰氏阳性菌

（1）李斯特菌属

李斯特菌属（*Listeria*）为无芽孢的短杆菌，革兰氏染色呈阳性，周生鞭毛，在低温下可生长。在冷藏食品中可发现其踪影，是人畜共患的李斯特菌病的病原菌，可引起人的脑膜炎、败血症、肺炎等。在食品中常见的是单核细胞增生李斯特菌（*L. monocytogenes*）。

（2）乳杆菌属

乳杆菌属（*Lactobacillus*）为菌体呈长杆状或短杆状，链状排列。不运动或极少能运动，厌氧或兼性厌氧，分解糖的能力很强，能发酵糖类产生乳酸。化能有机营养型，营养要求复杂，需要生长因子。在 pH 为 3.3～4.5 条件下，仍能生存。乳杆菌常见于乳制品、腌制品、饲料、水果、果汁及土壤中。从牛乳、乳制品和植物产品中能分离出来。常被用作生产乳酸、干酪、酸乳等乳制品的发酵菌剂。

乳杆菌是许多恒温动物，包括人类口腔、胃肠和阴道的正常菌群，很少致病。德氏乳杆菌常用于生产乳酸及乳酸发酵食品；保加利亚乳杆菌、嗜酸乳杆菌等常用于发酵饮料工业。

（3）明串珠菌属

明串珠菌属（*Leuconostoc*）为菌体呈圆形或卵圆形，呈链状排列，革兰氏阳性菌，分布较广，常常在牛乳、蔬菜、水果上被发现。肠膜状明串珠菌能利用蔗糖合成大量荚膜物质——葡萄糖，已被用来生产右旋糖酐，作为代血浆的主要成分。但是，明串珠菌常造成食品的污染，如牛乳的变黏以及制糖工业中增加了糖液黏度，影响过滤而延长了加工时间，降低了产量。

（4）双歧杆菌属

双歧杆菌属（*Bifidobacterium*）细胞形态多样，长细胞略弯或有突起，或有不同分支，或有分叉或产生匙形末端；短细胞端尖，也有球形细胞。细胞排列或单个，或成链，或呈星形、V 形、勺状等。菌种不同，其形态也不同。专性厌氧，有的能耐氧。存在于人、动物及昆虫的口腔和肠道中，发酵时通过特殊的果糖-6-磷酸途径分解葡萄糖。近年来，许多实验证明双歧杆菌具有降低肠道 pH、抑制腐败细菌滋生、分解致癌前体物、抗肿瘤细胞、提高机体免疫力等多种对人体健康有效的生理功能。目前市场上保健饮品风行，其中发酵乳制品及一些保健饮料常常加入双歧杆菌，以提高产品保健效果。

（5）芽孢杆菌属

芽孢杆菌属（Bacillus）为细胞杆状，端部钝圆或平截，有些很大（0.3～2.2）μm×（1.2～7.0）μm。可为单个、成对或短链状。端生或周生鞭毛，运动或不运动，某些种可在一定条件下产生荚膜。好氧或兼性厌氧，可产生芽孢，菌落形态和大小多变，在某些培养基上可产生色素，生理性状多种多样。

广泛分布在自然界，种类繁多。在土壤、水中尤为常见。此菌产生芽孢，具有一定的抗热性。因此，在食品工业中是经常遇到的污染菌。除作为细菌生理学研究外，常作为生产多种酶和杆菌肽的主要菌种以及饲料添加剂中的安全菌种使用；但也可引起面包腐败。地衣芽孢杆菌属（B. licheniformis）可用于生产碱性蛋白酶、甘露聚糖酶和杆菌肽。多黏芽孢杆菌（B. polymyxa）可生产多黏菌素。蜡状芽孢杆菌是工业发酵生产中常见的污染菌，同时也可引起食物中毒。这属中的炭疽芽孢杆菌（B. anthracis）是毒性很强的病原菌，能引起人、畜共患的烈性传染病——炭疽病。

（6）梭状芽孢杆菌属

梭状芽孢杆菌属（Clostridium）为菌体呈杆状，两端钝圆或稍尖，有些种可形成长丝状。细胞单个、成双、短链或长链。运动或不运动，运动者具周生鞭毛。可形成卵圆形或圆形芽孢，常使菌体膨大。由于芽孢的形状和位置不同，芽孢体可表现为各种形状。化能有机营养菌，也有些是化能无机营养菌。绝大多数种专性厌氧，对氧的耐受差异较大。

梭状芽孢杆菌在自然界分布广泛。多数为非病原菌，其中有部分为工业生产用菌种，如丙酮丁醇梭菌是发酵工业上生产丙酮丁醇的菌种。致病菌较少，但多为人畜共患病病原菌，常引起食品的腐败变质。如罐装食品中引起腐败的主要菌种，解糖嗜热梭状芽孢杆菌（C. thermosaccharolyticum）可分解糖类引起罐装水果、蔬菜等食品的产气性变质。腐化梭状芽孢杆菌（C. putrefaciens）可以引起蛋白质食物的变质。肉类罐装食品中最重要的是肉毒梭状芽孢杆菌（C. botulinum），其芽孢产生在菌体的中央或极端，芽孢耐热性极大，能产生毒性极强的毒素。肉毒梭菌和产气荚膜梭菌是可引起人畜的多种严重疾病，也可造成食物中毒的细菌。

（7）链球菌属

链球菌属（Streptococcus）为菌体呈球形或卵圆形，直径0.5～1 μm，呈短链或长链排列，无鞭毛，不能运动，化能异养型，兼性厌氧菌，广泛分布于水域、尘埃以及人、畜粪便与人的鼻咽部等处。有些是有益菌，如乳链球菌常用于乳制品发酵工业及我国传统食品工业中；有些是乳制品和肉食中的常见污染菌；有些是动物的正常菌群，但也有些是人类或牲畜的病原菌。例如：酿脓链球菌（S. pyogenes）可从人体内有炎症的地方或渗出物中分离，是机体发红发烧的原因，是溶血性的链球菌。乳房链球菌（S. uberis）、无乳链球菌（S. agalactiae）是牛乳房炎的常见病原菌。

（8）棒状杆菌属

棒状杆菌属（Corynebacterium）为菌体杆状，常呈一端膨大的棒状。细胞着色不均匀，可见节段染色或异染颗粒。细胞分裂形成"八"字形排列或栅状排列。多数无鞭毛、不运动、无芽孢，少数植物病原菌能运动。多数为兼性厌氧菌，少数为好氧菌。

棒状杆菌属广泛分布在自然界中，腐生型的棒状菌生存于土壤、水体中，如产生谷氨酸的北京棒状杆菌。根据代谢调控机理，已从该菌中筛选出生产各种氨基酸的菌种。寄生型的棒杆菌可引起人、动植物的病害,如引起人类白喉病的白喉棒杆菌以及造成马铃薯环腐病的马铃薯环腐病棒杆菌等。

任务 2.2 放线菌

放线菌(actinomycetes)是一类呈丝状生长、以孢子繁殖为主的 G^+ 细菌,因菌落呈放射状而得名。菌丝直径为 $0.2 \sim 1.2\ \mu m$,它的细胞结构、细胞壁的化学成分和对噬菌体的敏感性等与细菌相同,但在菌丝的形成和以无性孢子繁殖等方面则类似于真菌。放线菌大多数为腐生菌,少数为寄生菌,在自然界分布很广,主要生活在土壤中,尤以中性或偏碱性、有机质丰富的土壤中最多,每克土壤中孢子数可达 10^7 个。泥土所特有的泥腥味主要是由放线菌产生的土腥味素(geosmin)引起的。

放线菌与人的关系密切,绝大多数属有益菌,其最大的经济价值在于产生抗生素。在目前已有的万余种抗生素中,放线菌产生的约占 70%,其中又以链霉菌属(*Streptomyces*)居首位。

2.2.1 细胞的形态构造及其功能

放线菌的细胞为丝状,称为菌丝,无横隔,是单细胞,多核质体,无成形的细胞核,属原核细胞型微生物。典型的放线菌除发达的基内菌丝外,还有发达的气生菌丝和孢子丝,如图 2.22 所示。

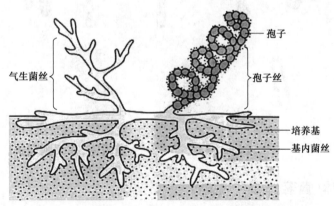

图 2.22　放线菌的典型形态和结构(模式图)

(1)基内菌丝

基内菌丝(substrate mycelium)是紧贴固体培养基表面并向培养基内部生长的菌丝,也称营养菌丝,色浅,较细,主要功能是吸收营养物和排泄代谢产物,一般没有隔膜。基内菌丝深入培养基内部,因而菌落不易挑起。

(2)气生菌丝

脱离培养基而伸向空中的菌丝,称为气生菌丝(aerial mycelium)。气生菌丝一般颜色较深、较粗,直或弯曲状且有分枝。有的能产生色素,可传递营养物质并能进一步分化繁殖。气生菌丝覆盖在菌落表面,使菌落呈绒毛状、粉状或颗粒状。

(3)孢子丝

气生菌丝发育到一定阶段,在其上分化出可形成分生孢子的菌丝,称为孢子丝(spore-bearing mycelium)。孢子丝上可形成成串的孢子,其主要功能是繁殖。孢子丝的形态多样,因此可作为分类鉴定的依据,如图2.23所示。

直形　　　波曲形　　　簇生形　　单轮生,　　开环形,
　　　　　　　　　　　　　　　　　无螺旋　　简单螺旋,
　　　　　　　　　　　　　　　　　　　　　钩形

开放螺旋形　封闭螺旋形　单轮生螺旋　双轮生,无螺旋　双轮生,有螺旋

图2.23　放线菌不同类型的孢子丝着生结构

孢子丝成熟后便会分化形成许多孢子。由于放线菌的种类不同,孢子也具有不同特征,有球形、椭圆形、杆状、瓜子状、圆柱状、梭状或半月形等(图2.24)。常将其作为菌种鉴定的依据。

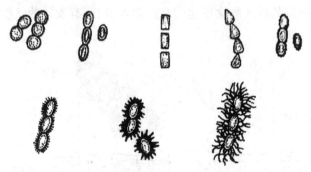

图2.24　放线菌的孢子形态

2.2.2　群体(菌落)形态

放线菌具有与细菌不同的菌落特征:干燥、不透明,表面呈紧密的丝绒状,上有一层色彩鲜艳的干粉;菌落和培养基的连接紧密,难以挑取;菌落的正反面颜色常常不一致,以及菌落边缘培养基的平面有变形现象等。

2.2.3　放线菌的繁殖

放线菌主要以无性孢子或菌丝断裂片段等无性方式进行繁殖。菌丝断裂片段繁殖主要用于液体培养中,如工业化发酵生产抗生素,而产生无性孢子是最主要的繁殖方式。放线菌产生的无性孢子主要有分生孢子和孢囊孢子,前者是大多数放线菌(如链霉菌属)产生的,孢子丝生长到一定阶段,细胞膜内陷并收缩,形成完整的横隔,将孢子丝分割成许多分生孢子;后者是放线菌(如游动放线菌属)在气生菌丝或基内菌丝上形成孢子囊,囊内产生孢囊孢子,成熟后大量释放。

2.2.4　食品中常见的放线菌

引起食品污染的放线菌很少,多属于链霉菌属。

(1)龟裂链霉菌

龟裂链霉菌(*St. rimosus*)菌落有皱纹,呈龟裂状,初期灰白色,后期褐色。菌丝呈树枝状分枝,白色,孢子为灰白色,是土霉素的生产菌。

(2)灰色链霉菌

灰色链霉菌(*St. griseus*)生长于葡萄糖硝酸盐培养基上,菌落平而薄,从最初的白色逐渐变为橄榄色。气生菌丝浓密,为浅绿色粉状,产链霉素。

(3)金霉素链霉菌

金霉素链霉菌(*St. aureo faciens*)在马铃薯葡萄糖琼脂等培养基中生长,气生菌丝无色,孢子形成初期为白色,28 ℃培养5~7 d后就由棕灰色转为灰黑色,基内菌丝能分泌金霉素和四环素。

(4)红霉素链霉菌

红霉素链霉菌(*St. erythreus*)有不规则边缘,菌丝深入培养基内。菌丝颜色由白变为微黄色,气生菌丝细而有分枝,是红霉素产生菌。

(5)诺卡氏菌属

诺卡氏菌属(*Nocardia*)菌丝有隔膜,基内菌丝较细,直径0.5~1 μm。一般无气生菌丝,营养菌丝横隔分裂为分生孢子。有些种能产生抗生素,如抗结核菌、麻风病菌的特效药利福霉素;治疗作物白叶枯病的蚁霉素等。此外,还有些种被用于石油脱蜡及污水处理等。

(6)小单胞菌属

小单胞菌属(*Micromonospora*)菌丝体纤细,直径0.3~0.6 μm,不形成气生菌丝,只在基内菌丝体上长出孢子梗,顶端着生一个球形或长圆形的孢子。多分布在土壤或湖底泥土中,此属也是产生抗生素较多的,如庆大霉素就是由该属的微生物产生的,有的种能积累维生素 B_{12}。

任务2.3　酵母

酵母菌是一类以出芽繁殖为主的单细胞真核微生物的统称。它有由核膜包裹的完整细胞核,能进行有丝分裂,有细胞壁、细胞膜以及线粒体、内质网、液泡和核糖体等多种细胞器(图2.25)。酵母菌是人类应用最早的微生物之一。除用于酿酒、发面制作馒头和面包外,酵母菌还用于石油脱蜡,生产有机酸、甘油、甘露醇,提取多种酶和维生素以及生产菌体蛋白等。

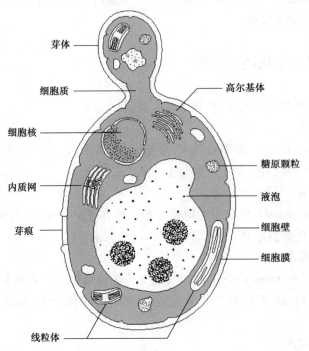

图2.25　酵母菌的结构

酵母菌能发酵糖类产能,通常存在于含糖量较高、偏酸的环境中,如水果、蔬菜、花蜜以及植物叶片上,尤其是果园、菜园的上层土壤中较多,故有"糖菌"之称。石油酵母可利用烃类物质,常存在于油田和炼油厂附近的土层中。大多数酵母菌为腐生。

2.3.1　细胞的形态构造和功能

酵母菌菌体大小一般为$(1\sim5)\,\mu m \times (5\sim30)\,\mu m$,其基本形状为球形、卵圆形和圆柱形。有些酵母菌形状特殊,呈柠檬形、瓶形、三角形、弯曲型等(图2.26)。酵母菌个体多以单细胞状态存在,有的酵母菌在快速繁殖时能形成假菌丝(pseudohypha),如热带假丝酵母

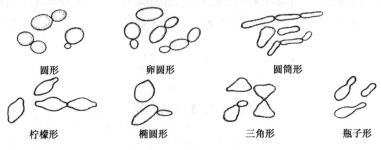

图2.26　酵母菌的细胞形态

（*Candida tropicalis*）（图 2.27）。在无性繁殖中子细胞不与母细胞脱离，其间以极狭小的面积相连，而不像真菌丝那样是细胞与细胞相连。

1）细胞壁

细胞壁（cell wall）厚 25～70 nm，约占细胞干重的 25%。细胞壁的主要成分是 β-1,3 葡聚糖（glucan），呈无定形结构，随机排列形成酵母细胞壁的内层。外层为甘露聚糖（mannan，甘露糖的复杂聚合物），其间夹着一层蛋白质，连接着葡聚糖和甘露聚糖（图 2.28）。此外，还有 8.5%～13.5% 的脂类，而几丁质（N-乙酰葡萄糖胺的多聚物）的含量因种而异。

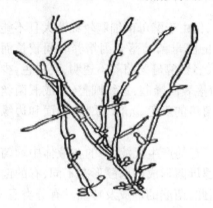

图 2.27 热带假丝酵母的假菌丝

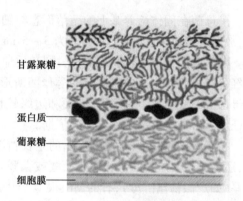

图 2.28 酵母细胞壁的化学结构

2）细胞膜

细胞膜（cell membrane 或 plasma membrane）紧贴细胞壁内侧，厚约 7.5 nm，外表光滑。结构与细菌的细胞膜相似。有的酵母菌的细胞膜中含有固醇，如酿酒酵母，这是与原核生物细胞膜化学成分的最大区别。

3）细胞核

细胞核（nucleus）有核膜、核仁和染色体，球形，直径约 2 μm。核膜是双层膜，其上有许多直径为 40～70 nm 的核膜孔，这是细胞核与细胞质交换大分子物质和小颗粒的通道，能让核内制造的 rRNA 转移到细胞质中，为蛋白质的合成提供模板。核内有新月状的核仁和半透明的染色质。核仁粒状，表面无膜。富含蛋白质和 RNA，是合成 rRNA 和装配核糖体的场所。核膜外有中心体，可能与出芽和有丝分裂有关。酵母菌细胞核是其遗传信息的主要贮存库，在代谢和繁殖中起重要作用。除细胞核含有 DNA 外，在酵母菌的线粒体和质粒中也含有少量的 DNA。

4）细胞质和细胞器

细胞质（cytoplasm）是一种透明、黏稠、流动的胶状溶液，它是细胞进行新陈代谢的场所，也是代谢物贮藏和运输的环境。真核生物的细胞质中还有一些细胞器（organelle），包括核糖体、线粒体、内质网、液泡等。核糖体沉降系数为 80S，由 60S 和 40S 两个亚基组成，是合成蛋白质的场所。线粒体（mitochondria）呈杆状或球状，长 1.5～3 μm，直径 0.5～1 μm，数量从数十至数百个不等。线粒体含有呼吸作用所需的各种酶，是能量转化的场所，也是氧化还原的中心。内质网（endoplasmic reticulum，ER）属内膜系统，是由膜组成的管状或囊状结构组成的一个复杂的双层膜系统，两层膜之间的间隔为 20 nm。内质网外与

细胞膜相连,内与核膜相通。内质网起到物质传递和通信联络的作用,还有合成脂类和脂蛋白的功能,供给细胞质中所有细胞器的膜。内质网上附有80S核糖体,是合成蛋白质的场所。液泡(vacuole)是一种由类似细胞膜的膜所包裹的小体,其中含有代谢废物、水及异染颗粒等,有的种类还含蛋白酶、酯酶、核糖核酸酶。一个细胞内可有一个或几个大小不一的液泡。细胞的液泡随菌龄增大而变大,是离子和代谢产物的交换、贮藏场所。

2.3.2 群体(菌落)形态

酵母菌在固体培养基上的菌落形态与细菌相似,但由于酵母菌细胞较细菌大且不能运动,故菌落多比细菌菌落大,一般为3~5 mm,但有的酵母菌菌落会因培养时间较长而皱缩。菌落表面光滑、湿润、黏稠、易挑起、质地均匀,大多数酵母菌菌落不透明,乳白色,少数为红色或黑色。不生成假菌丝的酵母菌所形成的菌落表面隆起,边缘圆整;生成假菌丝的酵母菌所形成的菌落较扁平,表面和边缘较粗糙。菌落的颜色、光泽、质地、表面和边缘等特征均能作为酵母菌菌种鉴定的依据。

在液体培养基中,不同酵母菌的生长情况不同。有的产生沉淀,有的在液体中均匀生长,还有的在液体表面生长形成菌醭或菌膜。不同酵母菌形成的菌醭形态不同,有的菌醭较厚(如产假菌丝酵母),有的菌醭很薄,干而皱。因此,菌醭的形成及特征具有分类意义。酵母菌菌落由于有乙醇发酵,一般都发出酒香味。

2.3.3 酵母的繁殖

酵母菌的繁殖方式有无性繁殖和有性繁殖两种,但以无性繁殖为主。

1)无性繁殖

酵母菌的无性繁殖方式主要为芽殖,少数为裂殖。还有的酵母菌可产生无性孢子,如掷孢子(ballistospore)和厚垣孢子(chlamydospore)等。

(1)芽殖

芽殖(budding)即出芽繁殖,是酵母菌最常见的一种繁殖方式。酵母菌细胞成熟后会在母细胞表面形成一个囊泡状小突起,称为芽体;随后母细胞核分裂成两个子核,一个随母细胞的部分细胞质进入芽体,当芽体长大到接近母细胞时,即成为子细胞;子细胞增大到一定程度就会脱离母细胞,形成新的酵母菌体。芽体脱落后在母细胞壁上留下痕迹,称为芽痕(bud scar)(图2.29),而子细胞上相应位置留下的痕迹称蒂痕(birth scar)。通过计算芽痕的数目可测定细胞的菌龄。

当环境条件适宜,母细胞连续出芽繁殖,而形成的子细胞尚未与母细胞脱离前,又在子细胞上长出新芽,如此连续出芽,就会形成分枝或不分枝的菌丝,即假菌丝,如图2.27所示。

(2)裂殖

某些酵母菌像细菌一样通过二分裂的方式进行无性繁殖,这一过程称为裂殖(图2.30)。例如,八孢裂殖酵母(*Schizosaccharomyces octosporus*)、粟酒裂殖酵母(*Schizosaccharomyces pombe*)等。

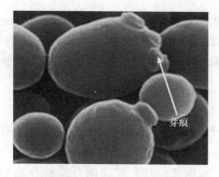

图2.29 酿酒酵母芽殖的扫描电镜照片

芽痕

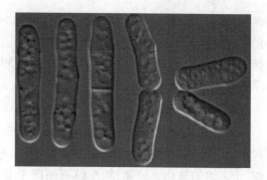

图2.30 酵母菌的裂殖

2）有性繁殖

酵母菌的有性繁殖方式主要是形成子囊孢子（ascospore）。凡是能进行有性繁殖的酵母菌都称为真酵母。

酵母菌发育到一定阶段，两个性别不同的邻近细胞各自伸出一个小突起相接触，接触处的细胞壁溶解并形成一个管道，细胞质及单倍体核分别进行质配及核配，形成双倍体细胞。在一定条件下，双倍体细胞核将分裂1～2次，其中一次为减数分裂，形成4～8个核。随后，原生质以核为中心进行浓缩，并在其表面形成一层孢子壁成为子囊孢子，原来的双倍体细胞成为子囊。

2.3.4 食品中常见的酵母

1）酿酒酵母

酿酒酵母（S. cerevisiae）又称啤酒酵母，为单细胞，呈圆形、卵形、椭圆形、腊肠形。大小不一，(2.2～10.5)μm × (3.5～21)μm不等。无性繁殖为芽殖，单端、两端或多端出芽，繁殖旺盛时能形成假菌丝；有性繁殖形成子囊孢子。酿酒酵母能发酵葡萄糖、蔗糖、麦芽糖和半乳糖等多种糖类，但不发酵乳糖。

酿酒酵母主要分布在各种水果的表皮、发酵的果汁、果园土壤及酒曲中，是酵母属（Saccharomyces）中的典型种，也是发酵工业中的重要菌种。不仅应用在啤酒、白酒及其他饮料的酿造和面点的制作中，还用于生产谷胱甘肽、麦角固醇、辅酶A及三磷酸腺苷等食用、药用和饲料产品，具有重要的经济价值。

2）热带假丝酵母

热带假丝酵母（C. tropicalis）属半知菌亚门，假丝酵母属（Candida）。细胞呈卵形或球形，大小为(4～8)μm × (5～11)μm，以出芽繁殖为主，细胞常连在一起形成假菌丝。

热带假丝酵母常应用在医药及工业中。它氧化烃类的能力很强，可利用煤油及230～290 ℃的石油馏分，在治理石油污染的同时还能获得大量菌体蛋白。还可用农副产品和工业废料培养热带假丝酵母作为饲料，如用生产味精的废液培养热带假丝酵母，既扩大了饲料来源，又减少了工业废水对环境的污染。

3）异常汉逊酵母

异常汉逊酵母（Hansenula anomala）的细胞呈圆形、椭圆形、卵形和腊肠形，常形成假菌

丝,有的有真菌丝。营养细胞进行多边芽殖,子囊形状与营养细胞相同,子囊孢子帽形、土星形、半圆形,表面光滑。它能产乙酸乙酯,并可以利用葡萄糖产生磷酸甘露聚糖,应用于纺织及食品工业中。还可以生产药物、氨基酸、饲料等。它们也常常污染柑橘、葡萄及其制品和浓缩果汁。

4)粉状毕赤酵母

粉状毕赤酵母(*Pichia farinosa*)的细胞具不同形状,多端芽殖,多能形成假菌丝。能形成子囊,每个子囊能产生 1~4 个子囊孢子,孢子为球形、帽形或星形,表面光滑。对正癸烷、十六烷的氧化力较强,能发酵石油产生麦角固醇、蛋白质、甲醇、苹果酸及磷酸甘露聚糖。分解糖的能力弱,不产生乙醇。该酵母也是酒类饮料的污染菌,常在酒的表面生成白色干燥的菌醭。

5)红酵母属

红酵母属(*Rhodotorula*)的细胞为圆形、长形或卵圆形,多端出芽,不形成子囊孢子。许多种能在食物或培养基上产生类胡萝卜素而呈现红色。该属中有较好的产脂肪的种类,如黏红酵母(*Rhodotorula glutinis*)菌体内脂肪含量可达干重的 50%~60%。但也有少数种能引起人和动物的疾病。

任务2.4 霉 菌

霉菌(molds)是一类丝状真菌的总称。凡是在固体培养基上会形成绒毛状、蜘蛛网状或棉絮状菌丝体,而又不产生大型子实体结构的真菌,统称为霉菌。

霉菌在自然界中分布极广,大量存在于土壤、水体、空气、动植物体内外,与人类的生产、生活息息相关。霉菌除用于酿酒、制酱及发酵食品外,还广泛用于生产乙醇、抗生素、酶制剂以及发酵饲料、植物生长刺激素、农药等。此外,腐生型霉菌能分解复杂有机物,促进自然界的物质转化。但是,霉菌也有其不利的一面。潮湿条件下会引起霉变。霉菌能产生300 多种真菌毒素,其中毒性最强的黄曲霉毒素,常存在于霉变的花生、大米、玉米及其制品中,可引起癌变。有的毒菌还具致病性,威胁人类和动植物的健康。

2.4.1 细胞的形态构造和功能

1)霉菌的形态

霉菌的菌丝是具分枝的丝状体,直径为 2~10 μm,比放线菌菌丝粗几倍至十几倍。根据菌丝有无隔膜,可将其分为无隔膜菌丝和有隔膜菌丝两大类(图 2.31)。无隔膜菌丝为长管状单细胞,细胞质内一般含多个细胞核。根霉属(*Rhizopus*)、毛霉属(*Mucor*)等低等真菌的菌丝属于此类。而大多数霉菌为有隔膜菌丝,即是一个菌丝被多层隔膜分为多个细胞,每个细胞中均含有一个或多个细胞核。青霉属(*Penicillium*)、曲霉属(*Aspergillus*)等均属此类。

霉菌菌丝在功能上有一定的分化：生长于固体培养基中或紧贴培养基表面吸收养料的菌丝，称基内菌丝或营养菌丝；向空中伸展生长的菌丝，称气生菌丝；气生菌丝生长到一定阶段，会分化形成能产生孢子的菌丝，称繁殖菌丝或孢子丝。为适应环境，霉菌菌丝发展出许多特化的形态，如基内菌丝可形成假根、匍匐菌丝、吸器、菌丝束、菌核等。

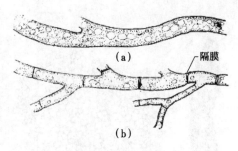

图2.31　霉菌菌丝
(a)无隔膜菌丝；(b)有隔膜菌丝

菌丝的特化形态

①匍匐菌丝(stolon)：平行于固体基质表面，具有延伸功能的匍匐状菌丝。毛霉目(*Mucorales*)的霉菌在固体培养基表面的基内菌丝分化为匍匐菌丝，隔一段距离会长出假根，并继续向前延伸出新的匍匐菌丝，形成不断扩展的菌落。根霉属就具有典型的匍匐菌丝。

②假根(rhizoid)：从根霉属(*Rhizopus*)或犁头霉属(*Absidia*)霉菌匍匐菌丝与培养基接触处分化出来的根状结构，其功能是固着以及吸取养料。

③吸器(haustorium)：专性寄生真菌(锈菌、霜霉菌和白粉菌等)的菌丝体生长在寄主表面，从菌丝上产生侧生短枝侵入寄主细胞内，分化成指状、球状或丝状体，用以吸收寄主细胞内的养料。

④菌丝束(mycelial strand)：一些真菌菌体中未经特殊分化的菌丝平行排列并聚集形成的束状运输结构。在菌丝束内，菌丝相互交织和融合。其功能主要是输送水分和养分，为菌体生长提供基本的营养。在子囊菌、担子菌和半知菌中均可发现菌丝束。某些栽培的蕈类形成的菌柄也是由菌丝束构成。

⑤菌核(sclerotium)：一种由菌丝集聚及黏附形成的休眠组织，它也是糖类和脂类等营养物质的储存体，在不良环境条件下可存活数年，如图2.32所示。

2)霉菌的细胞组成

霉菌细胞结构与酵母菌相似，由细胞壁、细胞膜、细胞质、细胞核、细胞器及其内含物组成(图2.33)。细胞壁厚 $100 \sim 250$ nm。除少数低等的水生霉菌细胞壁中含纤维素外，大多数霉菌的细胞壁由几丁质组成。几丁质与纤维素结构相似，是由 N-乙酰葡萄糖氨分子以 β-1,4-葡萄糖苷键连接成的多聚糖，构成高等和低等霉菌细胞壁的网状结构。此外，还含有蛋白质、脂类等复杂物质。细胞膜厚 $7 \sim 10$ nm，其结构和功能与酵母菌细胞相似。幼龄菌丝细胞质均匀透明，充满整个细胞；老龄菌丝细胞质黏稠，出现较大的液泡，内含肝糖粒、脂肪粒及异染颗粒等贮藏物。细胞核的直径为 $0.7 \sim 3$ μm，有核膜、核仁和染色体。核膜上有直径为 $40 \sim 70$ nm 的核膜孔，核仁的直径约 3 nm。霉菌细胞中有与高等生物相似的线粒体与核糖体，其他结构与酵母菌细胞基本相同。

2.4.2　群体(菌落)形态

通常霉菌形成的菌落形态较大，一般比细菌和放线菌的大几倍至几十倍。菌落结构比较疏松，干燥，不透明，呈绒毛状、棉絮状或蜘蛛网状，呈辐射状向四周扩展。菌落与培养基结合紧密，不易挑起，有的表面有水滴状分泌物，有霉味。菌落正反面及边缘与中心的颜

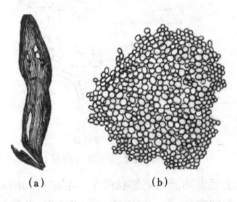

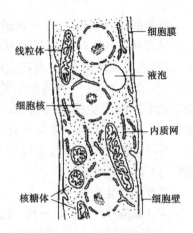

图 2.32　麦角菌(*Claviceps purpurea*)的菌核

(a)菌核;(b)菌核横切图

图 2.33　霉菌的细胞结构

色、构造等常不一致。生长后期产生的孢子大小、形态、颜色因种而异(如绿、青、黄、棕、橙、黑等),所以不同培养时期霉菌的菌落外观差异较大。

在液体培养基中振荡培养时,霉菌菌丝体紧密缠绕生长,呈球状,均匀地悬浮于培养液中。静止培养时菌丝常生长在培养液表面。

2.4.3　霉菌的繁殖

除菌丝片段可长成新的菌丝体外,霉菌还可产生多种无性及有性孢子。根据孢子的形成方式及特点,可分为多种类型:

```
         ┌ 无性繁殖 ┌ 内生孢子——孢囊孢子
         │         │ 外生孢子 ┌ 分生孢子
         │         │         └ 节孢子
霉菌繁殖 ┤         └ 菌丝细胞形成——厚垣孢子
         │ 有性繁殖 ┌ 卵孢子
         │         │ 接合孢子
         │         └ 子囊孢子
         └ 菌丝片段伸长,产生分枝——断裂繁殖
```

1)无性繁殖

无性繁殖是指不经过两性细胞的结合,只通过营养细胞的分裂或分化来形成新个体的过程。霉菌主要以无性孢子的方式进行繁殖,无隔膜的霉菌一般形成孢囊孢子,有隔膜的霉菌多产生分生孢子。

(1)孢囊孢子

孢囊孢子(sporangiospore)形成于孢子囊中,故而得名。霉菌的气生菌丝发育到一定阶段后,菌丝顶端膨大成圆形、椭圆形或梨形的囊状,形成孢子囊;原来的细胞壁成了孢子囊壁;囊中的核经多次分裂,发育成多个孢囊孢子(图2.34)。孢子在适宜的条件下,可萌发成为新个体,如根霉和毛霉。

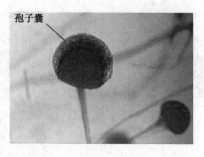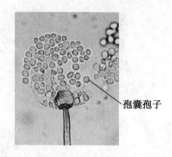

图 2.34　霉菌的孢子囊和孢囊孢子

（2）分生孢子

大多数霉菌以此方式繁殖。分生孢子（conidium）是由菌丝或其顶端细胞分化形成的单个或成簇的外生孢子。分生孢子的形状、大小、结构、着生方式因种而异。曲霉属和青霉属都具有明显分化的分生孢子梗，曲霉的分生孢子梗顶端膨大形成顶囊，顶囊表面着生一层或两层呈辐射状排列的小梗，小梗末端形成分生孢子链；青霉的分生孢子梗顶端多次分枝成扫帚状，分枝顶端着生小梗，小梗上形成串生的分生孢子（图 2.35）。

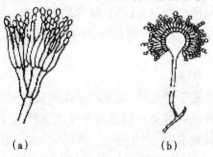

（a）　　　　　　　　　　　（b）

图 2.35　分生孢子及分生孢子梗

（a）青霉；（b）曲霉

（3）节孢子

节孢子（arthrospore）又称粉孢子或裂生孢子，是菌丝生长到一定阶段后，从长出的许多横膈膜处断裂，产生的大量短柱状或圆筒状的孢子。外生，所有孢子同时形成，能进行繁殖并适应不良环境。常见于放线菌和担子菌属的气生菌丝，如白地霉（*Geotrichum candidum*）（图 2.36）。

（4）厚垣孢子

厚垣孢子（chlamydospore）又称厚壁孢子，形成时，菌丝中间或顶端的个别细胞膨大，原生质浓缩、变圆，然后在四周生出厚壁或者加厚原来的细胞壁，形成厚垣孢子（图 2.37）。厚垣孢子是霉菌的一种休眠体，能抵抗热与干燥等不良环境，条件适宜时能再次萌发形成新的菌丝体。

2）有性繁殖

霉菌的有性繁殖可形成卵孢子、子囊孢子和接合孢子等。霉菌的有性繁殖不如无性繁殖普遍，大多发生在特定条件下，一般培养基上不常见。

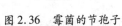

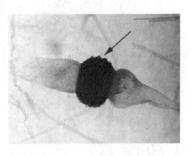

图2.36　霉菌的节孢子　　图2.37　霉菌的厚垣孢子　　图2.38　接合孢子

（1）接合孢子

接合孢子（zygospore）是由相邻菌丝产生的结构相似、形态相同或略有不同的两个配子囊接合而成。首先，两条相近的菌丝各自向对方伸出极短的侧枝，称接合子梗。两接合子梗相互吸引，顶部结合。随后，两接合子梗顶端膨大形成原配子囊，囊中产生一个横膈膜将其分隔成配子囊和配子囊柄两个细胞。随后，结合处膜消失，两配子囊发生质配与核配，成为原接合孢子囊并进一步膨大，发育为颜色深、体积大的多层厚壁接合孢子囊（图2.38），并在其内部产生接合孢子。

（2）子囊孢子

子囊孢子（ascospore）形成于子囊中，先是同一菌丝或相邻的两菌丝上的两个大小和性状不同的性细胞相互接触并互相缠绕。接着两个性细胞经过受精作用后形成分枝的菌丝，称为造囊丝。造囊丝经过减数分裂，产生子囊。每个子囊产生2~8个子囊孢子。在子囊和子囊孢子发育过程中，菌丝体有规律地包裹住多个子囊形成共同的保护组织，称为子囊果（图2.39）。子囊果主要有3种类型：一种为完全封闭的圆球形，称闭囊壳；一种不完全封闭，是有小孔的球形，称为子囊壳；第三种呈盘状，为开口式子囊果，子囊平行排列在盘上，称为子囊盘。

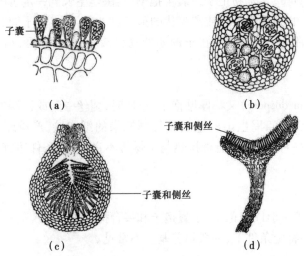

图2.39　子囊果的类型

（a）子囊；（b）闭囊壳；（c）子囊壳；（d）子囊盘

（3）卵孢子

卵孢子（oospore）由两个大小不同的配子囊结合后发育而成。形成时，菌丝顶端产生称为雄器的小型配子囊，以及称为藏卵器的大型配子囊。藏卵器中含有一个或数个由原生质收缩形成的原生质团，称卵球。配合时，授精管连通雄器与藏卵器，雄器中的细胞质和细胞核进入藏卵器与卵球配合。此后，卵球生出厚壁形成双倍体的卵孢子（图 2.40）。

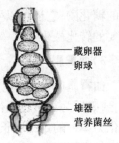

图 2.40 卵孢子

2.4.4 食品中常见的霉菌

1）毛霉属

毛霉属（Mucor），毛霉菌丝体发达，棉絮状，由许多分枝的菌丝构成。菌丝一般为白色，无横隔膜，无假根及匍匐菌丝，为多核单细胞真菌，大多腐生。以孢囊孢子进行繁殖。孢子囊球形，囊内有囊轴，孢子为球形或椭圆形，无色，无条纹，表面光滑。有些种能产生厚垣孢子。有性繁殖产生接合孢子。菌落呈絮状。

毛霉产生的蛋白酶和淀粉酶活性很强，具有极强的分解大豆蛋白质和转化淀粉的能力，可使腐乳产生芳香物质及蛋白质分解物，常用于豆腐乳和豆豉的制作以及酿酒工业的糖化菌。有些毛霉还能产生草酸、柠檬酸、琥珀酸、乳酸及甘油等，并能转化甾族化合物。毛霉广泛分布于土壤和堆肥中，也常见于水果、蔬菜、谷物及淀粉性食物上，常引起霉腐变质。

2）根霉属

根霉属（Rhizopus），根霉与毛霉同属毛霉目（Mucorales）。根霉菌丝分枝，白色，无隔膜，为单细胞真菌。根霉气生性强，菌丝体棉絮状。在固体培养基上生长，匍匐于培养基表面的气生菌丝为匍匐菌丝，匍匐菌丝有节，接触培养基处向下分枝成假根。从假根处向上丛生直立而不分枝的孢囊梗，顶端膨大形成球形孢子囊，囊轴明显。囊轴与梗相连处有囊托，孢子囊成熟后孢囊壁消解，释放出大量孢囊孢子（图 2.41）。孢子球形或卵形，有棱角和条纹，灰色、蓝灰色或浅褐色。在一定条件下根霉也能以有性繁殖产生接合孢子。

 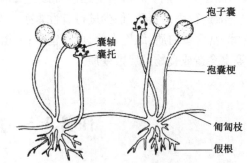

孢子囊

囊轴
囊托

孢囊梗

匍匐枝

假根

图 2.41 根霉的形态

根霉在自然界分布极广，空气、土壤及各种物体表面都有其孢子，常引起有机物的霉变，使食品发霉变质，水果、蔬菜霉烂。根霉的用途广泛，其淀粉酶活性很强，是酿酒工业常

用的糖化酶;它还可以生产发酵食品、饲料、葡萄糖、酶制剂、有机酸,可转化甾族化合物,是重要的转化微生物。

3)曲霉属

曲霉属(*Aspergillus*),曲霉发达的菌丝体由具隔膜的多核分枝菌丝构成,通常是无色的,成熟后为浅黄色至褐色。生长旺盛时,菌丝体产生大量分生孢子梗。分生孢子梗是由分化为厚壁的足细胞长出的,大多无隔膜、不分枝,顶端膨大成顶囊,一般呈球形。在顶囊周围长满辐射状小梗,有的在初生小梗上又产生次生小梗,小梗顶端分生孢子成串生长。菌落绒状,孢子呈绿、黄、橙、褐、黑等颜色,使得菌落呈现不同色彩。曲霉属中仅有极少数能以产生子囊孢子的形式进行有性繁殖。

曲霉在自然界中分布很广,土壤、谷物和各种有机物上均有,空气中常有曲霉孢子。它可引起衣服、食品、皮革等物品的霉变。少数种还是致病菌,如黄曲霉(*A. flavus*)。曲霉是发酵、食品和医药工业上的重要菌种,对土壤有机物的分解作用巨大。我国古代将曲霉用于制曲酿酒及制酱等,现代工业还用它生产多种酶制剂和有机酸等。

4)青霉属

青霉属(*Penicillium*),青霉菌丝与曲霉相似,有隔膜,多核,多分枝,无足细胞和顶囊,营养菌丝体颜色较多。菌丝发育成直立的分生孢子梗,顶端不形成膨大的顶囊,而是产生几轮小梗,小梗顶端产生成串的分生孢子,形如扫帚状称为帚状枝(体)。帚状枝依其部位不同分别称为副枝、梗基、小梗。少数种产生闭囊壳及子囊孢子,有的能产生菌核。菌落为絮状。

青霉属种类很多,广泛分布于空气、土壤和各种物品上,常生长在腐烂的柑橘皮上,呈蓝绿色。在工业上具有很高的经济价值,如生产抗生素、酶制剂(脂肪酶、磷酸二酯酶、纤维素酶),有机酸(抗坏血酸、葡萄糖酸、柠檬酸)等。产黄青霉(*P. chrysogenum*)和点青霉(*P. notatum*)都是生产青霉素的重要菌种。

5)脉孢菌属

脉孢菌属(*Neurospora*),脉孢菌又称链霉菌,其子囊孢子表面有纵行花纹,形如叶脉。菌丝无色透明,多核,有隔膜,具分枝,蔓延迅速。分生孢子梗直立,双叉分枝,分枝上成串地生长卵圆形分生孢子。孢子呈红色、粉红色,常在面包等淀粉性食物上生长,俗称红色面包霉。一般进行无性繁殖,很少进行有性繁殖。有性繁殖时产生子囊孢子。脉孢菌可用于工业发酵;富含蛋白质、维生素等,可作饲料;但粗糙脉孢菌(*N. crassa*)、好食脉孢菌(*N. sitophila*)等也会造成食物的腐败变质。

任务 2.5 病 毒

病毒(virus)是一类个体极其微小、非细胞结构的微生物,由一个或几个 DNA 分子或 RNA 分子以及蛋白质外壳构成。有时,蛋白质外壳的外面还有其他的复杂结构。

病毒广泛分布在自然界中,但只有在活细胞内才表现出生命活性,人类75%以上的传染性疾病都是由其引起的,如病毒性肝炎、流行性感冒、艾滋病、SARS 等。在食品与发酵工业中,因病毒引起的食物中毒事件也越来越多,它给人类及其他生物带来的危害是不容忽视的。

2.5.1 病毒

1)病毒的大小

病毒没有细胞结构,故单个病毒被称作病毒颗粒(virus particle)。病毒颗粒极其微小,必须用电子显微镜放大后才能看见,其大小常用 nm 来表示。不同病毒颗粒的直径差异很大,从 10~300 nm 不等,但大多数的直径在 100 nm 左右,如图 2.42 所示。

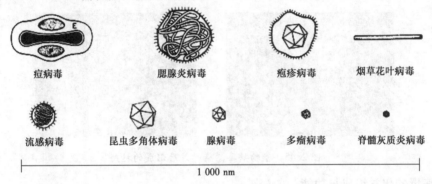

痘病毒　　　　腮腺炎病毒　　　　疱疹病毒　　　　烟草花叶病毒

流感病毒　　昆虫多角体病毒　　腺病毒　　多瘤病毒　　脊髓灰质炎病毒

1 000 nm

图 2.42　常见病毒的形态及大小示意图

2)病毒的形态

(1)病毒颗粒形态

病毒颗粒有球状、卵圆形、杆状、丝状和蝌蚪状。植物病毒、昆虫病毒中的核型多角体病毒多呈杆状;动物病毒多呈球状或近球状;噬菌体多呈蝌蚪状。有少数病毒呈多形性,如流感病毒可呈球状、丝状和杆状。

(2)病毒群体形态

当病毒感染宿主细胞后,可形成由大量病毒颗粒或衣壳蛋白质构成的病毒群体,包括包涵体、噬菌斑、空斑和枯斑 4 类。

①包涵体(inclusion body):指宿主细胞被病毒感染后形成的一种在光学显微镜下可见的蛋白质性质小体,多为圆形、卵圆形或不定型。一般是由完整的病毒颗粒或尚未装配的病毒蛋白质聚集而成,少数是宿主细胞对病毒感染的反应产物,如图 2.43 所示。

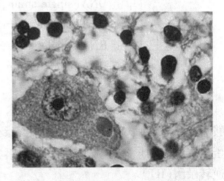

图 2.43　狂犬病毒内基氏小体

②噬菌斑(plaque):噬菌体感染平板上的敏感细菌后,经过一定时间培养,在细菌菌苔上形成的局部透明的圆形区域,如图 2.44 所示。

③空斑(plaque):动物病毒感染易感的单层细胞后,产生的局限性病灶,称空斑或

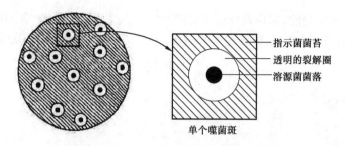

图 2.44　噬菌体在敏感细菌菌苔上形成的噬菌斑

蚀斑。

④枯斑(lesion)：病毒感染植物后，在叶、茎等植物组织上形成褪绿或坏死的斑点(图2.45)。

图 2.45　植物病毒感染叶片后形成的枯斑

3)病毒的化学组成与功能

病毒颗粒的基本化学组成是核酸和蛋白质。有些病毒还含有脂质和糖类。个别病毒还含有少量无机阳离子及聚胺化合物等。

（1）核酸

核酸是病毒的重要成分，位于病毒颗粒中央，呈折叠或盘旋状，携带着全部遗传信息，决定着病毒的遗传、变异、增殖及感染性。一种病毒只含一种核酸，为 DNA 或 RNA。但病毒的核酸类型却有多种，包括了单链 DNA、双链 DNA、单链 RNA 和双链 RNA 4 种。

病毒核酸 { 单链 DNA(single strain, ss DNA)：线状和环状
双链 DNA(double strain, ds DNA)：线状和环状
单链 RNA(single strain, ss RNA)：仅有线状
双链 RNA(double strain, ds RNA)：仅有线状

（2）蛋白质

蛋白质是构成病毒颗粒所必需的，主要位于病毒颗粒的外层，包在核酸外面，以保护核酸。有些病毒颗粒可借助蛋白质附着到宿主细胞表面的特定受体上，启动病毒感染。有些蛋白质以酶的形式存在于病毒颗粒内。如逆转录病毒和嗜肝 DNA 病毒(Hepadnavirus)的逆转录酶(RT)。

（3）脂质和糖类

脂质和少量糖类构成了病毒颗粒的包膜。包膜中磷脂占 50% ~60%，其余为固醇。包膜中的糖类通常由宿主细胞合成，主要以糖蛋白和糖脂的形式存在，其组成与宿主细胞有关。

4) 病毒的结构

病毒颗粒以核衣壳(nucleocapsid)为中心,核衣壳的基本结构是核心(core)和衣壳(capsid)。核心的主要成分是核酸(DNA 或 RNA)。衣壳是包围在核酸外面的蛋白质外壳,由一定数量的衣壳粒(capsomere)组成,能保护病毒的遗传物质并利于其在宿主细胞间转移。有些病毒核衣壳外部还有包膜(envelope)包裹。包膜与病毒的专一性和侵染性有关,人和动物病毒大多具有包膜。对于那些仅有核衣壳,而无包膜的病毒,核衣壳就是完整的病毒颗粒。衣壳粒的不同排列方式,使病毒衣壳具有 3 种不同的形态结构,即螺旋对称、二十面体对称、复合对称。

2.5.2 噬菌体

噬菌体(phage)是指感染细菌、放线菌等原核生物的病毒,其形态有球形、蝌蚪形、丝状等。噬菌体分布广泛,凡是有原核生物的地方,几乎都可以发现它的踪迹。

1) 噬菌体的形态结构

噬菌体的种类很多,绝大多数无包膜。其中蝌蚪状最为多见,其结构比较复杂,有一个二十面体对称的头部和一个螺旋对称的尾部。以大肠杆菌的 T_4 噬菌体为典型代表,由头部、颈部和尾部 3 部分构成,核酸包裹在二十面体的头部内,尾部为螺旋对称,是核酸进入宿主细胞的通道。

噬菌体的遗传物质可以是 DNA 或者 RNA,大多数已知种类是双链 DNA。

2) 噬菌体的繁殖

与细胞型微生物不同,噬菌体没有个体生长过程。病毒颗粒吸附宿主后,脱去衣壳,仅以裸露的核酸存在于宿主细胞中。病毒利用宿主细胞进行核酸的复制、表达及核衣壳的装配,即可完成其增殖过程,这一过程又称为病毒的复制。因此,从病毒吸附于宿主细胞开始,到子代病毒从受感染的细胞内释放出来的全过程称为病毒的复制周期(replicative circle)。

(1)烈性噬菌体

凡能在短时间内完成整个复制周期,并引起宿主细胞裂解的噬菌体,称为烈性噬菌体(virulent phage)。烈性噬菌体的整个复制周期可分为吸附、侵入、复制、组装和释放 5 个步骤(图 2.46)。下面以 T_4 噬菌体为例,介绍其繁殖过程。

①吸附(adsorption):吸附是噬菌体感染的第一步,病毒与易感宿主细胞表面相应受体发生特异性结合,使噬菌体稳定地附着在宿主细胞表面。因此,噬菌体的吸附往往具有特异性。

②侵入(penetration):噬菌体完成吸附后,尾部的溶菌酶便会破坏宿主细胞的细胞壁。随后,尾鞘收缩,将尾管插入破损的细胞壁内。接着将头部的核酸(dsDNA)通过尾管注入宿主细胞内,而蛋白质衣壳留在细胞外。

③复制(synthesis):噬菌体的核酸进入被感染细胞后,其遗传信息就会立即控制宿主细胞的代谢,抑制细菌的全部正常合成反应。噬菌体利用宿主细胞的代谢系统,大量复制子代 DNA,并以侵入的 DNA 为模板进行转录和表达,指导合成子代噬菌体的衣壳蛋白和其

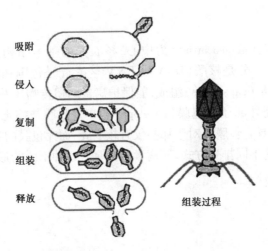

图 2.46　烈性噬菌体的增殖过程

他结构成分。

④组装(assembly)：将寄主细胞内已合成的病毒核酸和蛋白质等子代噬菌体的各个部件进行有序装配,形成完整病毒颗粒的过程。

⑤释放(release)：当子代噬菌体装配完成后,寄主细胞内会产生由噬菌体基因编码的溶菌酶,破坏细胞壁,裂解细胞,释放出大量子代噬菌体,并进一步感染邻近的正常寄主细胞。因此,此繁殖过程也可称为裂解周期(lytic cycle)。

烈性噬菌体所经历的复制周期很短,如大肠杆菌 T 系噬菌体在适宜条件下仅需15～25 min。常使用一种实验曲线来定量描述烈性噬菌体的增殖规律,称一步生长曲线(one-step growth curve)。该曲线可分为潜伏期(latent phase)、裂解期(rise phase)和平稳期(plateau)3 个时期。噬菌体核酸侵入宿主细胞到子代噬菌体装配完成的这段时间为潜伏期;宿主细胞裂解,噬菌体急剧增多的一段时间为裂解期;宿主细胞完全裂解,噬菌体效价达到最高值的时期为平稳期。一步生长曲线反映了每种噬菌体各个时期的长短及裂解量(burst size)的大小,是噬菌体的重要特征参数。

(2)温和噬菌体

温和噬菌体(temperate phage)是指噬菌体在侵染宿主细胞后,不控制宿主的代谢系统,而是将其核酸整合到宿主的基因组上,并随着宿主基因组的复制而进行同步复制,使子代噬菌体的基因组中都含有相同的亲代噬菌体核酸。这种噬菌体不会引起宿主细胞裂解,称为温和噬菌体。其宿主称为溶源性细菌(lysogen),整合到寄主细胞基因组上的噬菌体核酸称为前噬菌体(prophage)。

2.5.3　病毒的危害及应用

病毒虽然会给人类健康、畜牧业、种植业和发酵工业等带来不利的影响,但是又可利用它们进行生物防治、疫苗生产以及作为基因载体等,为人类的生产和生活服务。

噬菌体对发酵工业的危害极大,主要影响细菌和放线菌属菌种的生产。若发酵过程中污染了噬菌体,轻者会使发酵周期延长,含菌数下降,发酵液变清,菌体形态和 pH 值发生异常,影响产品质量,降低发酵单位产量;重则造成倒罐、停产,造成重大损失。噬菌体的危害可以预防,主要措施是控制或杜绝噬菌体赖以生存增殖的环境条件,并可用药物进行防治,定期更换菌种等。但是,最有效的防治措施是选育抗噬菌体侵染的突变菌株,将敏感菌株转化为具抗性的新菌种。

任务2.6　微生物的分类与命名

已知的微生物有15万~20万种,这一数字还在急剧增加。因此,根据微生物的形状、生理等生物学性状的差异,把它们有次序地、分门别类地组成一个系统,进行分类和命名,为人类开发利用微生物资源提供依据。

2.6.1　微生物的分类单位

与高等动植物分类一样,微生物的分类单位也依次分为:界(kingdom)、门(phylum 或 division)、纲(class)、目(order)、科(family)、属(genus)、种(species)七级分类单位。

种是微生物分类中最基本的单位,也是最重要的单位。在种以下又分为亚种、变种、型、菌株等级别。

2.6.2　微生物的分类依据

微生物分类鉴定的主要依据包括:

(1)微生物的形态特征

微生物的形态特征包括个体形态(细胞形态、大小、排列、运动性、特殊构造、染色反应等),群体形态(菌苔形态、菌落形态、在半固体及液体培养基中群体的生长状态等)。

(2)微生物的生理生化特性

微生物的生理生化特性包括对能源、碳源、氮源及生长因子等营养的要求,对生长温度、溶氧、pH、渗透压等环境条件的要求,代谢产物的种类、产量、颜色和显色反应,产酶的种类和酶反应特性,对药物的敏感性等。

(3)微生物的生态特性

微生物的生态特性包括在自然界的分布情况,与其他生物有否寄生或共生关系,宿主种类及与宿主关系,有性生殖情况,生活史等。

(4)血清学反应

常借助特异性的血清学反应来确定未知菌种、亚种或菌株。

2.6.3　微生物的命名

微生物的学名(scientific name)是根据有关微生物分类的国际法规命名的一种公认的某一菌种的科学名称,利于广泛交流。

微生物种名,采用林奈创立的"双名法"。学名由属名和种名构成,属名用表达该种微生物主要特征的拉丁文或拉丁化的名词,单数,放在前面,词首字母大写,如 *Bacillus*(芽孢杆菌属)。种名用描述该种微生物次要特征的拉丁文或拉丁化的形容词表示,字首一律小写。有时在种名后还附有首次定名人(加括号)、现名定名人和现名定名年份。即

学名 = 属名 + 种名 +(首次定名人)+ 现名定名人 + 定名年份

必要、用斜体字　　可省略,均用正体字

例如,金黄色葡萄球菌的学名为 *Staphylococcus aureus* Rosenbach 1884;枯草芽孢杆菌的学名为 *Bacillus subtilis*(Ehrenberg)Cohn 1872。

项目小结 〉〉〉

根据微生物的细胞构造的完整性、分化程度和化学组成等差异,可将其分为非细胞型微生物、原核细胞型微生物以及真核细胞型微生物3大类。其中,与食品工业密切相关的典型微生物有属于原核微生物的细菌和放线菌;属于真核微生物的酵母菌和霉菌;以及属于病毒的噬菌体等微生物。本章对这5类微生物的形态结构及功能、群体(菌落)形态、繁殖方式及食品中常见的种类4个方面分别做了详细讲述,这是本章的重点内容之一,要掌握相互间的区别及联系。

科学家对微生物的认识经历了漫长的发展时期,微生物的分类及命名方法等也在不断变化。对其结构和特性的正确认识将有助于微生物技术的进步,促进其在现代食品业、工业、农业、医药和基础研究等方面的应用,对人类文明的进步也具有促进作用。

复习思考题 〉〉〉

1. 细菌的基本形态有哪些? 各类如何分类?
2. 细菌的基本结构有哪些? 各部分主要的化学组成和作用是什么?
3. 革兰氏染色法的染色对象、步骤、结论及机理是什么?
4. G^+菌和G^-菌的细胞壁结构和化学组成有何不同?
5. 细菌的特殊结构有哪些?
6. 什么是荚膜? 其化学成分主要是什么? 有何作用? 与食品的关系是什么?
7. 什么是芽孢? 其结构和特性是什么? 与食品有何关系?
8. 鞭毛和菌毛有什么异同点?
9. 细菌主要的繁殖方式是什么?
10. 放线菌的菌体特点、菌丝类型、繁殖方式的特征有哪些?
11. 常见的放线菌属有哪些?
12. 酵母菌的菌体形态、细胞结构有什么特点?
13. 酵母菌细胞壁的成分和构造如何?
14. 酵母菌的繁殖方式有哪些?
15. 酵母菌常用于哪些食品的发酵? 又常污染哪些食品?

16. 霉菌的概念和主要特征是什么？

17. 霉菌的繁殖方式有哪些？

18. 霉菌的菌落特征是什么？

19. 霉菌可用于哪些食品的发酵？又可造成哪些食品的腐败变质？

20. 什么是病毒？病毒与其他微生物有何区别？

21. 病毒的主要化学组成与结构。病毒核酸有何特点？病毒蛋白质有何功能？

22. T_4 噬菌体的增殖过程有哪些？

23. 烈性噬菌体和温和噬菌体的特点是什么？

24. 微生物的分类单位有哪些？双名法的命名规则是什么？

实训2.1　普通光学显微镜的构造及使用

一、实训目的

1. 了解普通光学显微镜的构造和各部分的功能,学习和掌握正确的使用方法。
2. 学习并掌握油镜的原理和使用方法。

二、实训原理

1. 普通光学显微镜的基本构造

由机械装置和光学系统两大部分组成。

（1）机械装置

①镜座:是显微镜底部,它支持全镜。

②镜臂:有固定式和活动式两种,活动式的镜臂可改变角度。镜臂支持镜筒、载物台、聚光器和调焦装置等。

③镜筒:是由金属制成的圆筒,上接目镜,下接转换器,光线从筒中通过。

④转换器:为两个金属碟所合成的一个转盘,其上装3~5个物镜。转动转换器,可使每个物镜通过镜筒与目镜构成一个放大系统。

⑤载物台:又称镜台,为方形或圆形的盘,中心有一个通光孔。在载物台上装有两个金属压夹称标本夹,用以固定标本;有的装有标本推动器,将标本固定后,能向前后左右推动。有的推动器上还有刻度,能确定标本的位置,便于找到变换的视野。

⑥调焦装置:是调节物镜和标本间距离的机件,有粗调螺旋和微调螺旋,利用它们使镜筒或镜台上下移动,当物体在物镜和目镜焦点上时,则得到清晰的图像。

⑦光圈:在聚光器下方,可任意开闭,用来调节摄入聚光器的光线强弱。

（2）光学系统

①物镜:安装在镜筒下端的转换器上,因接近被观察的物体,故又称接物镜。入射光线

通过物镜时使物体形成第一次放大的实像,是决定成像质量和分辨能力的重要部件。普通显微镜装有低倍镜(10×)、高倍镜(40×)和油镜(100×)3种物镜。

②目镜:装于镜筒上端,由两块透镜组成。目镜把物镜放大的实像再次放大,形成虚像进入视线。上面一般标有5×、10×、15×等放大倍数,可根据需要选用。

③聚光器:由聚光透镜、升降螺旋和能调节开孔大小的虹彩光圈组成,位于载物台下面,可通过升降螺旋调节高度。其作用是将光线汇聚成光锥照射标本,增强照明度,提高物镜的分辨力。聚光透镜的数值孔径如大于1时,需在聚光镜和载玻片之间加香柏油,否则只能达到1。

④光源:较新式的显微镜的光源通常是安装在显微镜的镜座内,通过按钮开关来控制;老式的显微镜大多是采用附着在镜臂上的反光镜,反光镜一面是平面,一面是凹面。在使用低倍和高倍镜观察时,用平面反光镜;光线较弱或使用油镜时可用凹面反光镜。

⑤滤光片:可见光是由各种颜色的光组成的,不同颜色的光线波长不同。如只需某一波长的光线时,就要用滤光片。选用适当的滤光片,可以提高分辨力,增加影像的反差和清晰度。滤光片有紫、青、蓝、绿、黄、橙、红等各种颜色的,分别透过不同波长的可见光,可根据标本本身的颜色,在聚光器下加相应的滤光片。

2. 油镜的工作原理

物镜的性能直接影响到显微镜的分辨率,物镜通常有低倍物镜(16 mm,10×)、高倍物镜[4 mm,(40~45)×]和油镜[1.8 mm,(95~100)×]3种。油镜是三者中放大倍数最大的,通常标有黑圈或红圈,也有的以"OI"字样表示的。使用油镜时需在载玻片与镜头之间滴加香柏油,是因为:

(1)增加照明亮度

油镜的放大倍数虽可达100×,但镜头直径很小,焦距很短,入射光线也较少,故所需的光线强度最大。当油镜头和标本玻片之间的介质是空气时,因其折射率与玻璃的折射率不同,会有一部分光线因折射而无法进入镜头,使视野更暗,物像不清晰。但若在镜头与标本玻片之间滴加与玻璃折射率相同的香柏油($n=1.52$),则光线几乎不折射,入射光线增加,视野变亮。

(2)增加显微镜的分辨力(率)

增加分辨力是指增加显微镜能够辨识的两点间的最小距离。它与物镜的数值孔径成正比,与光波波长成反比。因此,当光波波长一定时,物镜的数值孔径越大,则显微镜的分辨力也越大,图像也越清晰。

$$分辨力(最大可分辨距离) = \frac{\lambda}{2NA}$$

式中　λ——光波波长$(0.4~0.7)$ μm;

　　　NA——物镜的数值孔径值。

NA是光线投射到物镜上的最大角度(称为镜口角)的一半正弦,与介质的折射率的乘积,即

$$NA = n \cdot \sin \alpha$$

式中　α——光线最大入射角的半数,它取决于物镜的直径和焦距。

在实际应用中光线入射角最大只能达到120°,其半数的正弦为 $\sin 60° = 0.87$。以空气

为介质时，$NA=1\times0.87=0.87$；而以香柏油为介质时，$NA=1.52\times0.87=1.32$，故以香柏油为介质时油镜分辨力更高。

肉眼所能感受到的光波平均波长为 0.55 μm，假如数值孔径为 0.65 的高倍物镜，它能辨别两点之间的距离为 0.42 μm。而在 0.42 μm 以下的两点之间的距离就分辨不出。而使用香柏油和油镜时，其数值孔径为 1.32，能辨别的最小距离 $=0.5/2\times1.32=0.21$ μm。

可以看出，显微镜的放大倍数高，不等于其分辨力高。假如采用放大率为 40 倍的高倍物镜（$NA=0.65$）和放大率为 24 倍的目镜，虽然总放大率为 960 倍，但其分辨的最小距离只有 0.42 μm。但是，采用放大率为 100 倍的油镜（$NA=1.32$）和放大率为 9 倍的目镜，虽然总的放大率为 810 倍，但却能分辨出 0.21 μm 间的距离。

三、实训材料和器皿

显微镜，擦镜纸，载玻片；香柏油，二甲苯；金黄色葡萄球菌（*Staphylococcus aureus*）染色玻片标本，枯草芽孢杆菌（*Bacillus subtilis*）染色玻片标本。

四、实训方法和步骤

1. 认识显微镜的基本构造
认识显微镜的基本构造，熟悉各部分功能与用途。

2. 取出普通光学显微镜
将显微镜从镜箱中取出时，右手握住镜臂、左手平托镜座，轻轻放在桌上，使镜臂正对自己的左胸，距离桌子边缘几厘米处。

3. 调节光源
可通过调节安装在镜座内的光源灯来获得适当的照明亮度。而使用反光镜采集自然光或灯光用作照明光源时，若光线较强，则使用平面镜；光线较弱时使用凹面镜，并调节其角度，使视野内的亮度适宜。在检查染色标本时，光线应强；检查未染色标本时，光线不宜太强，这些都可通过调节光圈、聚光器、反光镜等来调节。

4. 低倍镜观察
将金黄色葡萄球菌染色标本置镜台上，用标本夹夹住，移动推动器，使观察对象处在物镜正下方，转动粗调螺旋，使物镜降至距标本约 0.5 cm 处，由目镜观察，此时可适当地缩小光圈，以免光线过强。同时用粗调螺旋慢慢升起镜筒（或下降载物台），直至物像出现后再用细调螺旋调节到物像清楚时为止，然后移动标本，认真观察标本各部位，找到合适的目的物，并将其移至视野中心。

5. 高倍镜观察
将高倍镜转至正下方，在转换物镜时，需用眼睛在侧面观察，避免镜头与玻片相撞。然后由目镜观察，并仔细调节光圈，使光线的明亮度适宜，同时用粗调螺旋慢慢升起镜筒（或下降载物台）至物像出现后，再用细调螺旋调节至物像清晰为止，找到最适宜观察的部位后,将此部位移至视野中心,准备用油镜观察。

6. 油镜观察

用粗调螺旋将镜筒提起(或将载物台下降)约 2 cm,将油镜转至正下方。在玻片标本的镜检部位滴上一滴香柏油。从侧面注视,用粗调螺旋将镜筒小心地降下(或将载物台小心上升),使油镜浸在香柏油中,其镜头几乎与标本相接,应特别注意不能压在标本上,更不可用力过猛,否则不仅压碎玻片,也会损坏镜头。从目镜内观察,进一步调节光线,使光线明亮,再用粗调螺旋将镜筒徐徐上升(或将载物台徐徐下降),直至视野出现物像为止,然后用细调螺旋校正焦距。如油镜已离开油面而仍未见物像,必须再从侧面观察,重复上述操作至物像看清为止。用同样的方法观察枯草芽孢杆菌染色标本。

7. 显微镜用后的处理

观察完毕,上旋镜筒(或下降载物台)。先用擦镜纸拭去镜头上的油,然后用擦镜纸蘸少许二甲苯(香柏油溶于二甲苯)擦去镜头上残留油迹,最后再用干净擦镜纸擦去残留的二甲苯。切忌用手或其他纸擦镜头,以免损坏镜头。用绸布擦净显微镜的金属部件。将各部分还原,将物镜转成八字形。同时把聚光镜降下,以免物镜与聚光镜发生碰撞危险。套上镜套,放回柜内或镜箱中。

五、实训结果

1. 分别绘出你在低倍镜、高倍镜和油镜下观察到的金黄色葡萄球菌及枯草芽孢杆菌的状态,注意观察它们的个体形态、大小、排列方式。同时注明物镜放大倍数和总放大率,以及在 3 种情况下视野中的变化。

2. 有芽孢的细菌,观察其菌体两端情况及芽孢着生位置。

六、实训注意事项

1. 显微镜的存放和使用地点应当干燥、无灰尘、无酸碱氨水等有挥发性、腐蚀性气体的房内,不要靠近火源,也不要放在直射日光下。

2. 显微镜要平提,箱门要紧锁,防止镜子跌出。提放显微镜要轻稳,防止震动。

3. 保持镜身各部分的清洁。盖玻片外面载玻片下面的水必须擦干才能放在载物台上。载物台上有水或药液,应立即擦干。如透镜玷污,则必须用特制的擦镜纸或细绸布轻轻擦净,必要时可用少量的二甲苯擦拭,切勿用手触摸透镜,以免汗液玷污。更换目镜时动作要快,以免灰尘落入镜筒内部不易清除。

4. 观察标本时必须先用低倍镜,再用高倍镜观察。

5. 在使用油镜观察时,镜头离标本十分近,需特别小心。

七、思考题

①用油镜观察时,为什么要在载玻片上滴加香柏油?

②使用普通光学显微镜观察细菌形态时,你认为用染色标本好,还是用未染色的活标本好,为什么?

实训 2.2　细菌的简单染色法和革兰氏染色法

一、实训目的

1. 学习微生物涂片、染色的基本技术,并掌握革兰氏染色的方法。
2. 了解革兰氏染色法的原理及其在细菌分类鉴定中的重要性。

二、实训原理

1. 简单染色法

用单一染料进行细菌染色,操作简便,适于菌体的形状和细菌排列的观察。常用碱性染料进行简单染色,这是因为在中性、碱性或弱碱性溶液中,细菌细胞通常带负电荷,而碱性染料在电离时,其分子的染色部分带正电荷,因此碱性染料的染色部分很容易与细菌结合使细菌着色,经染色后的细菌细胞与背景形成鲜明的对比,在显微镜下易于识别。常用作简单染色的染料有美蓝、结晶紫、碱性复红等。

2. 革兰氏染色法

革兰氏染色法是 1884 年由丹麦医生 Gram 创立的。革兰氏染色法(Gram stain)不仅能观察到细菌的形态特征而且还可将所有细菌区分为两大类:染色反应呈蓝紫色的称为革兰氏阳性细菌,用 G^+ 表示;染色反应呈红色(复染颜色)的称为革兰氏阴性细菌,用 G^- 表示。细菌对于革兰氏染色的不同反应,是由于它们细胞壁的成分和结构不同造成的。革兰氏阳性细菌的细胞壁主要是肽聚糖形成的网状结构组成的,在染色过程中,当用乙醇处理时,由于脱水而引起网状结构中的孔径变小,通透性降低,使结晶紫-碘复合物被保留在细胞内而不易被复染液着色,因此,呈现蓝紫色;革兰氏阴性细菌的细胞壁中肽聚糖含量低,而脂类物质含量高,当用乙醇处理时,脂类物质溶解,细胞壁的通透性增加,使结晶紫-碘复合物易被乙醇抽出而脱色,然后又被染上了复染液(番红)的颜色,因此呈现红色。

革兰氏染色需用 4 种不同的溶液:碱性染料(basic dye)初染液,媒染剂(mordant),脱色剂(decolorising agent)和复染液(counterstain)。碱性染料的作用像在细菌的简单染色法基本原理中所述的那样,而用于革兰氏染色的初染液一般是结晶紫(crystal violet)。媒染剂的作用是增加染料和细胞之间的亲和力或附着力,即以某种方式帮助染料固定在细胞上,使不易脱落。不同类型的细胞脱色反应不同,有的能被脱色,有的则不能,脱色剂常用 95% 的酒精(ethanol)。复染液也是一种碱性染料,其颜色不同于初染液,复染的目的是使被脱色的细胞染上不同于初染液的颜色,而未被脱色的细胞仍然保持初染的颜色,从而将细胞区分成 G^+ 和 G^- 两大类群,常用的复染液是番红。

三、实训材料和器皿

大肠杆菌（*Escherichia coli*）、金黄色葡萄球菌（*Staphylococcus aureus*）、枯草芽孢杆菌（*Bacillus subtilis*）、藤黄微球菌（*Micrococcus luteus*）、蜡样芽孢杆菌（*B. cereus*）12～24 h 斜面培养物；革兰氏染液，载玻片，显微镜等。

四、实训方法和步骤

1. 涂片

取两块载玻片，各滴一小滴蒸馏水于玻片中央，用接种环以无菌操作分别从培养14～16 h 的枯草芽孢杆菌和培养24 h 的大肠杆菌的斜面上挑取少量菌苔于水滴中，混匀并涂成薄膜。

2. 干燥

室温自然干燥。

3. 固定

固定时通过火焰2～3次即可。此过程称热固定，其目的是使细胞质凝固，以固定细胞形态，并使之牢固附着在载玻片上。

4. 染色

（1）简单染色法

①染色：滴加染液于涂片上（染液刚好覆盖涂片薄膜为宜）。石炭酸复红或草酸铵结晶紫染色约 1 min。

②水洗：倾去染液，用自来水冲洗，直至涂片上流下的水无色为止。

③干燥：自然干燥或用电吹风吹干，也可用吸水纸吸干。

④镜检：涂片干燥后镜检。

（2）革兰氏染色法

①初染：加草酸铵结晶紫一滴，1～2 min，水洗。

②媒染：滴加碘液冲去残水，并覆盖约 1 min，水洗。

③脱色：将载玻片上面的水甩净，并衬以白背景，用95%酒精滴洗至流出的酒精刚不出现蓝色时为止，20～30 s，立即用水冲净酒精。

④复染：用番红液染 1～2 min，水洗。

⑤镜检：干燥后，置油镜下观察。

（3）混合涂片法

按上述方法，在同一玻片上，以大肠杆菌和枯草芽孢杆菌或金黄色葡萄球菌或藤黄微球菌混合涂片、染色、镜检进行比较。

五、实训结果

在革兰氏染色法中,大肠杆菌呈红色,是革兰氏阴性菌;金黄色葡萄球菌、枯草芽孢杆菌和藤黄微球菌呈蓝紫色,是革兰氏阳性菌。

六、实训注意事项

1. 载玻片要洁净无油迹;滴蒸馏水和取菌不宜过多;涂片要均匀,不宜过厚。
2. 热固定温度不易过高,以载玻片背面不烫手为宜,否则会改变甚至破坏细胞形态。
3. 水洗时,不要直接冲洗有菌体的涂片薄膜处,而应使水从载玻片的一端流下,水流不易过急过大,以免涂片薄膜脱落。
4. 观察时,应以分散开的细菌的革兰氏染色反应为准,过于密集的细菌,常常呈假阳性。
5. 革兰氏染色的关键在于严格掌握酒精脱色程度,如脱色过度,则阳性菌可被误染为阴性菌;而脱色不够时,阴性菌可被误染为阳性菌。此外,菌龄也影响染色结果,如阳性菌培养时间过长,或已死亡及部分菌自行溶解了,都常呈阴性反应。

七、思考题

革兰氏染色的原理是什么? 分为哪几个步骤? 其中哪一个步骤最关键,为什么?

实训 2.3　细菌、放线菌、酵母菌和霉菌
形态及培养特征的观察

一、实训目的

1. 观察并描述出细菌、放线菌、酵母菌、霉菌的平板菌落特征(群体形态)。
2. 了解其菌落在其形态学鉴定上的重要性。
3. 了解细菌、放线菌、酵母菌、常见霉菌形态特征(个体形态)的基本观察方法。

二、实训原理

不同种类微生物的细胞形态和大小有一定的区别,细菌细胞一般呈球状、杆状、螺旋状等形状,酵母菌细胞一般呈椭圆形等形状,而放线菌和霉菌细胞一般呈丝状。因此,观察不同种类微生物的细胞形态对于鉴定和区分不同的微生物有重要的意义。

不同种类微生物在固体培养基表面生长所形成的菌落不同,同一种微生物在相同培养条件下形成的菌落是相同的。因此,观察微生物的菌落特征也是进行分类和鉴定的重要依据。

三、实训材料和器皿

1. 菌种:大肠杆菌、金黄色葡萄球菌、啤酒酵母、细黄链霉菌和黑曲霉的平板培养物。
2. 培养基:营养琼脂培养基、马铃薯葡萄糖琼脂培养基及高氏1号培养基。
3. 试剂与染色剂:0.85%生理盐水、革兰氏染色用碘液、0.1%美蓝染色液、乳酸石炭酸棉蓝染色液、50%乙醇等。
4. 仪器或其他用具:接种针、载玻片、盖玻片、镊子、酒精灯、擦镜纸、显微镜等。

四、实训方法和步骤

1. 观察菌落特征

通过平板涂布或平板划线法在相应的平板上获得细菌、酵母菌和放线菌的菌落,用单点或三点接种法获得霉菌的单菌落。接种后,细菌平板放置在37 ℃恒温箱中培养24 ~48 h,酵母菌在28 ℃恒温箱中培养2 ~3 d,霉菌和放线菌在25 ~28 ℃恒温箱中培养5 ~7 d。

用肉眼观察平板上各种微生物的菌落,并根据下列要求对其菌落特征加以描述。

(1)细菌和酵母菌的菌落特征

①菌落大小:大菌落(5 mm以上)、中等菌落(3 ~5 mm)、小菌落(1 ~2 mm)、露滴状菌落(1 mm以下)。

②菌落形状:圆形、放射状、假根状、不规则等。

③菌落颜色:乳白色、灰白色、金黄色、粉红色等。

④菌落质地:黏稠、脆硬等。

⑤菌落表面形态:光滑、皱褶、放射状、根状等。

⑥菌落边缘形态:整齐、波状、丝状、锯齿状、裂叶状等形态。

⑦菌落隆起形态:扁平、隆起、草帽状、胶状等。

⑧透明度:可分为透明、半透明、不透明等。

(2)放线菌和霉菌的菌落特征

①菌落大小:用格尺测量菌落的大小。

②菌落表面的形态:粗糙、同心圆、辐射状沟纹、粉状、绒毛状或皮革状、疏松或紧密、有无水滴等。

③菌落颜色:菌落正面颜色(气生菌丝或孢子颜色);菌落反面颜色(营养菌丝颜色);有否水溶性色素(色素会渗入培养基中,改变菌落周围培养基的颜色)。

④菌落的组织形状:棉絮状、蜘蛛网状、绒毛状和地毯状。

2. 个体形态特征的观察

对细菌、酵母菌、放线菌和霉菌的培养物,按照实训2.2中简单染色的操作方法,分别进行涂片、干燥、固定、染色和镜检。细菌和酵母菌观察个体细胞形态,放线菌和霉菌观察菌丝和孢子(或孢子梗)。

五、实训结果

1. 描述你所观察到的各类微生物的菌落特征。
2. 绘图说明你所观察到的各类微生物的个体形态特征。

六、实训注意事项

观察菌落特征时,应选择单菌落,不应选择生长较为拥挤的菌落进行观察,以免影响菌落的大小、形状和结构,影响观察结果。

七、思考题

1. 为什么细菌生长形成的菌落有些干燥,有些湿润?
2. 为什么霉菌形成的菌落比较大?

实训 2.4 微生物细胞大小的测定

一、实训目的

1. 了解目镜测微尺和镜台测微尺的构造和使用原理。
2. 掌握微生物细胞大小的测定方法。
3. 测定酵母菌细胞的大小。

二、实训原理

1. 测微尺的结构

测微尺是由一个目镜测微尺和一个镜台测微尺两部分组成的。目镜测微尺是可放入目镜内的特制圆玻片,玻片中央有一排不表示绝对长度的刻度。镜台测微尺为一载玻片,中央带有刻度,其长度为 1 mm,等分为 100 小格,即每格长为 0.01 mm(10 μm)。

2. 标定目镜测微尺

先把目镜测微尺和镜台测微尺分别按要求放好位置,测出在某一放大倍数时目镜测微尺的每小格代表的实际长度,然后用标定好的目镜测微尺来测量菌体的大小。

三、实训材料和器皿

显微镜、目镜测微尺、镜台测微尺等;酿酒酵母菌悬液。

四、实训方法和步骤

1.将目镜测微尺装入目镜内,刻度朝下,并将镜台测微尺置于载物台上。

2.用低倍镜核对,至能清晰地看到镜台测微尺为止。

3.移动镜台测微尺和转动目镜测微尺,使两者的刻度平行并使两尺的第一条线重合,向右寻找另外相重合的直线,记录两个的重合刻度间目镜测微尺和镜台测微尺的格数,由下列公式算出目镜测微尺每格长度。由于镜台测微尺每格长度是已知的(每格 10 μm),可从镜台测微尺的格数,求出目镜测微尺每小格的长度。

$$目镜测微尺每格长度(μm) = \frac{两个重合刻度间镜台测微尺格数}{两个重合刻度间目镜测微尺格数} \times 10$$

4.用酵母菌菌悬液制作染色涂片,放置在显微镜载物台上。用校准后的目镜测微尺分别测量菌体细胞的长和宽。

五、实训结果

1.目镜测微尺每格长度数据记录(不同放大倍数物镜下)于表2.2中。

表2.2　目镜测微尺每格长度

放大倍数	目镜测微尺每格长度/μm
低倍(10×)	
高倍(40×)	
油镜(100×)	

2.酵母菌大小数据记录:分别测量多个不同酵母菌细胞的大小,并将结果记录在表2.3中。

表2.3　酵母菌细胞大小

细胞序号	长/μm	宽/μm
1		
2		
3		
4		
5		

续表

细胞序号	长/μm	宽/μm
6		
7		
8		
9		
10		
平均值		

六、实训注意事项

1. 目镜测微尺每小格的大小是随显微镜物镜不同放大倍数的变化而改变的,因此使用前必须对目镜测微尺进行标定。

2. 为了提高测量的准确性,通常要测量 10 个以上的细胞大小后,再取其平均值。

七、思考题

1. 显微测微尺为什么必须要目镜测微尺和镜台测微尺配合使用?

2. 同学甲在某放大倍数的物镜下对目镜测微尺进行了校准,确定了其每格的实际长度后,可否在同学乙相同放大倍数物镜的显微镜上直接使用,而不用再进行校准?

项目3 微生物的营养与培养基

学习目标

1. 了解微生物细胞化学组成的基本知识。
2. 理解微生物的营养类型、吸收途径和营养特性等。
3. 掌握微生物的营养物质和微生物培养基的种类和基本制备方法。

知识链接

　　微生物同其他生物一样都是具有生命的,微生物细胞直接同生活环境接触并不停地从外界环境中吸收适当的营养物质,在细胞内合成新的细胞物质,并贮存能量,微生物从环境中吸收营养物质并加以利用的过程称为微生物的营养。营养物质是微生物构成菌体细胞的基本原料,也是获得能量以及维持其他代谢机能必需的物质基础。

任务 3.1　微生物细胞的化学组成

　　分析微生物细胞的化学成分,发现微生物细胞含有蛋白质、核酸、糖类、脂类及无机盐等许多各种不相同的化合物,这些化合物在细胞内分别行使着不同的功能,微生物吸收何种营养物质取决于微生物细胞的化学组成。与其他生物细胞的化学组成类似,微生物细胞由碳、氢、氧、氮、磷、硫、钾、钠、镁、钙、铁、锰、铜、钴、锌、钼等化学元素构成(表3.1)。

表3.1　微生物细胞中主要元素含量

在干物质中的含量/% ＼ 微生物种类 ＼ 元素	细　菌	酵母菌	霉　菌
碳	50.4	49.8	47.9
氮	12.3	12.4	5.2
氢	6.7	6.7	6.7
氧	30.5	31.1	40.2

微生物细胞平均含水分80%左右,其余20%左右为干物质。干物质主要由有机物和无机物组成,有机物主要有蛋白质、碳水化合物、脂类、维生素和代谢产物等,有机物占细胞干重的90%以上。这些干物质是由碳、氢、氧、氮、磷、硫、钾、钙、镁、铁等主要化学元素组成,其中碳、氢、氧、氮是组成有机物质的四大元素,占干物质的90%~97%,可见它们在微生物细胞构造上是十分重要的。余下的3%~10%是矿物质元素。除上述磷、硫、钾、钙、镁、铁外,还有些含量极微的铜、锰、硼、碘、镍、钒等微量元素,这些矿质元素对微生物的生长也起着重要的作用。

各种化学元素在微生物细胞中的含量因其种类不同而有明显差异,微生物细胞的化学元素组成也伴随着菌龄、培养条件等的不同而在一定范围内发生变化。如细菌、酵母菌的含氮量比霉菌高。在特殊生长环境中的微生物,常在细胞内富集少量特殊化学元素,如铁细菌细胞内积累较高的铁;硅藻在外壳中积累硅、钙等化学元素。

任务3.2 微生物的营养

3.2.1 微生物的营养物

按照营养物在微生物体中的生理作用可将其分为:水、碳源、氮源、无机盐和生长因子5大类营养物。

1)水

水是微生物最基本的组成成分,在微生物细胞中含量达70%~90%(细菌含水量为75%~80%,酵母70%~85%,丝状真菌85%~90%)。因此水也是微生物最基本的营养要素。

水是微生物体内和体外的溶剂,绝大多数营养成分通过水来溶解和吸收,代谢废物通过水进行排泄。水是细胞质组分,直接参与各种代谢活动。此外水的比热高,传热快,有利于调节细胞温度和保持环境温度的稳定。

2)碳源

凡是构成微生物细胞物质或代谢产物中碳架来源的营养物质通称碳源。构成微生物细胞的碳水化合物、蛋白质、脂类等物质及其代谢产物几乎都含有碳。碳源物质通过微生物的分解利用,不仅为菌体本身的合成提供碳架来源,还可为生命活动提供能量,因此,碳源往往作为能源物质。

微生物可利用的碳源物质极为广泛,种类很多。根据碳源的来源不同,可将碳源分为无机碳源和有机碳源。凡必需利用有机碳源的微生物,称为异养微生物,大多数微生物属于这类;凡能利用无机碳源的微生物,则为自养微生物。自养型的微生物可以利用 CO_2 作为主要的或唯一碳源。微生物的碳源谱虽然很广,但对异养微生物来说,主要从有机化合物糖类、醇类、脂类、有机酸、烃类、蛋白质及其降解物获得碳源。微生物的种类不同,对各种碳源的利用能力也不相同;其中,糖类是最广泛利用的碳源,其次是醇类、醛类、有机酸类和脂类等。在糖类中,单糖优于双糖和多糖;己糖优于戊糖,葡萄糖、果糖优于半乳糖、甘露糖;在多糖中,淀粉明显优于纤维素或几丁质等多糖。少数微生物能广泛利用各种不同类型的碳源,如假单胞菌属中的有些菌可利用90种以上的含碳化合物;少数微生物利用碳源物质的能力极为有限,如某些甲基营养型细菌只能利用甲醇或甲烷进行生长。

在微生物发酵工业中,常根据不同微生物的需要,利用各种农副产品如玉米粉、米糠、麸皮、马铃薯、甘薯以及各种野生植物的淀粉,作为微生物生长廉价的碳源。这类碳源往往包含了几种营养要素。

3)氮源

凡能被微生物用于构成细胞物质和代谢产物中氮素来源的营养物称为氮源。与碳源相似,微生物能利用的氮源种类(氮源谱)也是十分广泛的。

能够利用无机氮来合成有机物的微生物,称为氮素自养微生物。凡能利用空气中氮分子的微生物称为固氮微生物。

在实验室和发酵工业生产中,常以铵盐、硝酸盐、牛肉膏、蛋白胨、酵母浸膏、鱼粉、蚕蛹粉、豆饼粉和花生饼粉作为微生物的氮源。

4)生长因子

生长因子又称生长因素,是指某些微生物不能用普通的碳源和氮源物质合成,而必须另外加入少量的以满足生长需求的有机物质。生长因子与碳源、氮源不同,它们不提供能量,也不参与细胞的结构组成,而是作为一种辅助性的营养物。生长因子按它们的化学结构可分成维生素、氨基酸、嘌呤(或嘧啶)及其衍生物、脂肪酸及其他细胞膜成分等。自然界中自养型细菌和大多数腐生细菌、霉菌都能自己合成许多生长因子,不需要另外供给就能正常生长。

实验室中常用酵母膏、蛋白胨、牛肉膏等满足微生物对各种生长因子的需要,麦芽汁、米曲汁、玉米浆等天然培养基中本身含有各种生长因子,也可作为生长因子的来源添加到其他培养基中。

5)无机盐

无机盐为微生物生长提供必需的矿质元素。矿质元素参与酶的组成,构成酶活性基,激活酶活性,维持细胞结构的稳定性,调节细胞渗透压,控制细胞的氧化还原电位,有时可作某些微生物生长的能源物质。由此可见无机盐在调节微生物生命活动中起着重大作用(表3.2)。

表3.2 部分无机元素的来源及其生理功能

元素	来源	生理功能
P	PO_4^{3-}	核酸、核苷酸、磷脂组分,参与能量转移,缓冲 pH
S	SO^{2-}、H_2S、S、$S_2O_3^{2-}$、有机硫化物	参与含硫氨基酸、CoA、生物素、硫辛酸的组成,硫化细菌的能源,硫酸盐还原细菌代谢中的电子受体
Mg	Mg^{2+}	许多酶的激活剂,组成光合菌中的细菌叶绿素

续表

元素	来　源	生理功能
K	K^+	酶的激活剂,物质运输
Ca	Ca^{2+}	酶辅助因子,激活剂,细菌芽孢的组分
Fe	Fe^{2+} Fe^{3+}	细胞色素组分,Fe^{2+}是铁细菌的能源,酶辅助因子,激活剂
Mn	Mn^{2+}	酶的辅助因子,激活剂
Zn	Zn^{2+}	参与醇脱氢酶、醛缩酶、RNA 聚合酶及 DNA 聚合酶的活动
Na	Na^+	嗜盐菌所需
Cu	Cu^{2+}	细胞色素氧化酶所需

根据微生物对无机盐的需求量通常将无机盐分为主要元素和微量元素两类。磷、硫、钾、钠、钙、镁等元素的盐参与细胞结构物质的组成,并有能量转移、细胞透性调节等功能,微生物对它们的需求量相对大些,为 $10^{-3} \sim 10^{-4}$ mol/L,因而称为主要元素或常量元素。铁、锰、铜、锌、钴、钼等元素的盐类进入细胞一般是作为酶的辅助因子,微生物对它们的需求量甚少,一般为 $10^{-6} \sim 10^{-8}$ mol/L,因而称为微量元素。

3.2.2　微生物的营养类型

微生物在长期进化演变过程中,由于生态环境影响等,逐渐分化为各种营养类型。根据微生物利用能源的性质不同,可把微生物分为光能营养型和化能营养型。能利用光能通过光化学反应产能的微生物称为光能营养型;必须利用化合物通过氧化还原反应产能的微生物属化能营养型。又根据微生物利用碳源的性质不同,可把微生物分为自养型和异养型。自养型微生物以 CO_2 为主要碳源或唯一碳源;异养型微生物以有机物为主要碳源。

结合微生物利用碳源、能源的不同,可以把微生物分为光能自养型微生物、光能异养型微生物、化能异养型微生物和化能自养型微生物 4 种不同的营养类型。

1)光能自养型微生物

光能自养型微生物,以光能作为能源,它们具有光合色素,既能通过光合磷酸化作用产生 ATP,又能以还原性无机化合物(如 H_2O、H_2S、$Na_2S_2O_3$ 等)为供氢体,还原 CO_2 而生成有机物质。

2)光能异养型微生物

光能异养型微生物,以光能为能源,以外源有机化合物作为供氢体,还原 CO_2,合成细胞的有机物质。

深红螺细菌属于这种营养类型,它能利用异丙醇作为供氢体,将 CO_2 还原为细胞物质,并同时在细胞内积累丙酮。此菌在光和厌氧条件下进行上述过程。但在黑暗和好氧条件下又可利用有机物氧化产生的化学能推动代谢作用。光能异养型微生物在人工培养时通常还需要提供生长因子。光能异养型微生物能利用低分子有机物迅速增殖,因此可用来处理废水。

3)化能自养型微生物

化能自养型微生物的能源来自无机物氧化所产生的化学能,利用这种能量去还原 CO_2 或者可溶性碳酸盐合成有机物。具体来说,这种营养类型的微生物能利用无机化合物(如 NH_3、H_2、NO_2^-、H_2S、S、Fe^{2+} 等)氧化时释放的能量,把二氧化碳中的碳还原成细胞有机物碳架中的碳。例如氧化亚铁硫杆菌,可氧化硫代硫酸盐及含铁硫化物获取能量,在氧化黄铁矿时可生成硫酸和硫酸高铁,后者可以溶解铜矿(CuS)实现铜的浸出(生成 $CuSO_4$),即为"细菌冶金"。

化能自养型微生物仅限氢细菌、硫细菌、铁细菌、氨细菌和亚硝酸细菌 5 类细菌。这些细菌在产能过程中,都需要大量氧气参加,因此化能自养细菌大多为好氧菌。这一类型的微生物完全可以生活在无机的环境中,分别氧化各自合适的还原态的无机物,从而获得同化 CO_2 所需要的能量。

4)化能异养型微生物

化能异养型微生物其能源和碳源都来自有机物,能源来自有机物的氧化分解,ATP 通过氧化磷酸化产生,碳源直接取自有机碳化合物。这一营养类型的微生物包括自然界中绝大多数的细菌,全部的放线菌和真菌。工业上应用的微生物绝大多数属于化能异养型微生物,它们以外界的有机化合物为碳源,在细胞内得到化学能和生物合成材料,实现生长繁殖。

这一营养类型的微生物可根据其生态习性分为腐生型和寄生型两类。腐生型从无生命的有机物获得营养物质,引起食品腐败的某些细菌和霉菌就是这一类型的;寄生型必须寄生在活的有机体内,从寄主体内获得营养物质才能生活。

微生物的营养类型与特性见表3.3。

表3.3　微生物的营养类型与特性

营养类型	氢或电子供体	碳　源	能　源	举　例
光能自养型	H_2O、还原态无机物	CO_2	光能	蓝细菌、藻类等
光能异养型	有机物	CO_2、简单有机物	光能	深红螺细菌
化能自养型	还原态无机物	CO_2、CO_3^{2-}	化学能(无机物)	硝化细菌、硫细菌
化能异养型	有机物	有机物	化学能(有机物)	绝大多数的细菌,全部的放线菌、真菌

微生物营养类型的划分不是绝对的,在自养型和异养型、光能型和化能型之间,均有一些过渡的类型。如氢细菌在完全无机营养的环境中,通过氢的氧化获取能量,同化二氧化碳,营自养生活;而当环境中存在有机物时,可直接利用有机物碳架物质而营异养生活。又如深红螺细菌除了在光照下能利用光能生长外,在暗处的有氧条件下,还可以通过氧化有机物获取能量实现生长,表现为化能营养型。

3.2.3　微生物营养物质的吸收

微生物体积微小,结构简单,没有专门的摄取营养物质的器官。微生物营养物质的吸收和代谢产物的排出,都是依靠微生物细胞表面的扩散、渗透、吸收等作用来完成的。营养物质进入微生物细胞的过程是一个复杂的生理过程。细胞壁是微生物环境中营养物质进入细胞的屏障之一,能阻挡高分子物质进入。所以,物质能否作为营养物质维持微生物生长,首先取决于这种物质能否进入细胞,同时还要取决于微生物是否具有分解这种物质的酶系。另外,微生物在生长过程中,进入细胞的物质一方面通过代谢转变成细胞物质,另一方面部分转变成各种代谢产物。这些代谢产物需要及时分泌到细胞外,以保持机体内生理环境的相对稳定,保证机体能够正常生长。代谢产物的分泌实际上也是物质运输的过程。微生物个体微小,比表面积大,能高效率地进行细胞内外的物质交换,吸收营养物质的速度比高等动植物快得多。

与细胞壁相比较,细胞膜(原生质膜)在控制营养物质进入细胞的作用中发挥着更为重要的作用,主要原因是细胞膜是半渗透性膜,具有选择吸收功能。根据细胞膜上有无载体参与、运送过程是否消耗能量及营养物质结构是否发生变化等基本情况,一般来说,可将微生物吸收营养物质的方式分成 4 类:单纯扩散、促进扩散、主动运输和基团移位(表3.4)。

表3.4　微生物吸收营养物质的4种方式

内　容	单纯扩散	促进扩散	主动运输	基团移位
特异载体蛋白	无	有	有	有
运输速度	慢	快	快	快
溶质运送方向	由浓到稀	由浓到稀	由稀到浓	由稀到浓
平衡时质膜内外浓度	内外相等	内外相等	内部浓度高	内部浓度高
运送分子	无特异性	特异性	特异性	特异性
能量消耗	不需要	不需要	需要	需要
运送前后溶质分子结构	不变	不变	不变	变化

1)单纯扩散

单纯扩散也称为被动运输,指营养物质依靠细胞内外的浓度差,通过细胞膜上的小孔进入微生物细胞的过程。单纯扩散是一种最简单的吸收营养物质的方式。其特点是物质由高浓度区向低浓度区扩散(浓度差),这是一种单纯的物理扩散作用,不需要能量,也不与膜上的分子发生反应。单纯扩散不是微生物细胞吸收营养物质的主要方式,主要是一些气体分子(如 O_2、CO_2)、水、某些无机离子以及一些水溶性小分子(甘油,乙醇等)等的吸收。

单纯扩散的动力来自细胞内外的浓度差,其速度靠细胞内外的浓度梯度来决定。由高浓度向低浓度扩散,当细胞内外此物质浓度达到平衡时,扩散也达到动态平衡。

2)促进扩散

促进扩散也称为帮助扩散,是营养物质与细胞膜上的特异性载体蛋白结合,从高浓度环境进入低浓度环境的运输过程。此过程同样是靠物质的浓度梯度进行的,不消耗能量,但需要细胞膜上专一性的载体蛋白与相应的营养物结合形成复合物,扩散到细胞膜内部,再释放出营养物。这种具有运载营养物功能的特异性蛋白质,称为渗透酶(或透过酶、传递酶载体蛋白)。它们大多是诱导酶,当外界存在所需的营养物质时,相应的渗透酶才合成,每一种渗透酶能帮助一类营养物质的运输,从而提高相关营养物质的运送速度(图3.1)。

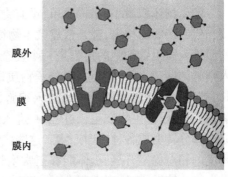

膜外

膜

膜内

图 3.1　促进扩散示意图

促进扩散与单纯扩散的扩散动力相同,来自细胞内外营养物质的浓度差。因此,当细胞内外营养物质浓度达到平衡时就不再进行扩散。通过促进扩散吸收的营养物质主要有各种单糖、氨基酸、维生素、无机盐等。

3)主动运输

主动运输是广泛存在于微生物中的一种主要运输方式。其特点是物质运输过程中需要消耗能量,可逆浓度梯度运输。如大肠杆菌在生长期中,细胞中的钾离子浓度要比其生长环境中的钾离子浓度高出 3 000 倍左右,可见这种运输的特点是营养物质由低浓度向高浓度进行,是逆浓度梯度地进入细胞内的。在主动运输过程中,运输物质所需能量来源因微生物不同而不同,好氧型微生物与兼性厌氧微生物直接利用呼吸能,厌氧型微生物利用化学能(ATP),光合微生物利用光能。

主动运输与促进扩散相似之处在于物质运输过程中同样需要载体蛋白,载体蛋白通过构象变化而改变与被运输物质之间的亲和力大小,使两者之间发生可逆性结合与分离,从而完成相应物质的跨膜运输(图3.2);区别在于主动运输过程中的载体蛋白构象变化需要消耗能量。通过主动运输吸收的营养物质很多,如各种离子、糖类和氨基酸等。

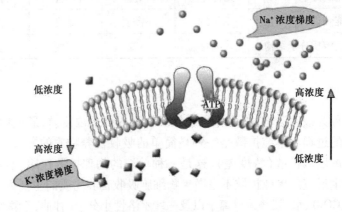

Na⁺ 浓度梯度

低浓度

高浓度

ATP

高浓度

低浓度

K⁺ 浓度梯度

图 3.2　主动运输示意图

4)基团移位

基团移位主要存在于厌氧型和兼性厌氧型细菌中,是该类微生物吸收营养物质的一种特殊方式。与其他3种运输方式相比,基团移位过程中有一个复杂的运输系统(由多种酶和特殊蛋白构成)来完成物质的运输,并且被运送的营养物质在运输过程中发生了结构变化,同时在运输的过程中也要消耗能量。基团移位主要用于糖的运输,脂肪酸、核酸、碱基等也可通过这种方式运输。如葡萄糖通过这种方式进行运输时,会发生结构的变化,成为6-磷酸葡萄糖。

上面介绍的营养物质进入细胞的4种跨膜输送方式(图3.3),这4种运输方式不是互相矛盾的,实际上,一种或多种输送方式可能同时存在于一种微生物中,对不同的营养物质进行跨膜运输而互不干扰。

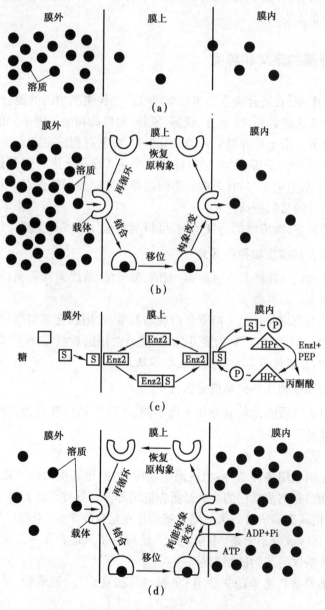

图3.3　营养物质进入细胞的4种方式比较图

(a)单纯扩散;(b)促进扩散;(c)基团移位;(d)主动运送

任务 3.3　微生物的培养基

良好的培养基应包含微生物生长的各种营养物质,同时还要注意其他微生物生长的影响因素,这样才可使微生物的生长和代谢达到最佳状态。绝大多数微生物都可在人工制成的培养基上生长繁殖,只有极少数寄生或共生微生物,如类支原体、少数寄生真菌等还不能在人工制成的培养基上生长。

3.3.1　培养基的定义和种类

培养基是人工配制的,适合微生物生长繁殖或产生代谢产物用的混合营养料。培养基含有微生物所需的 5 大营养要素(水分、碳源、氮源、无机盐和生长因子)和适宜的 pH、渗透压及氧化还原电位等。由于培养基的营养成分丰富,配制过程结束前肯定会带有相当多的其他微生物或者微生物孢子等,因此配制好的培养基必须马上进行灭菌处理,使之达到无菌状态,否则就会有杂菌生长,只有无菌状态的培养基才能使用或保存,不然培养基中的杂菌生长就会干扰培养的目的菌株。

培养基的种类繁多,因考虑的角度不同,可将培养基分成以下类型。

1)根据所需培养的微生物种类区分

根据所需培养的微生物种类可区分为:细菌、酵母菌、放线菌和霉菌培养基。病毒一般是利用生物活体作为培养材料。

常用的异养型细菌培养基是牛肉膏蛋白胨培养基,常用的自养型细菌培养基是无机的合成培养基;常用的酵母菌培养基为麦芽汁培养基;常用的放线菌培养基为高氏 1 号合成琼脂培养基;常用的霉菌培养基为察氏合成培养基。

2)根据培养基组成物质的化学成分区分

根据培养基组成物质的化学成分和来源不同,可以将培养基分为天然培养基、合成培养基和半合成培养基。

(1)天然培养基

天然培养基是指利用各种动、植物或微生物体,包括用其提取物或以其为基础加工而成的培养基。例如培养细菌常用的牛肉膏蛋白胨培养基。这种天然培养基成分复杂,且不稳定,难以确切知道其准确成分。天然培养基的优点是营养丰富、来源广泛、配制方便和价格低廉;其缺点是化学成分不清楚、不稳定。天然培养基只适合于一般实验室中菌种培养和工业上为提取某些发酵产物的培养基。

常见的天然培养基物质来源主要有:鱼粉、麸皮、麦芽汁、玉米粉、马铃薯及各种肉浸膏等。

(2)合成培养基

合成培养基是指由一类化学成分和数量完全清楚的物质构成的培养基,完全用已知化学成分且纯度很高的化学药品配制而成。如培养真菌的察氏培养基。合成培养基的优点是化学成分精确、重复性强;缺点是价格较贵、配制烦琐、微生物生长缓慢。所以合成培养基仅适用于做一些科学研究,例如营养、代谢、生理、生化等对定量要求较高的研究。

（3）半合成培养基

半合成培养基是指在合成培养基中,加入某种或几种天然成分;或者在天然培养基中,加入一种或几种已知成分的化学药品制成的培养基。如马铃薯蔗糖培养基等。半合成培养基能适于大多数微生物的生长代谢,且操作简便,来源方便,价格较低。食品发酵生产和实验室中应用的大多数培养基都属于半合成培养基。

3）根据培养基的物理状态区分

根据培养基的物理状态来区分,可以分为固体培养基、液体培养基、半固体培养基和脱水培养基。

（1）液体培养基

配制的培养基是液态的,其中的营养成分基本上溶于水,没有明显的固形物。液体培养基营养成分分布均匀,适用于微生物生理代谢研究,也适用于现代化的大规模食品发酵生产和食用菌的规模化快速制种。

（2）固体培养基

呈固体状态的培养基都称为固体培养基。常用作凝固剂的物质有琼脂、明胶等,以琼脂最为常用(表3.5),因为它具备了比较理想的凝固剂条件:一般不易被微生物所分解和利用;在微生物生长的温度范围内能保持固体状态;培养基透明度好,附着力强等。琼脂的用量一般为1.5%～2%,明胶的用量一般为5%～12%。有的固体培养基是直接用天然固体状物质制成的,如培养真菌用的麸皮、大米、玉米粉和马铃薯块培养基。还有一些固体培养基是在营养基质上覆盖滤纸或者滤膜等制成的,如用于分离纤维素分解菌的滤纸条培养基。

表3.5 琼脂与明胶的特性对比表

项 目	琼 脂	明 胶
化学成分	聚半乳糖的硫酸酯	蛋白质
熔化温度	96 ℃	25 ℃
凝固温度	40 ℃	20 ℃
透明度	高	高
附着力	大	大
营养价值	无	可作碳源
是否分解	否	是
高压灭菌耐力	强	弱
常用浓度	1.5%～2%	5%～12%

固体培养基在生产实际中应用十分广泛。实验室中常被用来进行微生物的分离、鉴定、计数、保藏和生物测定。在食用菌栽培和食品发酵工业中也常使用固体培养基。

（3）半固体培养基

半固体培养基是指在液体培养基中加入少量的凝固剂而制成的半固体状态的培养基。一般琼脂的用量为0.2%～0.8%。这种培养基有时可用来观察微生物的运动、检测噬菌体效价，有时用来保藏菌种。

（4）脱水培养基

脱水培养基又称脱水商品培养基或者预制干燥培养基，该种培养基在制备过程中营养成分完全，但经过了脱水处理，使用时只要加入适量水分并经灭菌处理即可。脱水培养基具备使用方便、成分精确等优点。

4）根据培养基的功能来区分

根据培养基的功能，培养基可分为基础培养基、加富培养基、选择培养基、鉴别培养基、生产用培养基等。

（1）基础培养基

不同微生物的营养物质虽然有差异，但其所需的基本营养物质是相同的。基础培养基是指含有一般微生物生长繁殖所需的基本营养物质的培养基。基础培养基可作为某些特殊培养基的预制培养基，然后根据特定微生物的特殊营养物质要求，在其中加入所需的特殊营养物质。

（2）加富培养基

加富培养基也称营养培养基，是依据微生物特殊营养要求，在基础培养基中加入某些特殊营养物质，从而有利于特定微生物快速生长繁殖的一类营养丰富的培养基。如加入血、血清、动植物组织等。加富培养基也可以用来富集和分离微生物，因其含有特殊营养物质，特定微生物生长迅速而淘汰其他微生物并逐渐富集而占据优势，所以容易达到分离该种微生物的目的。

（3）选择培养基

选择培养基是指根据某一类微生物特殊的营养要求配制而成的，或加入某种物质以杀死或抑制不需要的微生物生长繁殖的培养基。如氯霉素、链霉素等能抑制原核微生物的生长；而灰黄霉素、制霉菌素等能抑制真核微生物的生长；结晶紫能抑制革兰氏阳性细菌的生长等。从某种程度上讲，加富培养基也是一种选择培养基。选择培养基和加富培养基的区别在于，选择培养基一般是抑制不需要的微生物的生长，使所需要的微生物生长繁殖并达到分离微生物的目的；加富培养基是用来增加所需要分离的微生物的数量，促进其形成生长优势并达到分离微生物的目的。

（4）鉴别培养基

在培养基中加入某种化学药品，使难以区分的微生物经培养后呈现出明显差别，有助于快速鉴别某种微生物，该培养基称为鉴别培养基（表3.6）。如用以检查饮用水和乳品中是否含有肠道致病菌的伊红美蓝（EMB）培养基，在这种培养基上，大肠杆菌和产气杆菌能发酵乳糖产酸，大肠杆菌形成带有金属光泽的深紫黑色菌落；产气杆菌则形成较大的呈棕色的菌落。

表3.6　常用鉴别培养基特性对照表

培养基名称	加入成分	代谢产物	培养基变化特征	用　途
酪素培养基	酪素	胞外蛋白酶	蛋白水解圈	鉴别产蛋白酶菌株
伊红美蓝培养基	伊红、美蓝	酸	带金属光泽深紫黑色菌落	鉴别水中大肠菌群
远藤氏培养基	碱性复红亚硫酸钠	酸、乙醛	带金属光泽深红色菌落	鉴别水中大肠菌群
明胶培养基	明胶	胞外蛋白酶	明胶液化	鉴别产蛋白酶菌株
淀粉培养基	可溶性淀粉	胞外淀粉酶	淀粉水解圈	鉴别产淀粉酶菌株

（5）生产用培养基

生产用培养基通常分为3种：孢子培养基、种子培养基和发酵培养基。

①孢子培养基：用来使微生物产生孢子的培养基。孢子容易保存，不易变异，因此生产上常需要收集优良的孢子做菌种保存。孢子培养基一般是固体，营养不能太丰富，氮源要少，湿度要小。

②种子培养基：使孢子萌发，生成大量菌丝体的培养基。该培养基需要营养丰富、全面、容易吸收。种子培养基有固体、液体两种类型。

③发酵培养基：积累微生物大量代谢产物的培养基。可根据实际需要添加一些特定成分、促进剂、抑制剂等。发酵培养基也有固体、液体两种类型。

3.3.2　选用和设计培养基的原则和方法

1）目的明确

配制微生物培养基首先要明确培养目的，是要培养微生物，还是为了得到微生物的代谢产物，还是用于发酵等，依据不同的目的，才能决定配制何种培养基。

2）经济节约

配制微生物培养基，无论是实验室用途，还是大规模生产用，都应遵循经济节约的原则。尽可能选用来源广泛、价格低廉的原材料。微生物培养基经济节约的原则可以通过"以废代好""以粗代精""以纤代糖""以简代繁""以国产代进口"等途径实现。

3）营养协调

培养基应满足微生物生长繁殖所需要的一切营养物质，且同时要保障各种营养物质的浓度、比例要适当和协调。营养物质浓度过低或者过高都不利于微生物的生长。

营养物质的协调问题中，碳氮比（C/N）能够直接影响微生物的生长繁殖及代谢产物的形成与积累。C/N一般是指培养基中碳元素和氮元素的比值，有时也指培养基中还原糖和粗蛋白的含量比值。不同的微生物生长繁殖要求培养基中的C/N不同。如细菌、酵母菌培养基中的C/N最适值大约为5/1，霉菌培养基中的C/N最适值大约为10/1。

培养基中除了C/N以外，还要平衡无机盐的种类和含量、生长因子的添加也应根据培

养目的来确定。

4)理化适宜

培养基的配制还应关注 pH、氧化还原电位、渗透压等理化因素的影响,配制培养基的过程中应将这些因素控制在适宜的范围内。

（1）pH

不同微生物生长都有其适宜的 pH 范围,微生物在培养基中生长时因代谢产物等原因会不断改变培养基的 pH,调节培养基中 pH 的方法有两类:外源调节和内源调节。

①外源调节:根据实际需要不断从外界向培养基中流加酸或碱液以调整培养基 pH 的方法。

②内源调节:内源调节有两种办法。一是用磷酸缓冲液进行调节,调节 K_2HPO_4 和 KH_2PO_4 的浓度比就可以获得 pH 6.4～7.2 的一系列稳定的 pH 环境;当上述二者为等摩尔浓度比时,溶液的 pH 可稳定在 6.8。二是用 $CaCO_3$ 进行调节,它的溶解度很低,不会提高培养基的 pH,当微生物在生长过程中不断产酸时,就可以溶解它,从而发挥其调节培养基 pH 的作用。

（2）氧化还原电位

不同微生物对培养基中的氧化还原电位要求不同。好氧微生物生长的 E_h（氧化还原势）值为 +0.3～+0.4 V,厌氧微生物只能生长在 +0.1 V 以下的环境中。在配制厌氧微生物的培养基时常加入适量的还原剂以降低氧化还原电位,常用的还原剂有半胱氨酸、硫化钠、抗坏血酸、铁屑等。

（3）渗透压

多数微生物能够适应渗透压在一定较大幅度内的变化。配制培养基时常加入适量的 NaCl 以提高渗透压。

项目小结)))

本章首先介绍了微生物细胞的化学组成、微生物所需的 5 大类营养素物质及其基本生理功能,在此基础上,接着介绍了微生物的营养类型和 4 种吸收营养物质的途径和方法。微生物培养基的制备是本章的重点内容之一,在介绍培养基的种类、配制原则的基础上,希望能够掌握培养基配制的基本方法和操作技巧。

复习思考题)))

1.微生物细胞的化学组成有哪些主要物质？其主要的生理功能是什么？

2.简述营养物质透过细胞膜的 4 种方式。

3.简述选用和设计培养基的原则和方法。

实训 3.1　马铃薯葡萄糖培养基(PDA)的制备

一、实训目的

1. 理解培养基制备的基本原则。
2. 掌握 PDA 培养基制备的基本方法和操作技术。

二、实训原理

培养基是人工配制的,适合微生物生长繁殖或产生代谢产物用的混合营养料。培养基含有微生物所需的 5 大营养要素(水分、碳源、氮源、无机盐和生长因子)和适宜的 pH、渗透压及氧化还原电位等。不同微生物具有不同的营养类型和营养特性,因此对营养物质的利用能力和需求也各不相同。在实际的实验研究及生产中应根据微生物种类和使用目的的不同,选择和配制不同的培养基。

由于培养基的营养成分丰富,容易受到微生物的污染,因此配制好的培养基必须马上进行灭菌处理,使之达到无菌状态,否则就会有杂菌生长。

三、实训材料和器皿

马铃薯、葡萄糖、琼脂、水。
高压蒸汽灭菌器、电炉、电子天平、烧杯、三角瓶、试管等。

四、实训方法和步骤

1. 材料的准备

培养基配方:马铃薯 300 g、葡萄糖 20 g、琼脂 20 g、水 1 000 mL。将马铃薯去皮、挖掉芽眼后称量 300 g,切成 1 cm^3 的小块。其余各营养物质按配方准确称量。

2. 熬制及定容

将切好的马铃薯块加 1 000 mL 水后煮沸 10～20 min。立即用双层纱布过滤,取滤汁,加入葡萄糖和琼脂,不断加热搅拌,直到琼脂完全溶化为止,补足水至 1 000 mL。

3. 分装

用试管分装,培养基的分装量为试管长度的 1/5～1/4,培养基不能沾污试管口(图3.4)。

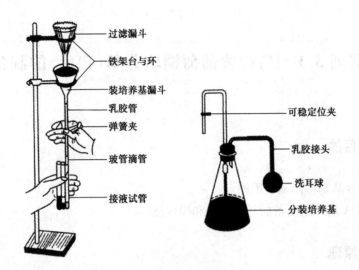

图 3.4　分装试管的装置

4. 包扎

培养基分装结束后,试管应立即塞棉塞,棉塞松紧适度,1/3 在管外,2/3 在管内。7 ~10 支试管捆在一起,棉塞上包好牛皮纸,直立放入高压蒸汽灭菌器中。

5. 高压蒸汽灭菌

将装入了培养基的试管在灭菌器中 121 ℃维持 20 min,注意灭菌时应先排除灭菌器中的冷空气。

6. 制作斜面

灭菌结束后开盖留 1/5 的小缝,用余热烘干牛皮纸和棉塞,然后在工作台面上摆斜面(图 3.5),斜面长是试管总长的 1/2 ~2/3。

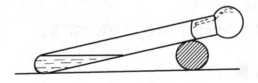

图 3.5　摆斜面

7. 检验及保存

经过无菌检查后放入 4 ℃冰箱中保藏备用。

五、实训结果

记录培养基的配制步骤及无菌检查情况。

六、实训注意事项

1. 培养基的配制应严格按照配方进行配制。

2.在高压蒸汽灭菌时应注意一定要先将灭菌器中的冷空气排尽,否则达不到需要的灭菌温度。

3.高压蒸汽灭菌时注意物品不要堆放过多,以免影响灭菌效果。

4.培养基配制完成后应在容器表面标示配制日期、培养基名称等信息。

七、思考题

1.培养基配制的一般程序是什么?

2.培养基配制后为什么要进行灭菌?

项目4 微生物的代谢

学习目标

1. 了解微生物底物脱氢的 4 条主要途径。
2. 熟悉能量代谢、分解代谢及合成代谢的产能情况。
3. 掌握微生物生物氧化的过程和类型,以及微生物的分解代谢和合成代谢。

知识链接

微生物细胞把从环境中吸收的营养物质通过特定的代谢途径,经过一系列连续的酶促反应转化,产生能量和合成细胞组分的前体物质,同时还产生一些微生物本身不需要的物质而排出体外。

新陈代谢包括分解代谢和合成代谢两个完全相反的阶段。从能量的角度讲,前者在将复杂的营养物质分解为较小分子的过程中产生能量,而后者则是利用分解代谢中产生的小分子化合物和能量来合成大分子的细胞结构物质,反应本身是耗能过程。

分解代谢和合成代谢两过程既是矛盾的,又是统一的,合成代谢是分解代谢的基础,分解代谢又为合成代谢提供了动力。微生物同其他生物一样,新陈代谢作用是它最基本的生命过程,也是其他一切生命现象的基础。

任务 4.1 微生物的能量代谢

微生物在进行生命活动的过程中,营养物质进入细胞后,都需要在酶的作用下进行物质的分解代谢或合成代谢。在这些过程中同时进行着能量的释放和吸收,我们称之为能量代谢。

4.1.1 生物氧化和产能

微生物生命活动所需要的能量,主要通过生物氧化而获得。所谓生物氧化就是在生物体内,从代谢物脱下的氢及电子,通过一系列酶促反应与氧化合成水,并释放能量的过程,也指细胞内一切代谢物所进行的氧化作用。它们在氧化过程中能产生大量的能量,分段释放,并以高能磷酸键形式贮藏在 ATP 分子内,供需要时用。

1)生物氧化的形式和过程

生物氧化的形式包括某物质与氧结合(加氧)、脱氢或失去电子3种。生物氧化的过程通常为3个环节:

①底物脱氢或电子作用。

②氢和电子的传递。

③最后受氢体接受氢和电子。

2)生物氧化的类型

生物体的氧化在失掉电子的电子受体和同时伴随着脱氢和氢的转移,其中供给电子、质子的称为电子供体和供氢体。接受电子和质子的称为受氢体,对于微生物来说,受氢体可以是分子态 O_2,也可以是无机氧化物或者简单的有机物,从而产生了微生物3种不同的生物氧化类型:好氧呼吸、厌氧呼吸和发酵作用。

(1)好氧呼吸

以分子氧作为最终电子受体的生物氧化过程,称为好氧呼吸。根据呼吸基质是有机物或无机物又可分为两种情况。

以有机物作为呼吸基质:在以有机物作为基质的好氧呼吸中,分子态 O_2 接受电子和质子,从而生成 H_2O。

如大肠杆菌、葡萄球菌:

$$葡萄糖 +6O_2 \longrightarrow 6CO_2 +6H_2O +38ATP +1\ 719.1\ kJ\ 热量$$

这种类型呼吸作用的特点有:在分子态 O_2 的条件下进行;氧化的终产物是 CO_2 和 H_2O;产生较多的能量,1 mol 葡萄糖能产生 2 880.5 kJ 能量,其中有 1 161.4 kJ 的能量储存在 ATP 分子中(ATP 分子中的一个高能磷酸键水解释放的能量为 30.56 kJ/mol),能量利用率高。

以无机物作为呼吸基质:化能自养型的细菌以无机物如 H_2、H_2S、Fe^{2+}、NH_3、NO_2^- 等作为呼吸底物,靠无机物的氧化产生能量。依靠它们所需无机能源的不同可分为氢细菌、硫细菌、铁细菌、亚硝酸细菌,它们的产能反应所释放的能量也各不相同(表4.1)。

表 4.1 化能自养细菌的产能反应 (kJ/2e)

菌 类	呼吸基质	产能反应	ΔG
氢细菌	H_2	$H_2 + \frac{1}{2}O_2 \longrightarrow H_2O$	-237.39
硫细菌	H_2S 或 S	$H_2S + \frac{1}{2}O_2 \longrightarrow H_2O + S$	-210.18
		$S + \frac{1}{2}O_2 + H_2O \longrightarrow SO_4^{2-} + 2H^+$	-499.90
铁细菌	$FeSO_4$	$Fe^{2+} + \frac{1}{2}O_2 + H^+ \longrightarrow Fe^{3+} + \frac{1}{2}H_2O$	-21.19
亚硝酸细菌	NH_4^+	$NH_4^+ + \frac{1}{2}O_2 \longrightarrow NO_2^- + 2H^+ + H_2O$	-272.56
硝酸细菌	HNO_2	$NO_2^- + \frac{1}{2}O_2 \longrightarrow NO_3^-$	-77.46

（2）厌氧呼吸

以无机氧化物为最终电子受体的生物氧化过程，称为厌氧呼吸。能起这种作用的化合物有 NO_3^-、NO_2^-、SO_3^{2-}、CO_2 等，它们代替分子氧作为最终电子和质子的受体。这是少数微生物的呼吸过程。无氧呼吸过程中底物脱下的氢和电子也经过电子传递体系，并伴有磷酸化作用产生 ATP，底物也可以被彻底氧化，也可以释放出较多的能量，但比好氧呼吸少。如脱氮小球菌利用葡萄糖氧化成 CO_2 和 H_2O，而把硝酸盐还原成亚硝酸盐（称反硝化作用），反应式如下：

$$C_6H_{12}O_6 + 12NO_3^- \longrightarrow 6CO_2 + 6H_2O + 12NO_2^- + 1.8 \times 10^3 \text{ J}$$

厌氧呼吸的特点是：不需要分子态的氧，而需要的是无机氧化物中的氧；如果无机氧化物充分，基质就能彻底氧化，产物也能较彻底地产生 CO_2 和 H_2O；释放较多的能量，但低于好氧呼吸。

（3）发酵作用

如果电子供体是有机化合物，而最终电子受体也是有机化合物的生物氧化过程称为发酵作用。在发酵过程中，有机物既是被氧化的基质，又是最终的电子受体，但是由于氧化不彻底，所以产能较少。如酵母菌利用葡萄糖进行的酒精发酵，反应式如下：

$$C_6H_{12}O_6 + 2ADP + 2Pi \longrightarrow 2C_2H_5OH + 2CO_2 + 2ATP$$

发酵作用的特点是：有机物氧化不彻底，生成一些氧化程度比较低的有机物；不需要电子传递体系，微生物本身缺少氧化酶系；产生的能量比较少。

3）生物氧化链

微生物从呼吸底物脱下的氢和电子向最终电子受体的传递过程中，要经过一系列的中间传递体，并有顺序地进行，它们相互"连控"如同链条一样，故称为呼吸链，也即生物氧化链。它主要有脱氢酶、辅酶 Q 和细胞色素等组分组成。在真核细胞中，它主要存在于线粒体中；在原核生物中，和细胞膜、中间体结合在一起。它的功能是传递氢和电子，同时将电子传递过程中释放的能量合成 ATP。

4）ATP 的产生

生物氧化的结果能为生物体的生命活动提供能量。ATP 是生物体内能量的主要传递者。微生物利用光能合成 ATP 的反应，称为光合磷酸化。利用化合物氧化过程中释放的能量，将 ADP 磷酸化生成 ATP 的过程，称为氧化磷酸化。

微生物通过氧化磷酸化产生 ATP 有两种方式，即底物水平磷酸化和电子传递磷酸化。

（1）底物水平磷酸化

在底物水平磷酸化中，异化作用的中间产物高能磷酸转移给 ADP，形成 ATP，反应如下：

$$磷酸烯醇丙酮酸 + ADP \longrightarrow 丙酮酸 + ATP$$

（2）电子传递磷酸化

在电子传递磷酸化中，通过呼吸链传递电子，将氧化过程中释放的能量和 ADP 的磷酸化偶联起来，形成 ATP，如图 4.1 所示。

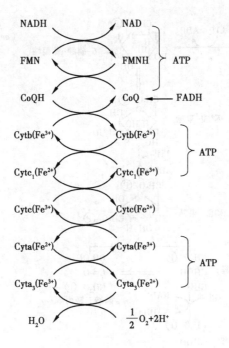

图 4.1　电子传递链

4.1.2　底物脱氢的4条主要途径

底物脱氢的4条主要途径为:EMP途径、HMP途径、ED途径和TCA循环。

1)EMP途径

EMP途径是生物界所共有的,20世纪40年代由Embden,Meyerhof和Parnas 3人研究清楚,所以通常称EMP途径,又称糖酵解或己糖二磷酸途径,是细胞中葡萄糖经转化成1,6-二磷酸果糖后在醛缩酶催化下,裂解成两分子丙酮酸的代谢过程。

EMP途径的总反应式为:

$$C_6H_{12}O_6 + 2NAD + 2(Pi + ADP) \longrightarrow 2CH_3COCOOH + 2ATP + 2NADH_2$$

EMP途径总反应图如图4.2所示。

EMP途径中2分子3-磷酸甘油醛被氧化的结果生成2分子丙酮酸、2分子$NADH_2$和4分子的ATP。在反应中激活己糖时消耗2分子ATP,因此净得2分子ATP。$NADH_2$在无氧时用于还原作用,不产生ATP,而在有氧时经呼吸链氧化,每分子$NADH_2$经氧化生成3个ATP。EMP途径的关键酶是磷酸己糖激酶和果糖二磷酸醛缩酶。

EMP途径的生理作用主要是为微生物代谢提供能量、还原剂及代谢的中间产物如丙酮酸等。

2)HMP途径

HMP途径也称为磷酸戊糖途径。这是一条葡萄糖不经EMP途径和TCA途径而得到彻底氧化,并能产生大量$NADPH_2$形式的还原力和多种重要中间代谢物的代谢途径。

HMP途径的总反应式为:

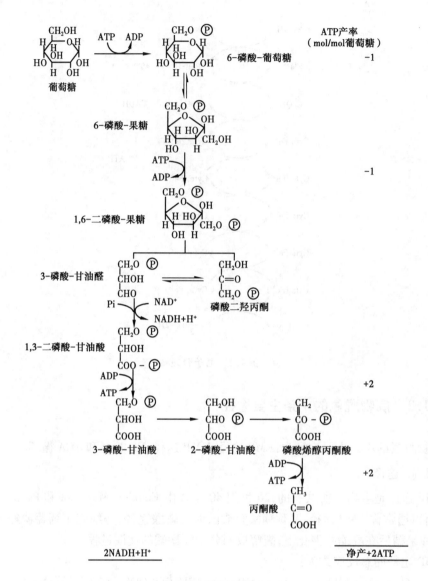

图 4.2　EMP 途径

$$6\text{-磷酸葡萄糖} + 7H_2O + 12NADP \longrightarrow 6CO_2 + 12NADPH_2 + H_3PO_4$$

HMP 途径除提供能量外,还提供合成核酸的前体——5-磷酸核糖以及 4-磷酸赤藓糖和 7-磷酸景天庚酮糖等合成芳香族氨基酸的前体物质。HMP 途径也普遍存在于生物界,通常与 EMP 途径同时存在。

3)ED 途径

ED 途径是 Entner 和 Doudoroff 在研究嗜糖假单胞菌的代谢时发现的,所以简称为 ED 途径。ED 途径也称 2-酮-3-脱氧-6-磷酸葡萄糖酸途径,在 2-酮-3-脱氧-6-磷酸葡萄糖酸 (KDPG)醛缩酶的作用下,裂解为丙酮酸和 3-磷酸甘油醛,3-磷酸甘油醛再经 EMP 途径的后半部反应转化为丙酮酸(图 4.2)。ED 途径的关键酶系是 6-磷酸葡萄糖脱水酶和 2-酮-3-脱氧-6-磷酸葡萄糖脱水酶和 2-酮-3-脱氧-6-磷酸葡萄糖酸醛缩酶。

ED 途径是糖类的一种厌氧降解途径,它在细胞中特别是革兰氏阴性细菌中分布很广,在好氧菌中分布不普遍。例如嗜糖假单胞杆菌、发酵假单胞杆菌以及铜绿色假单胞杆菌等中都具有 ED 途径。这个途径多数情况下是与 HMP 途径同时存在于一种微生物中,但也可以独立存在于某些细菌中。

ED 途径的总反应式为:

$$C_6H_{12}O_6 + ADP + Pi + NADP + NAD \longrightarrow 2CH_3COCOOH + NADPH_2 + ATP + NADH_2$$

4) TCA 循环

三羧酸循环(tricarboxylic acid cycle)是需氧生物体内普遍存在的代谢途径,又称为柠檬酸循环。

TCA 循环的总反应式为:

$$CH_3COSCoA + 2O_2 + 12(ADP + Pi) \longrightarrow 2CO_2 + H_2O + 12ATP + CoA$$

TCA 循环产生能量的水平是很高的,每氧化 1 分子乙酰 CoA 可产生 12 分子 ATP。葡萄糖经 EMP 途径和 TCA 循环彻底氧化成 CO_2 和 H_2O 的全部过程为:

①$C_6H_{12}O_6 + 2NAD + 2(ADP + Pi) \longrightarrow 2CH_3COCOOH(丙酮酸) + 2ATP + 2NADH_2$

$2NADH_2 + O_2 + 6(ADP + Pi) \longrightarrow 2NAD + 2H_2O + 6ATP$

②$2CH_3COCOOH + 2NAD + 2CoA \longrightarrow 2CH_3COSCoA + 2CO_2 + 2NADH_2$

$2NADH_2 + O_2 + 6(ADP + Pi) \longrightarrow 2NAD + 2H_2O + 6ATP$

③$3CH_3COSCoA + 4O_2 + 24(ADP + Pi) \longrightarrow 4CO_2 + 2H_2O + 24ATP + 2CoA$

总反应式为:

$$C_6H_{12}O_6 + 6O_2 + 38(ADP + Pi) \longrightarrow 6CO_2 + 6H_2O + 38ATP$$

TCA 循环的关键酶是柠檬酸合成酶,它催化草酰乙酰与乙酰 CoA 合成柠檬酸的反应。很多微生物中都存在这条循环途径,它除了产生大量能量,作为微生物生命活动的主要能量来源以外,还有许多生理功能。特别是循环中的某些中间代谢产物是一些重要的细胞物质,如各种氨基酸、嘌呤、嘧啶及脂类等生物合成前体物,例如乙酰 CoA 是脂肪酸合成的起始物质,α-酮戊二酸可转化为谷氨酸,草酰乙酸可转化为天门冬氨酸,而且上述这些氨基酸还可转变为其他氨基酸,并参与蛋白质的生物合成。另外,TCA 循环不仅是糖有氧降解的主要途径,也是脂、蛋白质降解的必经途径,例如脂肪酸经 β-氧化途径,变成乙酰 CoA 可进入 TCA 循环彻底氧化成 CO_2 和 H_2O;又如丙氨酸、天门冬氨酸、谷氨酸等经脱氨基作用后,可分别形成丙氨酸、草酰乙酸、α-酮戊二酸等,它们都可进入 TCA 循环被彻底氧化。因此,TCA 循环实际上是微生物细胞内各类物质的合成和分解代谢的中心枢纽。

任务 4.2 微生物的物质代谢及其产物

微生物在进行物质的吸收和排出、分解和合成并包括放能与吸能等一系列复杂的新陈代谢过程中,所引起微生物机体内、外物质的变化,这种物质的变化,就称为物质代谢。不同种类的微生物因其营养特性和营养类型不同,所以所引起的物质代谢过程以及代谢的产物也各有差异。

4.2.1 微生物的分解代谢及产物

微生物的分解代谢是复杂的营养物质分解成简单化合物并释放能量的过程。合成作用所需要的能量和大多数材料物质都来自分解作用。只有微生物体内进行旺盛的分解代谢，才能更多地合成微生物的细胞物质并迅速地生长繁殖。由此可见分解作用在微生物代谢中的重要性。

1）多糖的分解

多糖的种类繁多，本节主要介绍淀粉、纤维素、果胶质的分解。这些大分子有机化合物往往不能被微生物直接利用，只有通过各种酶，将其水解成简单的小分子化合物，才能通过细胞膜被微生物细胞所利用。

（1）淀粉的分解

淀粉是许多微生物用作碳源的原料。它是葡萄糖的多聚物，有直链淀粉和支链淀粉之分。微生物对淀粉的分解是由微生物分泌的淀粉酶催化的。淀粉酶是水解淀粉糖苷键一类酶的统称，它的种类有以下两大类：

①液化性淀粉酶（α-淀粉酶）：广泛分布于动物（唾液、胰脏等）、植物（麦芽、山萮菜）及微生物中。这种酶可以任意分解淀粉 α-1,4-糖苷键，而不能分解 α-1,6-糖苷键。淀粉经该酶作用后，黏度很快下降，液化后变为糊精，最终产物为糊精、麦芽糖和少量葡萄糖。

②糖化型淀粉酶：这类酶可细分成好几种，其共同特点是将淀粉水解为麦芽糖或葡萄糖，故称糖化型淀粉酶。

a.β-淀粉酶（淀粉 1,4-麦芽糖苷酶）：此酶作用方式是从淀粉分子的非还原性末端开始，逐次分解。分解物以麦芽糖为单体，但不能作用于 α-1,6-糖苷键，也不能越过 α-1,6-糖苷键，这样分解到最后，仍会剩下较大分子的极限糊精。

b.糖化酶（淀粉 1,4-葡萄糖苷酶、1,6-葡萄糖苷酶）：此酶对 α-1,4-糖苷键和 α-1,6-糖苷键都能起作用，最终产物几乎都是葡萄糖。常用于生产糖化酶的菌株有根霉、曲霉等。

c.异淀粉酶（淀粉 1,6-糊精酶）：此酶可以分解 α-1,6-糖苷键，生成较短的直链淀粉。异淀粉酶用于水解 α-淀粉酶和 β-淀粉酶产生的极限糊精。常存在于产气气杆菌、软链球菌、链霉菌等。我国普遍应用产气气杆菌 10016 生产异淀粉酶。

微生物产生的淀粉酶广泛用于粮食加工、食品工业、发酵、纺织、轻工、化工等行业。

（2）纤维素的分解

纤维素是由葡萄糖单体通过 β-1,4-糖苷键组成的大分子多糖。不溶于水及一般有机溶剂，是植物细胞壁的主要成分。纤维素是自然界中分布最广、含量最多的一种多糖，占植物界碳含量的 50% 以上。人和动物均不能直接消化纤维素。但是许多微生物，如木霉、青霉、某些放线菌和细菌均能分解利用纤维素，原因是它们能产生纤维素酶。

纤维素酶是一类纤维素水解酶的总称。它由 C_1 酶、C_x 酶水解成纤维二糖，再经过 β-葡萄糖苷酶作用，最终变成葡萄糖，其水解过程如下：

$$天然纤维素 \xrightarrow{C_1 酶} 水合纤维素分子 \xrightarrow{C_{x1}酶、C_{x2}酶} 纤维二糖 \xrightarrow{纤维二糖酶} 葡萄糖$$

生产纤维素的菌种常有绿色木霉、康氏木霉、某些放线菌和细菌。

（3）果胶质的分解

天然的果胶质又称为原果胶，主要组成是由 D-半乳糖醛酸以 α-1,4 糖苷键相连形成的直链高分子化合物，其羧基大部分形成甲基酯，而不含甲基酯的称为果胶酸。

果胶质可被酸、碱、果胶酶等溶解，许多果实，如苹果、番茄等成熟时，产生果胶酶，将果肉细胞的胞间层溶解，细胞彼此分离，使果实变软。

果胶酶含有不同的酶系，在果胶分解中起着不同的作用。主要有果胶酯酶和半乳糖醛酸酶两种，引起的反应式如下：

$$果胶 \xrightarrow{\text{果胶酯酶}} 甲醇 + 果胶酸 \xrightarrow{\text{聚半乳糖醛酸酶}} 半乳糖醛酸$$

果胶酶广泛存在于植物、霉菌、细菌和酵母中，其中以霉菌产果胶酶量最高，澄清果汁能力强，因此工业上常用的菌种几乎都是霉菌，如文氏曲霉、黑曲霉等。

2）蛋白质的分解

（1）蛋白质的分解

蛋白质是由氨基酸组成的结构复杂的大分子化合物。它们必须经过微生物的胞外酶水解成多肽和氨基酸才能被吸收入细胞。进入细胞后的简单含氮化合物再继续进行分解或合成，以供细胞质的组成，同时向细胞外排出一些含氮物质。

蛋白质在有氧环境下的分解称为腐化，结果生成最简单的化合物如二氧化碳、氢、氨等。在缺氧的环境中被分解叫腐败，产生分解不完全的中间产物，如氨基酸、有机酸。微生物分解蛋白质的一般过程如下：

蛋白质→蛋白胨→蛋白胨→多肽→氨基酸→有机酸、吲哚、硫化氢、氨、氢、二氧化碳

产生蛋白酶的菌种很多，细菌、放线菌、霉菌等中均有。不同的菌种可以产生不同的蛋白酶，如黑曲霉主要产生酸性蛋白酶，短小芽孢杆菌主要产生碱性蛋白酶。不同菌种也可产生功能相同的蛋白酶，同一菌种也可产生多种性质不同的蛋白酶。

（2）氨基酸的分解

微生物对氨基酸的分解，主要是脱氨作用和脱羧基作用。

①脱氨作用：脱氨方式随微生物种类、氨基酸种类以及环境条件的不同也不一样。主要有以下 4 种：

a. 氧化脱氨：在酶催化下，氨基酸在氧化脱氢的同时释放游离氨，这一过程即为氧化脱氨。这种脱氨方式须在有氧条件下进行。氧化脱氨生成的酮酸一般不积累，而被微生物继续氧化成羟酸或醇。如丙氨酸氧化脱氨生成丙酮酸，丙酮酸可借 TCA 循环继续氧化。反应式如下：

$$2R-CHNH_2-COOH + O_2 \longrightarrow 2R-CO-COOH + 2NH_3$$

b. 还原脱氨：还原脱氨在无氧条件下进行，生成饱和脂肪酸。能进行还原脱氨的微生物是专性厌氧菌和兼性厌氧菌。腐败蛋白质中常分离到饱和脂肪酸便是由相应的氨基酸生成的。如大肠杆菌可使氨基酸还原脱氨成乙酸，反应式如下：

$$HOOC-CHNH_2-COOH \longrightarrow CH_3COOH + NH_3 + CO_2$$

c. 水解脱氨：不同氨基酸经水解脱氨生成不同的产物，同种氨基酸经水解之后也可生成不同的产物。反应通式如下：

$$R-CHNH_2-COOH + H_2O \longrightarrow R-CHOH-COOH + NH_3$$

有些细菌可以水解色氨酸生成吲哚,吲哚可以与二甲基氨基苯甲醛反应生成红色玫瑰吲哚,因此可根据细菌能否分解色氨酸产生吲哚来鉴定菌种。

d.减饱和脱氨:氨基酸在脱氨的同时,其 α 和 β 键减饱和,结果生成不饱和酸。如天门冬氨酸减饱和生成延胡索酸,反应式如下:

$$HOO—CH_2—CHNH_2—COOH \longrightarrow HOOC—CH{=}CH—COOH + NH_3$$

②脱羧作用:从各种羧酸化合物(如氨基酸、二羧酸或三羧酸等)脱去其羧基,而释出二氧化碳的过程。氨基酸脱羧作用常见于许多腐败细菌和真菌中。不同的氨基酸由相应的氨基酸脱羧酶催化脱羧,生成减少一个碳原子的胺和二氧化碳,通式如下:

$$R—CHNH_2—COOH \longrightarrow R—CH_2—NH_2 + CO_2$$

一元氨基酸脱羧后变成一元胺,二元氨基酸脱羧后变成二元胺,这类物质统称为尸碱,有一定的毒性。肉类蛋白质腐败后常生成二元胺,故不能再食用。

3)脂肪和脂肪酸的分解

脂肪在脂肪酶的作用下变为脂肪酸和甘油,许多微生物将甘油脱氢变成丙酮酸,按照糖代谢方式进入三羧酸循环,脂肪酸能通过 β 氧化产生乙酰 CoA,从而也进入三羧酸循环,它们最终能分解生成 CO_2 和 H_2O。脂肪的分解代谢也像糖的有氧分解代谢一样可释放出大量的能量。

能产生脂肪酶的微生物很多,有根霉、圆柱形假丝酵母、小放线菌、白地霉等。脂肪酶目前主要用于油脂工业、食品工业、纺织工业上。常用作消化剂、乳品增香、制造脂肪酸、绢丝的脱脂等。

4.2.2　微生物的合成代谢及产物

合成代谢是指微生物利用能量将简单的无机或有机的小分子前体物质同化成生物大分子或细胞结构物质;微生物进行合成代谢时,必须具备 3 个条件:代谢能量、小分子前体物质和还原基。自养型微生物的合成代谢能力很强,它们利用无机物能够合成完全的自身物质;在食品工业,涉及最多的是化能异养型微生物,这些微生物所需要的代谢能量、小分子前体物质和还原基都是从复杂的有机物中获得的,获得代谢能量、小分子前体物质和还原基的过程是微生物对吸收的营养物质的降解过程,所以,分解代谢和合成代谢是不能分开的,两者在生物体内是有条不紊的平衡过程。

微生物种类很多,其合成代谢途径也比较复杂和多种多样。本节仅介绍微生物细胞中独特的肽聚糖的生物合成和次生代谢产物的合成。

1)肽聚糖的合成

肽聚糖是由双糖单位,四肽尾还有肽桥聚合而成的多层网状大分子结构,N-乙酰葡萄糖胺和 N-乙酰胞壁酸交替连接的杂多糖与不同组成的肽交叉连接形成的大分子。肽聚糖是许多细菌细胞壁的主要成分。这里将对微生物独特的肽聚糖的生物合成代谢途径加以阐述。

(1)在细胞质中的合成

①由葡萄糖合成 N-乙酰葡萄糖胺和 N-乙酰胞壁酸(图 4.3)。

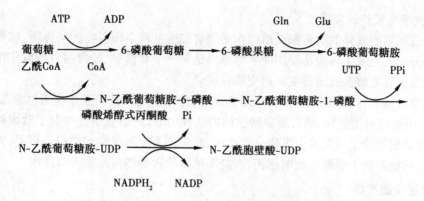

图4.3　葡萄糖合成 N-乙酰葡萄糖胺和 N-乙酰胞壁酸

②由 N-乙酰胞壁酸合成"Park"核苷酸。这一过程需要4步反应，它们都需要尿嘧啶二磷酸（UPD）作为糖的载体，另外还有合成 D-丙氨酰胺-D-丙氨酸的两步反应，这些反应都可被环丝氨酸所抑制。反应过程如图4.4所示。

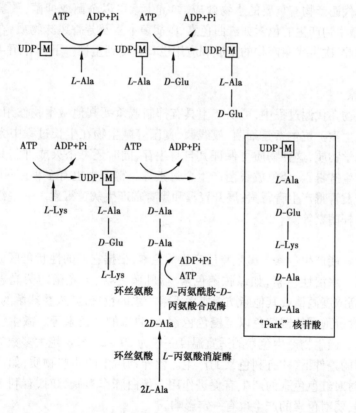

图4.4　金黄色葡萄球菌由 N-乙酰胞壁酸合成"Park"核苷酸

（2）在细胞膜中的合成

由"Park"核苷酸合成肽聚糖亚单位的过程是在细胞膜上完成的，在细胞质内合成"Park"核苷酸后，穿入细胞膜并进一步接上 N-乙酰葡萄糖胺和甘氨酸五肽，即合成了肽聚糖亚单元。这个肽聚糖亚单元通过一个类脂载体携带到细胞膜外，进行肽聚糖的合成。

（3）在细胞膜外的合成

被运送到细胞膜外的肽聚糖亚单位在必须有细胞壁残余作引物的条件下,肽聚糖亚单位与引物分子间先发生转糖基作用使多糖横向延伸一个双糖单位,再通过转肽作用使两条多糖链间形成甘氨酸五肽而发生纵向交联反应。

青霉素可抑制转肽作用进行,其作用机理是:青霉素是肽聚糖亚单位五肽末端的 D-丙氨酰胺-D-丙氨酸的类似物,两者竞争转肽酶的活性中心,从而竞争性抑制了肽聚糖的转肽作用,使得肽聚糖分子不能发生纵向交联反应,肽聚糖不能形成细胞壁层。可见,青霉素的抑菌作用,只能是处于活跃生长的细菌,对处于休眠阶段的细菌几乎不起作用。

2）次生代谢产物

微生物在进行各种代谢过程中所形成的各种合成产物和代谢产物,除上述的一些代谢产物外,还有一些分子结构比较复杂的物质,它们是微生物细胞正常代谢途径不通畅时增加了支路代谢而产生的物质,往往在微生物生长停止后期才开始合成,如抗生素、色素、毒素、维生素等,称之为次生代谢产物。

许多次生代谢产物有重要的生物效应,如抗生素可以杀菌或抑菌;激素可影响动植物的生长发育;微生物产生的色素如红曲色素、β-胡萝卜素及芳香风味物质,在食品工业中得到了应用。因此,次生代谢产物的生成和应用也日益受到重视。下面介绍 4 种比较重要的次生代谢产物。

（1）抗生素

某些微生物在代谢过程中,可以产生具有抑制或杀死其他微生物作用的一种物质,这种物质称为抗生素。抗生素是细菌、放线菌、真菌等微生物在生长过程中为了生存竞争需要而产生的化学物质,这种物质可保证其自身生存,同时还可杀灭或抑制其他微生物。如灰色放线菌产生链霉素,金色放线菌产生金霉素等。霉菌中也有多种菌种能产生抗生素,如点青霉和产黄青霉产生青霉素;展开青霉和黑青霉产生灰黄霉素。一些细菌如枯草芽孢杆菌产生枯草杆菌素等。

（2）色素

许多微生物能产生色素。微生物所产生的色素,根据它们的性状可区分为水溶性色素和脂溶性色素。水溶性色素,如绿脓菌色素、蓝乳菌色素、荧光菌的荧光素等。脂溶性色素,即能溶于高浓度酒精或其他脂肪溶媒而不溶于水的色素,如八叠球菌的黄色素,灵杆菌的红色素,好食链孢霉的橙黄色以至橙色色素,红曲霉的红色素等。微生物色素的产生与一些条件有关。微生物产生色素的适宜温度一般为 20 ~ 25 ℃。绝大多数需氧微生物必须在具有充分氧的条件下,才有利色素的产生。营养物质中的一些物质,如镁盐和磷酸盐的适量存在,有时对红色色素的产生有促进作用。蛋白胨作为氮源时,有利于黄色色素的增加。光线的强、弱对色素的产生也有一定影响。

（3）毒素

有些微生物在代谢过程中,能产生某些对人或动物有毒害的物质,称为毒素。能产生毒素的微生物,在细菌和霉菌中较为多见。细菌产生的毒素可分为外毒素和内毒素两种。外毒素是由细菌菌体内向菌体外分泌出来的一种有毒物质,毒力较强。大多数外毒素均不耐热,加热 70 ℃,毒力即减弱或甚至破坏。内毒素是存在于细菌菌体内,不分泌到菌体外,只能在菌体裂解时,毒素才被释放出来。内毒素毒力较外毒素弱,大多数内毒素较耐热,许多内毒素需要 80 ~ 100 ℃加热 1 h 才能被破坏。细菌的外毒素,如肉毒杆菌产生的肉毒毒素,金黄色葡萄球菌产生的溶血毒素。细菌的内毒素,如沙门氏菌和痢疾杆菌产生的内毒素。霉菌中发现能产生毒素的也有许多种,如镰刀菌产生的镰刀菌毒素,某些黄曲霉产生的黄曲霉毒素等。

(4)维生素

维生素为微生物所必需的营养物质,有些微生物自己不能合成,必须从外界吸取;有些微生物能在细胞中合成。细菌、酵母、霉菌中很多菌种均能合成一定的维生素。例如,薛氏丙酸菌能合成维生素 B_{12},一般酵母菌含有维生素 B_1,阿氏假囊酵母和棉病囊霉能合成较多的核黄素,其他如大肠杆菌、毛霉、根霉、青霉、曲霉等一些微生物都有不同程度合成维生素的能力。

$$\text{任务 4.3 \quad 微生物的代谢调节}$$

微生物的活细胞,需要不断从外界环境中吸收营养物质,进行分解和合成代谢,以满足生长和繁殖的需要。这种分解和合成代谢是通过许多生化反应实现的,每一步生化反应都是一个酶促反应,要使这些复杂而快速的酶促反应准确有序地进行,就需要某种调节机制,而调节的对象就是决定代谢途径和方向的酶、酶的合成和酶的功能。可以说微生物细胞新陈代谢调节主要表现在两个水平上:酶合成的调节和酶活力的调节。

4.3.1 酶合成的调节

微生物酶的合成受本身的遗传特性和环境条件的控制。根据酶合成的方式,细胞内的酶可分为两类:一类是组成酶,它们的合成不受环境条件的影响,合成速度是恒定的,且总是存在于细胞内;另一类则是受环境条件影响,只有当环境中存在某一类营养物质时,细胞才合成能分解这类营养物质的酶,称为诱导酶。大多数分解代谢酶类的合成是诱导性的。凡能促进酶生物合成的现象,称为诱导(induction),而能阻碍酶生物合成的现象,则称为阻遏(repression)。因此,酶合成的调节又有两种类型:诱导合成和阻遏(分解代谢物阻遏和末端代谢产物阻遏)。

4.3.2 酶活力的调节

微生物细胞中的酶被合成后,它们就会连续不断的起作用,在合成途径中会积累过多的中间产物,造成能量和原料的浪费。微生物中存在着一套调节系统,它们可以调节酶的活力,使不需要的酶失去活性,需要时又可立即恢复活力,这种调节酶活力的作用称为酶活性的调节。包括酶活性的激活和抑制两个方面。酶活性的激活指在分解代谢途径中,后面的反应可被较前面的中间产物所促进,例如粪链球菌(Streptococcus feacalis)的乳酸脱氢酶活性可被果糖-1,6-二磷酸所促进,或粗糙脉孢菌(Neurospora crassa)的异柠檬酸脱氢酶的

活性会受柠檬酸促进等。酶活性的抑制主要是反馈抑制（*feedback inhibition*），它主要表现在某代谢途径的末端产物（即终产物）过量时，这个产物可反过来直接抑制该途径中第一个酶的活性，促使整个反应过程减慢或停止，从而避免了末端产物的过多累积。

4.3.3　微生物代谢调节的意义

微生物在正常的生理条件下，依靠其自身的代谢调节系统，较严谨的控制其代谢活动，总是趋向平衡地吸收和利用营养物质以组成细胞结构，快速地进行生长繁殖，它们总是精细地利用能量和原材料。

另一方面人们根据代谢调节的理论，打破微生物的正常代谢调节系统，使人类需要的酶或代谢产物积累起来，采用遗传育种和控制环境的措施来达到目的。最常用的有 3 种方法：第一种是应用营养缺陷型突变菌株，它们由于合成途径中某一步骤发生缺陷，合成反应不能完成，最终产物不能积累到起反馈抑制的浓度，从而使中间产物大量积累。第二种是应用抗反馈调节的菌株，因为这些菌株不再受正常反馈调节作用的影响，使最终产物得以积累。第三种是改变细胞膜渗透性，使细胞中的最终产物不能积累到引起反馈抑制的浓度。

项目小结 》》》

本章介绍了微生物的生物氧化和产能及底物脱氢的 4 条主要途径，在此基础上，介绍了微生物的分解代谢及其产物和合成代谢及其产物，最后简要介绍了微生物的代谢调控。其中，微生物生物氧化的过程和类型，以及微生物的分解代谢和合成代谢是本章的重点。

复习思考题 》》》

1. 什么是新陈代谢？试用图示说明分解代谢与合成代谢的关系。
2. 什么是生物氧化？试述其过程和类型。
3. 什么是好氧呼吸、厌氧呼吸和发酵？试比较三者的异同。
4. 底物脱氢的主要途径有哪些？
5. 试述微生物对淀粉、纤维素和果胶质的分解过程。
6. 微生物次级代谢产物有哪些，各有什么生理功能？
7. 试述微生物代谢调控的重要性。

项目5
微生物的生长及控制

学习目标

1. 了解微生物生长的测定方法,影响微生物生长的因素和微生物遗传变异的原因。
2. 掌握微生物群体生长曲线,有害微生物的物理和化学控制方法和微生物菌种衰退的原因及常用保藏方法。

知识链接

微生物不论在自然条件下还是在人工条件下发挥作用,都是"以数取胜"或是"以量取胜"。生长、繁殖是保证微生物获得巨大数量的必要前提。可以说,没有一定的数量就等于没有微生物的存在。正是由于微生物的这种特性,使其在自然界中具有独特的生长优势,从而得以广泛的分布于自然界中,不但在物质循环中起着重要的重要,同时也改变着我们的环境。另一方面,也正是由于微生物的生长形成的数量优势,也会导致一些负面的影响,如食品的腐败变质和导致人类疾病等。

任务5.1　微生物生长的概念及测定方法

5.1.1　微生物生长的概念

一个微生物细胞在合适的外界条件下,不断地吸收营养物质,并按其自身的代谢方式进行新陈代谢。如果同化作用的速度超过了异化作用,则原生质的总量(质量、体积、大小)就不断增加,于是出现了个体的生长现象。如果这是一种平衡生长,即各细胞组分是按恰当的比例增长时,则达到一定程度后就会繁殖,从而引起个体数目的增加。这时,原有的个体已经发展成一个群体。随着群体中各个个体的进一步生长,就引起了这一群体的生长,这能以其重量、体积、密度或浓度作指标来衡量。所以:

个体生长→个体繁殖→群体生长

群体生长 = 个体生长 + 个体繁殖

除了特定的目的以外,在微生物的研究和应用中,只有群体的生长才有实际意义,因此,在微生物学中提到的"生长",均指群体生长。这一点与研究大生物时有所不同。

既然生长意味着原生质含量的增加,所以测定生长的方法也都直接或间接地以此为根据,而测定繁殖则都要建立在计数这一基础上。

5.1.2 微生物生长的测定方法

1)测生长量法

测定生长量的方法很多,适用于一切微生物。

(1)直接法

①测体积:测体积是一种很粗放的方法,用于初步比较用。例如把待测培养液放在刻度离心管中作自然沉降或进行一定时间的离心,然后观察其体积等。

②称干重:可用离心法或过滤法测定,一般干重为湿重的10%~20%。在离心法中,将待测培养液放入离心管中,用清水离心洗涤1~5次后,进行干燥。干燥温度可采用105 ℃、100 ℃或红外线烘干,也可在较低的温度(80 ℃或40 ℃)下进行真空干燥,然后称干重。

另一种方法为过滤法。丝状真菌可用滤纸过滤,而细菌则可用醋酸纤维膜等滤膜进行过滤。过滤后,细胞可用少量水洗涤,然后在40 ℃下真空干燥,称干重。

(2)间接法

①比浊法:微生物培养物在其生长过程中,由于原生质含量的增加,会引起培养物混浊度的增高。

可用分光光度计测定其吸光度。在可见光的450~650 nm波段内均可测定。为了对某一培养物内的菌体生长作定时跟踪,可采用不必取样的侧臂三角烧瓶来进行。测定时,只要把瓶内的培养液倒入侧臂管中,然后将此管插入特制的光电比色计比色座孔中,即可随时测出生长情况,而不必取用菌液。

②生理指标法:

a.测含氮量:大多数细菌的含氮量为其干重的12.5%,酵母菌为7.5%,霉菌为6.0%。测定微生物细胞的含氮量再乘以6.25,即可测得其粗蛋白的含量(因其中包括了杂环氮和氧化型氮)。

b.其他:细胞含碳量及磷、DNA、RNA、ATP、DAP(二氨基庚二酸)和N-乙酰胞壁酸等的含量,以及产酸、产气、产 CO_2(用标记葡萄糖作基质)、耗氧、黏度和产热等指标,都可用于生长量的测定。

2)计数法

与测定生长量不同,对繁殖来说,一定要计算微生物的个体数目,所以计繁殖数只适宜于单细胞状态的微生物或丝状微生物所产生的孢子。

(1)直接法

直接法就是指在显微镜下直接观察细胞并进行计数的方法,所得的结果是包括死细胞在内的总菌数。

①比例计数法:将已知颗粒(如霉菌孢子或红细胞等)浓度的液体与一待测细胞浓度的菌液按一定比例均匀混合,在显微镜视野中数出各自的数目,然后求出未知菌液中的细

胞浓度。

②血球计数板法：血球计数板法是用来测定一定容积中的细胞总数目的常规方法。具体方法详见实训5.1。

（2）间接法

常用的活菌计数法是根据活细胞生长繁殖会使液体培养基混浊，或在平板培养基表面形成菌落的原理而设计的方法。

①液体稀释法：对未知菌样作连续的10倍系列稀释。根据估计数，从最适宜的3个连续的10倍稀释液中各取5 mL试样，接种到3组共15支装有培养液的试管中（每管接入1 mL）。经培养后，记录每个稀释度出现生长的试管数，然后查MPN(most probable number，最大可能数量)表，再根据样品的稀释倍数就可计算出其中的活菌含量。

②平板菌落计数法：平板菌落法是一种最常用的活菌计数法。取一定体积的稀释菌液与合适的固体培养基在其凝固前均匀混合，或涂布于已凝固的固体培养基平板上。经保温培养后，从平板上（内）出现的菌落数乘上菌液的稀释度，即可计算出原菌液的含菌数。在一个9 cm直径的培养皿平板上，一般以出现30～300个菌落为宜。

任务5.2　微生物的生长规律

当人们把少量纯种单细胞微生物接种到恒容积的液体培养基中后，在适宜的温度、通气（厌氧菌则不能通气）等条件下，它们的群体就会有规律地生长起来。如果以细胞数目的对数值为纵坐标，以培养时间为横坐标，就可以画出一条有规律的曲线，这就是微生物的典型生长曲线(growth curve)。一般可把典型生长曲线粗分为延滞期、指数期、稳定期和衰亡期4个时期（图5.1）。

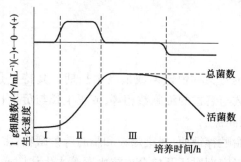

图5.1　典型生长曲线

Ⅰ—延滞期；Ⅱ—指数期；Ⅲ—稳定期；Ⅳ—衰亡期

5.2.1　延滞期

延滞期(lag phase)又称停滞期、调整期或适应期。指少量微生物接种到新培养液中后，在开始培养的一段时间内细胞数目不增加的时期。该时期有4个特点：

①生长速率常数等于零。

②细胞形态变大或增长:许多杆菌可长成长丝状。

③细胞内 RNA 尤其是 rRNA 含量增高,原生质呈嗜碱性。

④合成代谢活跃,核糖体、酶类和 ATP 的合成加快,易产生诱导酶。

⑤对外界不良条件例如 NaCl 溶液浓度、温度和抗生素等化学药物的反应敏感。

影响延滞期长短的因素很多,除菌种外,主要还有接种龄、接种量和培养基成分。

延滞期的出现,可能是因为在接种到新鲜培养液的细胞中,一时还缺乏分解或催化有关底物的酶,或是缺乏充足的中间代谢物。为产生诱导酶或合成有关的中间代谢物,就需要有一段适应期,于是出现了生长的延滞期。

5.2.2　指数期

指数期(exponential phase)又称对数期(logarithmic phase),是指在生长曲线中,紧接着延滞期的一个细胞以几何级数速度分裂的一段时期。

指数期有以下 3 个特点:

①生长速率常数 R 最大,因而细胞每分裂一次所需的代时 G(增代时间,generation time)或原生质增加一倍所需的倍增时间(doubling time)最短。

②细胞进行平衡生长,菌体内各种成分最为均匀。

③酶系活跃,代谢旺盛。

影响指数期微生物增代时间的因素很多,主要有菌种、营养成分、营养物浓度和培养温度。

指数期的微生物因其整个群体的生理特性较一致、细胞成分平衡发展和生长速率恒定,故可作为代谢、生理等研究的良好材料,是增殖噬菌体的最适宿主菌龄,也是发酵生产中用作"种子"的最佳种龄。

5.2.3　稳定期

稳定期(stationary phase)又称恒定期或最高生长期。其特点是生长速率常数 R 等于零,即处于新繁殖的细胞数与衰亡的细胞数相等,或正生长与负生长相等的动态平衡之中。这时的菌体产量达到了最高点。

在稳定期时,细胞开始贮存糖原、异染颗粒和脂肪等贮藏物;多数芽孢杆菌在这时开始形成芽孢;有的微生物在稳定期时还开始合成抗生素等次生代谢产物。

稳定期到来的原因主要是:

①营养物尤其是生长限制因子的耗尽。

②营养物的比例失调,例如 C/N 比值不合适等。

③酸、醇、毒素或 H_2O_2 等有害代谢产物的累积。

④pH、氧化还原势等物化条件越来越不适宜等。

稳定期是以生产菌体或与菌体生长相平行的代谢产物,例如单细胞蛋白、乳酸等为目的的一些发酵生产的最佳收获期,也是对某些生长因子例如维生素和氨基酸等进行生物测定的必要前提。此外,对稳定期到来的原因进行研究,还促进了连续培养技术的设计和研究。

5.2.4　衰亡期

在衰亡期(decline phase 或 death phase)中,个体死亡的速度超过新生的速度,因此,整个群体就呈现出负生长(R 为负值)。这时,细胞形态多样,例如会产生很多膨大、不规则的退化形态;有的微生物因蛋白水解酶活力的增强就发生自溶(autolysis);有的微生物在这时产生或释放对人类有用的抗生素等次生代谢产物;在芽孢杆菌中,芽孢释放往往也发生在这一时期。

产生衰亡期的原因主要是外界环境对继续生长越来越不利,从而引起细胞内的分解代谢大大超过合成代谢,继而导致大量菌体死亡。

任务 5.3　影响微生物生长的因素

影响微生物生长的外界因素很多,除营养条件外,还有许多物理因素、化学因素和生物因素会影响微生物的生长。在这里,仅讨论其中最主要的温度、pH 和氧气等。

5.3.1　温度

由于微生物的生命活动是由一系列生物化学反应组成的,而这些反应受温度的影响极为明显,因此,温度是影响微生物生长的最重要的因素之一。

任何微生物都有最低生长温度、最适生长温度和最高生长温度这 3 个重要指标,这就是生长温度的三基点。

最适生长温度有时也简称为"最适温度",其意义是菌体分裂代时最短或生长速率最高时的培养温度。但是,对同一微生物来说,其不同的生理生化过程有着不同的最适温度,也就是说,最适生长温度并不等于生长量最高时的培养温度,也不等于发酵速度最高时的培养温度或累积代谢产物量最高时的培养温度。

对不同生理、代谢过程各有其相应最适温度的研究,有着重要的实践意义。

5.3.2　氧气

按照微生物与氧的关系,可把它们分成好氧菌(aerobe)和厌氧菌(anaerobe)两个大类,并继续细分为 5 类。

(1)专性好氧菌

专性好氧菌(strict aerobe)在正常大气压(0.2 MPa)下进行好氧呼吸产能,有完整的呼吸链,以分子氧作为最终氢受体,细胞含超氧化物歧化酶(superoxide dismutase,SOD)和过氧化氢酶。绝大多数真菌和许多细菌都是专性好氧菌。

微生物与氧的关系 {
  好氧菌 {
    专性好氧菌：在正常大气压(0.2 MPa)下进行好氧呼吸产能
    兼性厌氧菌 {
      以呼吸为主，兼营发酵产能
      以呼吸为主，兼营厌氧呼吸产能
    }
    微好氧菌：只能在0.01~0.03 MPa的大气压下生活
  }
  厌氧菌 {
    耐氧菌：只能以发酵产能，但分子氧无毒害
    (专性)厌氧菌：只能生活在无氧或基本无氧条件下，分子氧剧毒
  }
}

(2)兼性厌氧菌

兼性厌氧菌(facultative aerobe)在有氧或无氧条件下均能生长，但有氧情况下生长得更好；在有氧时靠呼吸产能，无氧时借发酵或无氧呼吸产能；细胞含 SOD 和过氧化氢酶。许多酵母菌和许多细菌都是兼性厌氧菌。

(3)微好氧菌

微好氧菌(microaerophilic bacteria)只能在较低的氧分压(0.01~0.03 MPa，而正常大气中的氧分压为 0.2 MPa)下才能正常生长的微生物，也通过呼吸链并以氧为最终氢受体而产能。

(4)耐氧菌

耐氧菌(aerotolerant anaerobe)一类可在分子氧存在下进行厌氧生活的厌氧菌，即它们的生长不需要氧，分子氧对它也无毒害。它们不具有呼吸链，仅依靠专性发酵获得能量。细胞内存在 SOD 和过氧化物酶，但缺乏过氧化氢酶。一般的乳酸菌多数是耐氧菌。

(5)厌氧菌

厌氧菌(anaerobe)有以下几个特点：分子氧对它们有毒，即使短期接触空气，也会抑制其生长甚至致死；在空气或含 10% CO_2 的空气中，它们在固体或半固体培养基的表面上不能生长，只有在其深层的无氧或低氧化还原势的环境下才能生长；其生命活动所需能量是通过发酵、无氧呼吸、循环光合磷酸化或甲烷发酵等提供；细胞内缺乏 SOD 和细胞色素氧化酶，大多数还缺乏过氧化氢酶。常见的厌氧菌有梭菌属(*Clostridium*)、拟杆菌属(*Bacteroides*)、梭杆菌属(*Fusobacterium*)、双歧杆菌属(*Bifidobacterium*)、优杆菌属(*Eubacterium*)、消化球菌属(*Peptococcus*)、丁酸弧菌属(*Butyrivibrio*)、脱硫弧菌属(*Desulfovibrio*)、韦荣氏球菌属(*Veillonella*)以及各种光合细菌和产甲烷菌等。其中产甲烷菌的绝大多数种都是极端厌氧菌。

5.3.3　pH 值

微生物生长过程中机体内发生的绝大多数的反应是酶促反应，而酶促反应都有一个最适 pH 范围，在此范围内只要条件适合，酶促反应速率最高，微生物生长速度最大，因此微生物生长也有一个最适 pH 范围。此外微生物还有一个最低与最高 pH 范围，低于或高出这个范围，微生物的生长就被抑制，不同微生物生长能够耐受的 pH 范围也不同。一般细菌：pH 3~10;酵母菌：pH 2~8;霉菌：pH 1~8。

pH 主要是通过影响细胞质膜的透性、膜结构的稳定性和物质的溶解性或电离性来影响营养物质的吸收，从而影响微生物的生长速率。

5.3.4 其他

1)重金属盐类

重金属盐类对微生物都有毒害作用,其机理是金属离子容易和微生物的蛋白质结合而发生变性或沉淀。汞、银、砷的离子对微生物的亲和力较大,能与微生物酶蛋白的-SH 基结合,影响其正常代谢。汞化合物是常用的杀菌剂,杀菌效果好,用于医药业中。重金属盐类虽然杀菌效果好,但对人有毒害作用,所以严禁用于食品工业中防腐或消毒。

2)有机化合物

微生物正常生长所需的营养成分主要包括碳源、氮源、无机盐、水分等。但一些有机化合物(如酚类、醇类、醛类等)能够起到破坏细胞膜及使蛋白质变性的作用,通常作为常用的杀菌剂。

3)生物因素

影响微生物生长的因素除了常见的理化因素外,一些生物方面因素也会对微生物的生长造成一定影响。如一些真菌在其生长过程中产生的抗生素(如青霉素),会对其他微生物(如细菌)的生长繁殖产生抑制或杀灭作用。此外,噬菌体的存在也会对微生物生长造成影响,噬菌体侵染宿主微生物细胞,引起宿主细胞死亡。所以,在发酵工业生产中,对噬菌体的防治尤为重要。

任务5.4 有害微生物的控制

5.4.1 灭菌、消毒、防腐与无菌的概念

1)灭菌

灭菌是指用物理或化学因子,使存在于物体中的所有微生物,永久性地丧失其生活力,包括最耐热的细菌芽孢。这是一种彻底的杀菌方式。

2)消毒

消毒是指杀死或消除所有病原微生物的措施,可以达到阻止传染病传播的目的。如巴氏消毒,皮肤表面消毒等。

3)防腐

防腐是一种抑菌作用。利用某些理化因子,使物体内外的微生物暂时处于不生长、繁殖但又未死亡的状态。这是一种防止食品腐败和其他物质霉变的技术措施。如低温、缺氧、干燥、高渗、盐腌、糖渍、防腐剂等。

4)无菌

无菌是指无活的微生物存在,指一切有生命活动的微生物的营养细胞及其芽孢或孢子都不存在。

5.4.2 有害微生物控制的常用方法

1)高温杀菌

高温的致死作用,主要是由于它使微生物的蛋白质和核酸等重要生物大分子发生变性、破坏,例如它可使核酸发生脱氨、脱嘌呤或降解,以及破坏细胞膜上的类脂成分等。湿热灭菌要比干热灭菌更有效,一方面是由于湿热易于传递热量,另一方面是由于湿热更易破坏保持蛋白质稳定性的氢键等结构,从而加速其变性。

（1）干热灭菌法

①火焰灼烧法:常用于接种工具和污染物品的灭菌。

②干热灭菌法:将金属制品或清洁玻璃器皿放入干燥箱内,利用热空气在 160～180 ℃维持 1～2 h 后,即可达到灭菌的目的。

（2）湿热灭菌法

①煮沸消毒法:物品在水中 100 ℃煮沸 15 min 以上,可杀死细菌的营养细胞和部分芽孢。

②巴氏消毒法:常用于牛奶、啤酒、果酒和酱油等不能进行高温灭菌的液体的一种消毒方法,其主要目的是杀死其中无芽孢的病原菌(如牛奶中的结核杆菌或沙门氏菌),而又不影响它们的风味。巴氏消毒法是一种低温消毒法,一般在 60～85 ℃下处理 15～30 min。

③间歇灭菌法:适用于不耐热培养基的灭菌。方法是:将待灭菌的培养基在 80～100 ℃下蒸煮加热 30 min,以杀死其中所有微生物的营养细胞,然后置室温或 37 ℃下保温过夜,诱导残留的芽孢发芽,第二天再以同法加热和保温过夜,如此连续重复 3 d,即可在较低温度下达到彻底灭菌的效果。

④高压蒸汽灭菌法:这是一种应用最为广泛的灭菌方法。高压蒸汽灭菌是在高压蒸汽灭菌锅内进行的,锅内蒸汽压力升高时,温度升高。一般采用 9.8×10^4 Pa 的压力,121.1 ℃处理 15～30 min,也有采用较低温度(115 ℃)下维持 30 min 左右,可达到杀菌目的。实验室常用于培养基、各种缓冲液、玻璃器皿及工作服等灭菌。

2)化学杀菌剂或抑菌剂

能够抑制或杀灭微生物的化学因素种类很多,用途广泛、性质各异。几类常用化学消毒剂的杀菌效果见表 5.1。

表5.1 几类常用化学消毒剂对微生物的杀菌效果

消毒剂	细菌和真菌营养体	结核分枝杆菌	细菌芽孢	病　毒
卤素(I_2,Cl_2)	＋＋＋	＋＋	＋	＋＋
酚类	＋＋＋	＋＋	－	＋＋

消毒剂	细菌和真菌营养体	结核分枝杆菌	细菌芽孢	病　毒
去污剂	＋＋＋	±	－	＋＋
70%乙醇	＋＋＋	＋＋＋	－	＋＋
甲醛	＋＋＋＋	＋＋＋＋	＋＋＋	＋＋＋

注：＋表示杀菌效果差；＋＋表示杀菌效果一般；＋＋＋表示杀菌效果较好；＋＋＋＋表示杀菌效果非常好；－表示
　不具备杀菌消毒能力；±表示杀菌效果不明显。

（1）表面消毒剂

表面消毒剂是指对一切活细胞都有毒性，不能用作活细胞内的化学治疗用的化学试剂。它们的种类很多，一些重要的表面消毒剂及其作用机制和应用见表5.2。

表5.2　若干重要表面消毒剂及其应用

类型	名称及使用浓度	作用机制	应用范围
重金属盐类	0.05%~0.1%升汞	与蛋白质的巯基结合使失活	非金属物品,器皿
	2%红汞	与蛋白质的巯基结合使失活	皮肤、黏膜,小伤口
	0.01%~0.1%硫柳汞	与蛋白质的巯基结合使失活	皮肤、手术部位,生物制品防腐
	0.1%~1% AgNO$_3$	沉淀蛋白质使其变性	皮肤,滴新生儿眼睛
	0.1%~0.5% CuSO$_4$	与蛋白质的巯基结合	杀植病真菌与藻类
酚类	3%~5%石炭酸	蛋白质变性,损伤细胞膜	地面,家具,器皿
	2%来苏尔	蛋白质变性,损伤细胞膜	皮肤
	3%~5%来苏尔	蛋白质变性,损伤细胞膜	桌面、用具、器皿
醇类	70%~75%乙醇	蛋白质变性,损伤细胞膜,脱水等	皮肤,器械
酸类	5%~10%醋酸/m^3	破坏细胞膜和蛋白质	房间消毒
醛类	0.5%~10%甲醛	破坏蛋白质氢键及氨基	物品消毒,接种箱、接种室的熏蒸
	2%戊二醛	破坏蛋白质氢键及氨基	精密仪器等消毒
气体	600 mg/L环氧乙烷	有机物烷化,酶失活	手术器械,毛皮,食品,药物
氧化剂	0.1% KMnO$_4$	氧化蛋白质的活性基团	皮肤、尿道、水果、蔬菜
	3% H$_2$O$_2$	氧化蛋白质的活性基团	污染物件的表面
	0.2%~0.5%过氧乙酸	氧化蛋白质的活性基团	皮肤,塑料,玻璃,人造纤维

续表

类型	名称及使用浓度	作用机制	应用范围
卤素及化合物	0.2～0.5 mg/L 氯气	破坏细胞膜、酶、蛋白质	饮水,游泳池水
	10%～20%漂白粉	破坏细胞膜、酶、蛋白质	地面,厕所
	0.5%～1%漂白粉	破坏细胞膜、酶、蛋白质	饮水,空气(喷雾),体表
	0.2%～0.5%氯胺	破坏细胞膜、酶、蛋白质	室内空气,表面消毒
	4 mg/L 二氯异氰尿酸钠	破坏细胞膜、酶、蛋白质	饮水
	3%二氯异氰尿酸钠	破坏细胞膜、酶、蛋白质	空气(喷雾),排泄物,分泌物
	2.5%碘酒	酪氨酸卤化,酶失活	皮肤
表面活性剂	0.05%～0.1%"新洁尔灭"	蛋白质变性,破坏细胞膜	皮肤黏膜,手术器械
	0.05%～0.1%"杜米芬"	蛋白质变性,破坏细胞膜	皮肤,金属,棉织品,塑料
染料	2%～4%龙胆紫	与蛋白质的羧基结合	皮肤,伤口

（2）抗生素

抗生素在很低浓度时就能抑制或影响其他生物的生命活动,因而可用作优良的抑菌和杀菌剂。

抗生素的种类很多,其作用机制各异。作用机制分为:

①抑制细胞壁的合成,如青霉素、杆菌肽和环丝氨酸等。

②影响细胞膜的功能,如多粘菌素、短杆菌素和制霉菌素、两性霉素等。

③干扰蛋白质的合成,如卡那霉素、链霉素、红霉素、林可霉素等。

④阻碍核酸的合成,如丝裂霉素、博来霉素等。

任务5.5　微生物的遗传变异和育种

5.5.1　微生物的遗传变异

遗传(heredity 或 inheritance)和变异(variation)是生物体本质的属性之一。

遗传是生物的上一代将自己的遗传因子传递给下一代的行为或功能,具有极其稳定的特性。

变异是生物体由某种外因或内因作用引起的遗传物质结构改变,变异在群体中以极低概率(一般为 10^{-5}～10^{-10})出现;性状变化幅度大;变化后的新性状是稳定的,且是可遗传的。

5.5.2　微生物的菌种选育

变异是由遗传物质结构的改变所引起的,根据这些基本知识,可以人为地改变遗传物质 DNA 的结构,以改变微生物的遗传特性,达到改造和选育菌种的目的。

1)自然选育

自然选育是微生物菌种选育的手段之一,也是菌种选育的经典方法。它是利用微生物在一定条件下产生自发变异,通过分离、筛选,排除劣质性状的菌株,选择出维持原有生产水平或具有更优良生产性能的高产菌株。因此,通过自然选育可达到纯化与复壮菌种、保持稳定生产性能的目的。但在自发突变中正变率很低,选出更高产菌株的概率一般来说也很低。

自然选育的原理是把微生物群体分离。其方法比较简单,尤其是单细胞细菌和产孢子的微生物,只需将它们制备成悬液,选择合适的稀释度,就能达到分离目的。而那些不产孢子的多细胞微生物(许多是异核的),则需要用原生质体再生法进行分离纯化。自然选育的步骤有:采样、增殖培养、培养分离和筛选。如果产物与食品制造有关,还需要对菌种进行毒性鉴定。

2)诱变育种

诱发突变是指人为地用物理、化学、生物的方法处理微生物,使其遗传物质发生变异,从而达到改变其表型的目的。诱变育种是指人为地、有意识地将对象生物置于诱变因子中,使该生物体发生突变,从这些突变体中筛选具有优良性状的突变株的过程。与自然选育相比,由于采用了诱变剂处理,大大提高了菌种发生突变的频率和变异幅度。加快了菌种选育的速度,提高了获得优良菌株的概率。

诱变育种的步骤主要有:出发菌株的选择、同步培养、单细胞(或单孢子)悬液的制备、诱变处理、中间培养、分离和筛选。

5.5.3　微生物菌种的衰退、复壮和保藏

在微生物工作中,选育一株优良菌种实非易事,然而,如因使用不当,保藏不善,优良菌种很容易衰退。因此,需要做好菌种的复壮和保藏工作。

1)微生物菌种的衰退和复壮

在生物进化的历史长河中,遗传性的变异是绝对的,而它的稳定性是相对的;退化性的变异是大量的,而进化性的变异却是个别的。在人为条件下,人们可以通过人工选择法有意识地筛选出个别的正突变体用于生产实践中。相反,如不进行人工选择,大量的自发突变菌株就会趁机泛滥,最后导致菌种的衰退(degeneration)。在长期接触菌种的实际工作人员中,都有这样的体会,即如果对菌种工作长期放任自流,不搞纯化、复壮和育种,则在生产上就会出现持续的低产、不稳产。这说明菌种的生产性状也是不进则退的。

菌种的衰退是发生在细胞群体中的一个由量变到质变演变过程。开始时,在一个大群体中仅个别细胞发生负突变,这时如不及时发现并采取有效措施,而一味地移种传代,则群

体中这种负变个体的比例逐步增大,最后它们占了优势,从而使整个群体表现出严重的衰退。所以,在开始时所谓"纯"的菌株,实际上其中已包含着一定程度的不纯因素;同样,到了后来,整个菌种虽已"衰退"了,但也是不纯的,即其中还有少数尚未衰退的个体存在着。在了解菌种衰退的实质后,就能找出防止菌种衰退和进行菌种复壮的方法了。

狭义的复壮仅是一种消极的措施,其是指在菌种已发生衰退的情况下,通过纯种分离和测定生产性能等方法,从衰退的群体中找出少数尚未衰退的个体,以达到恢复该菌原有典型性状的一种措施;而广义的复壮则是一项积极的措施,即在菌种的生产性能尚未衰退前就经常有意识地进行纯种分离和生产性能的测定工作,以期菌种的生产性能逐步有所提高。所以,这实际上是一种利用自发突变(正突变)不断从生产中进行选种的工作。

(1)菌种衰退的表现

①最易察觉的表现是菌落和细胞形态的改变,如苏云金芽孢杆菌的芽孢和伴孢晶体变得小而少等。

②表现为生长速度缓慢,产孢子越来越少,发酵力降低,如"5406"放线菌在平板培养基上的菌苔变薄,生长缓慢,不再产生典型而丰富的橘红色分生孢子层。

③表现为代谢产物生产能力或对其寄主寄生能力的下降,如赤霉素生产菌种产赤霉素能力的下降等。

④表现为抵抗不良环境条件能力减弱。

(2)菌种退化原因

①基因突变:基因突变的结果会导致菌种DNA的损伤,从而造成其遗传性状的改变。若是负突变则直接导致菌种退化;正突变则可能获得高产量突变菌株,而一旦发生回复突变或新的负突变则会失去高产能力并导致菌种的退化。

②多次传代:菌种传代的次数越多,变异的频率就越高。通常退化性的变异是大量的,而进化性的变异是个别的。当群体中负突变的个体比例逐步增高并占据优势时,整个群体便会表现为退化。

③环境改变:环境条件通常是指培养基成分、温度、湿度、pH值和通气条件等,它们对菌种的生长和代谢能力影响较大。环境条件所诱发的生理变化随着逐代积累也可成为可遗传的,此即培养条件下自然选择的结果。

(3)防止菌种退化的措施

用一定的方法和手段使已退化菌种恢复原有性状与生产能力的过程称为菌种的复壮。稳定和保持菌种的优良性状,防止菌种退化的主要措施如下:

①分离纯化:菌种的退化过程是一个从量变到质变的过程。群体发生退化时,其中还有未退化的个体存在,它们往往是经过环境选择更具有生命力的部分。采取单细胞纯种分离或平板分离等方法可以获得未退化的个体。

②控制传代次数:为防止菌种多次传代导致退化,在生产实践中,经过分离纯化与生产性能测定的菌种第一代应采用良好的方法保藏,尽量多保藏第一代菌种,控制菌种的传代次数。

③提供良好的培养条件:即按菌种的需要改变培养基成分,寻找有利于菌种培养和提高其生产能力的条件等防止菌种退化。

④选用有效的保藏方法:在生产中,常需要根据菌种的类型采用有效的保藏方法,从而尽量避免菌种的退化。

⑤合理的选种育种:防止菌种退化最好的方法是在菌种形态特征与生产性能尚未退化前,经常有意识地进行菌种的分离纯化和生产性能测定工作,从生产中不断选种,以保持或提高菌种的生产性能。

(4)菌种复壮操作技术

①菌悬液的制备:用无菌生理盐水或缓冲液将斜面菌体或孢子洗下制成菌悬液,经一定浓度稀释后在平板上进行菌落计数。

②平板分离:根据计数结果,定量稀释后制成菌浓度为 50~200 个/mL 的菌悬液,取 1 mL 注入平皿,再倒入适量培养基,摇匀,制成混菌平板,培养后长出分离的单菌落。

③纯培养:选取分离培养后长出的各型单菌落,接种斜面后培养。

④初筛:将成熟的斜面菌种对应接入发酵瓶,摇床发酵一段时间后测定各菌落生产性能。

⑤复筛:挑选初筛中高单位菌株的 5%~20% 进行摇瓶复试。最好使用母瓶与发酵瓶二级发酵,重复 3~5 次后分析确定产量水平。初、复筛都需同时以正常生产菌种作对照,复筛出的菌株产量应比对照菌株提高 5% 以上,并经糖、氮代谢检验,合格后在生产罐上试验。

⑥菌种保藏:将复筛后得到的高单位菌株制成沙土管、冷冻管或用其他方法保藏。

2)菌种的保藏

菌种是一个国家所拥有的重要生物资源,菌种保藏(preservation)是一项重要的微生物学基础工作。菌种保藏机构的任务是在广泛收集实验室和生产中使用的菌种、菌株(包括病毒株甚至动、植物细胞株和质粒等)的基础上,将它们妥善保藏,使之不死、不衰以及便于研究、交换和使用。为此,在国际上一些工业较发达的国家中都设有相应的菌种保藏机构。例如:中国微生物菌种保藏委员会(CCCCM),美国典型菌种保藏中心(ATCC),美国的"北部地区研究实验室"(NRRL),荷兰的霉菌中心保藏所(CBS),英国的国家典型菌种保藏所(NCTC),苏联的全苏微生物保藏所(UCM)以及日本的大阪发酵研究所(IFO)等都是有关国家有代表性的菌种保藏机构。

菌种保藏的具体方法很多,原理却大同小异。首先要挑选典型菌种(type culture)的优良纯种,最好采用它们的休眠体(如孢子、芽孢等);其次,还要创造一个适合其长期休眠的环境条件,如干燥、低温、缺氧、避光、缺乏营养以及添加保护剂或酸度中和剂等。

(1)菌种保藏的目的

菌种是微生物学工作的重要研究对象和材料,也是工农业生产的宝贵资源,微生物菌种的使用、保存与管理是微生物实验室的一项重要工作。菌种是活的微生物,在菌种的使用保藏过程中需定期传代,并防止变异,所以说菌种保藏和传代是微生物检验工作中的一项重要技术。不然,因菌种管理不善,将会给实验结果带来很大的差异,给生产带来重大影响。

因此应采取相应的措施保持菌种存活率与优良遗传性状、防止菌种退化与污染或使已经退化的菌种恢复原有的性状。菌种保藏的目的就是为了防止优良遗传性状的丧失和菌

种的死亡。

（2）菌种保藏的原理

菌种保藏主要是根据微生物的生理、生化特性，人工创造条件使微生物代谢活动处于不活泼状态。利用微生物的孢子、芽孢及营养体，给以不适合其萌发、生长、繁殖的条件（即低温、干燥、缺氧、缺营养物）来保藏菌种。

水分对生物反应和一切生命活动至关重要。因此，干燥尤其是深度干燥，在菌种保藏中占有首要地位就不言而喻了。此外，高度真空干燥可以达到驱氧和深度干燥的双重目的。

除水分外，低温是菌种保藏中的另一重要条件。微生物生长的温度低限约在 -30 ℃。可是在水溶液中能进行酶促反应的温度低限则在 -140 ℃左右。这就是为什么在有水分的条件下，即使把微生物保藏在较低的温度下，还是难以较长期地保藏它们的一个主要原因。在低温保藏中，细胞体积较大者一般要比较小者对低温更为敏感，而且无细胞壁者则比有细胞壁者敏感。其原因是在低温下会使细胞内的水分形成冰晶，从而引起细胞结构尤其是细胞膜的损伤。如果放到低温下进行冷冻时，适当采用速冻的方法，可因产生的冰晶小而减少对细胞的损伤。当从低温下移出并开始升温时，冰晶又会长大，故快速升温也可减少对细胞的损伤。

当然，不同微生物的最适冷冻速度和升温速度也是不同的。如酵母菌的冷冻速度以 10 ℃/min 为宜。

（3）菌种保藏的方法

菌种保藏的方法很多。但任何一种方法都要求既能长期地保藏原有菌种的存活率、优良性状和纯度，同时又经济简便。一般每种菌株至少应采用两种不同的保藏方法，其中之一应为真空冷冻干燥保藏或液氮保藏（减少遗传变异的最好方法）。在实际工作中要根据菌种本身的特性与具体条件而定。

①斜面保藏法：将各类微生物菌种接种在不同成分的斜面培养基上，待菌种生长丰满后置 4 ℃左右冰箱中保藏，每隔一定时间进行移植新鲜斜面后继续保藏，如此连续不断。此法保藏简单，存菌率高，具有一定的保藏效果，所以许多生产单位和研究机构对经常使用的微生物多采用此法保藏。其保藏期为 3 ~ 6 个月。

②干燥载体保藏法：其是指把菌种接种到如土壤、细沙、硅胶、滤纸片、麸皮等适当载体上后于干燥条件下进行保藏的方法。主要适合于细菌芽孢和霉菌孢子以及放线菌孢子。细菌芽孢用沙土管保藏，孢子多用麸皮管保藏法，分别可保藏 1 ~ 10 年和 6 ~ 12 个月。

③真空冷冻干燥保藏法：真空冷冻干燥保藏法具备低温、干燥、真空 3 个保藏菌种的条件，存活率高，变异率低。保藏时间可长达 5 ~ 15 年。但过程比较麻烦，需要一定设备。由于这是在较低的温度下使菌液呈冻结状态，并进行减压使水分升华而干燥。微生物在这种条件下易于死亡，故需加入牛奶、血清等物质作保护剂。

④液氮保藏法：液氮保藏法的具体方法是把细胞悬浮于一定的分散剂中或把在琼脂培养基上培养好的菌种直接进行液体冷冻，然后移至液氮（ -196 ℃）或其蒸气相（ -156 ℃）中进行保藏。液氮保藏现已成为工业微生物菌种保藏的最好方法，保藏时间可达 20 年以上。

⑤矿物油保存法：此法适用于不产生芽孢的细菌、酵母菌和霉菌。菌种在琼脂斜面上

或在半固体琼脂试管中生长后,在试管中再加入无菌液体石蜡,使其覆盖在培养基上面,这样就使菌种和培养基与外界空气隔绝,并可防止培养基水分蒸发,管口可用固体石蜡封口,放置低温保存,至少可以保存1~2年。

⑥纯种制曲法:这是根据我国传统的制曲经验改进以后的方法。此法适宜保藏产生大量孢子的各种霉菌和某些放线菌,保藏时间可长达1至数年。

⑦活体保藏法:适用于难以用常规方法保藏的动植物病原菌及病毒。

在国际著名的美国 ATCC 中,目前已改为仅采用两种最有效的方法,即保藏期一般达5~15年的真空冷冻干燥保藏法和保藏期一般达20年以上的液氮保藏法,以达到最大限度地减少传代次数和避免菌种衰退的目的,如图5.2所示。

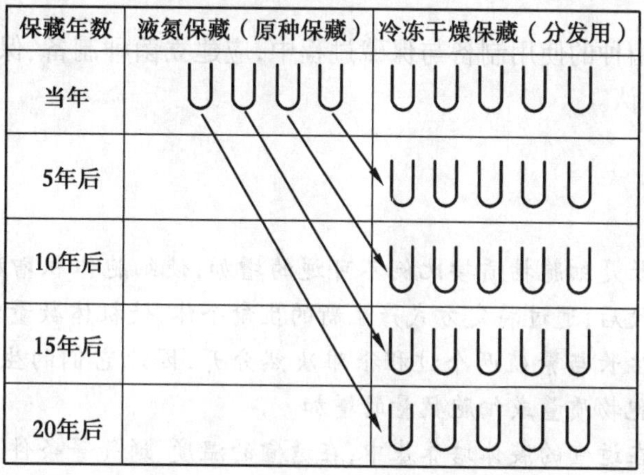

图5.2　ATCC 采用两种保存方法的示意图

当菌种保藏单位收到合适菌种时,先将原种制成若干液氮保藏管作为保藏菌种,然后再制一批冷冻干燥保藏菌种作为分发用。5年后,假定第一代(原种)的冷冻干燥保藏菌种已分发完毕,就再打开一瓶液氮保藏原种,这样下去,至少在20年内,凡获得该菌种的用户,至多只是原种的第二代,可以保证所保藏和分发菌种的原有性状。

(4)菌种保藏标签的规范与要求

菌种保藏标签必须规范、清晰,所有保藏的菌种容器表面均应贴有相应的标签,容器表面的标签或标记必须字迹清晰可见,不得模糊不清或因潮湿或其他原因而致模糊或损坏。标签上应注明:菌种的名称,系列号(如 CMCC 号或 ATCC 号),传代的次数,接种时间等。需要指出的是,一旦新一代菌种制备成功,务必要将上一代菌种处理掉。处理过程应记录下来并存档。

(5)菌种处理的注意事项与有关记录

菌种是特殊的标准品,在一定条件下,许多种类都是病原菌,如金黄色葡萄球菌、大肠杆菌等,这就要求处理菌种时有一些有别于其他标准品的特殊要求。一般的要求是以下5点:

①根据菌株对人和动物的致病力、毒性流行传染的危害程度等把菌种进行分类和分级,设置专门机构,实行严密安全的保藏管理。

②有关裸露菌种的所有操作都应在生物安全柜中进行,并且仅有微生物实验分析人员

和技术人员才能处理活的微生物,所有的与菌种有关联的事情,例如菌种的接收、检查和保藏等都应由专门的微生物分析员处理和控制,并建立进出账目,填写菌种记录。记录内容包括:菌种名称、编号、来源、形态特征、培养特性、生化与血清学鉴定、传代次数、最适培养基和培养条件、保藏方法、储存条件及保藏库址等。

③在操作过程中,必须严格遵守实验室和实验人员防止传染的安全防护措施规程,采取有效预防措施进行自我保护。如工作时必须穿工作服、佩戴无菌手套,实验完成后应消毒实验的区域、实验仪器和器具。

④为了防止菌种污染或将污染传播到别处,其他部门的人员未经允许不得进入微生物实验室。所有的意外情况,如菌种泄漏或人员受伤,都必须立即向主管或上级领导报告以便得到及时解决。

⑤相关记录在菌种的使用制备与保藏过程中,应建立菌种制备、保藏和使用的记录格式,供验证时检查确认。

项目小结)))

微生物个体生长是细胞物质按比例不可逆的增加,使细胞体积增加的生物学过程;繁殖是生长到一定阶段后,通过特定方式产生新的生命个体,使机体数量增加的生物学过程。微生物特别是细菌生长与繁殖两个过程很难决然分开,因此它们的生长一般是指群体生长。群体生长是细胞物质量或细胞数量的增加。

单细胞微生物在适宜的液体培养基中,在适宜的温度、通气等条件下培养,微生物群体生长曲线可分为延滞期、指数期、稳定期和衰亡期。

每种微生物的生长都有各自的最适条件、营养物质的种类和浓度、温度、pH、氧等,高于或低于最适要求都会对微生物生长产生影响。利用各种化学物质和物理因素可以对微生物生长、繁殖进行有效的控制,能够在进行对微生物兴利除害方面发挥重要作用。

微生物菌种退化的原因主要有:基因突变;传代次数过多;环境因素影响等。为防止菌种退化,应该经常对微生物菌种进行复壮工作。

复习思考题)))

1.什么是微生物的生长?微生物生长测定方法有哪些?

2.什么是典型生长曲线?其可分几期?各个时期有什么特点?

3.影响微生物生长的主要因素有哪些?

4.试比较灭菌、消毒、防腐的异同。常见的控制微生物方法有哪些,各有何特点?

5.什么是微生物的遗传变异?

6.微生物菌种退化的原因有哪些?如何防止微生物菌种退化?常见微生物保藏方法有哪些?

实训 5.1 微生物细胞的显微镜直接计数

一、实训目的

1. 学习血球计数板计数的原理。
2. 掌握使用血球计数板进行微生物计数的方法。

二、实训原理

显微镜直接计数法适用于各种含单细胞菌体的纯培养悬浮液,如有杂菌或杂质常不易分辨。菌体较大的酵母菌或霉菌孢子可采用血球计数板;一般细菌则采用彼得罗夫·霍泽(Petroff Hausser)细菌计数板。两种计数板的原理和部件相同,只是细菌计数板较薄,可以使用油镜观察。而血球计数板较厚,不能使用油镜,故细菌不易看清。

血球计数板是一块特制的厚载玻片,载玻片上有 4 条槽而构成 3 个平台。中间的平台较宽,其中间又被一短横槽分隔成两半,每个半边上面各有一个方格网(图 5.3)。每个方格网共分 9 大格,其中间的一大格(又称为计数室)常被用作微生物的计数。计数室的刻度有两种:一种是大方格分为 16 个中方格,而每个中方格又分成 25 个小方格(即 16 × 25 型);另一种是一个大方格分成 25 个中方格,而每个中方格又分成 16 个小方格(即 25 × 16 型)。但是不管计数室是哪一种构造,它们都有一个共同特点,即每个大方格都由 400 个小方格组成(图 5.4)。

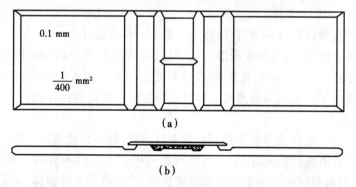

图 5.3 血球计数板的构造

(a)平面图(中间平台分两半,各刻有一个方格网);

(b)侧面图(中间平台与盖玻片之间有高度为 0.1 mm 的间隙)

每个大方格边长为 1 mm,则每一大方格的面积为 1 mm^2,每个小方格的面积为 1/400 mm^2,盖上盖玻片后,盖玻片与计数室底部之间的高度为 0.1 mm,所以每个计数室(大方格)的体积为 0.1 mm^3,每个小方格的体积为(1/4 000)mm^3。使用血球计数板直接

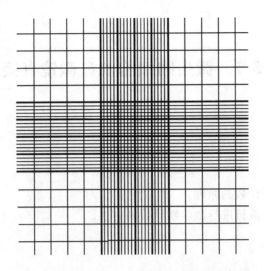

图 5.4 血球计数板计数网的分区和分格

计数时,先要测定每个小方格(或中方格)中微生物的数量,再换算成每毫升菌液(或每克样品)中微生物细胞的数量。

三、实训材料和器皿

酿酒酵母(*Saccharomyces cerevisiae*)菌悬液;

显微镜,血球计数板;盖玻片,吸水纸,尖嘴滴管等。

四、实训方法和步骤

1. 视待测菌悬液浓度,加无菌水适当稀释(斜面一般稀释到 10^{-2}),以每小格的菌数可数为度,一般为 5～10 个菌体。

2. 取洁净的血球计数板一块,在计数室上盖上一块盖玻片。

3. 将酵母菌悬液摇匀,用滴管吸取少许,从计数板中间平台两侧的沟槽内沿盖玻片的下边缘滴入一小滴(不宜过多),使菌悬液沿两玻片间自行渗入计数室,勿使产生气泡,并用吸水纸吸去沟槽中流出的多余菌液。也可以将菌液直接滴加在计数室上,然后加盖盖玻片(勿使产生气泡)。

4. 静置约 5 min,先在低倍镜下找到计数室后,再转换高倍镜观察计数。

5. 使用血球计数板计数时,由于菌体在计数室中处于不同的空间位置,要在不同的焦距下才能看到,因而观察时必须不断调节微调螺旋,才能数到全部菌体,防止遗漏。如菌体位于中格的双线上,计数时则数上线不数下线,数左线不数右线,以减少误差。

6. 凡酵母菌的芽体达到母细胞大小一半时,即可作为两个菌体计算。先要测定每个中方格中微生物的数量,再换算成每毫升菌液(或每克样品)中微生物细胞的数量。每个样品重复数 3 次(每次数值不应相差过大,否则应重新操作),取其平均值。

计数时,如果使用 16×25 格规格的计数室,要按对角线位,取左上、右上、左下、右下 4 个中格(即 100 个小格)的酵母菌数。如果规格为 25×16 格的计数板,除了取其 4 个对角方位外,还需再数中央的一个中格(即 80 个小方格)的酵母菌数。

①16×25 格的血球计数板计算公式:

$$酵母细胞数/mL = \frac{100\text{小格内酵母细胞个数}}{100} \times 400 \times 10^4 \times \text{稀释倍数}$$

②25×16 格的血球计数板计算公式:

$$酵母细胞数/mL = \frac{80\text{小格内酵母细胞个数}}{80} \times 400 \times 10^4 \times \text{稀释倍数}$$

7. 血球计数板用后,在水龙头上用水柱冲洗干净,切勿用硬物洗刷或抹擦,以免损坏网格刻度。洗净后自行晾干或吹风机吹干,放回盒内。

五、实训结果

记录计数结果并计算每毫升酵母菌悬液中的菌数,并将结果填入表 5.3。

表 5.3　每毫升酵母菌液悬液中的菌数

计数次数	各中格中菌数					5 个中格总菌数	稀释倍数	菌数/(个·mL⁻¹)	平均值
	左上	右上	左下	右下	中间				
1									
2									
3									

六、实训注意事项

1. 加酵母菌液时,量不应过多,不能产生气泡。

2. 由于酵母菌菌体无色透明,计数观察时应仔细调节光线。或者用吕氏碱性美蓝染液对酵母菌进行染色。

七、思考题

在显微镜下直接测定微生物数量有什么优缺点?

实训 5.2　微生物细胞的平板菌落计数

一、实训目的

学习平板菌落计数的基本原理和方法。

二、实训原理

平板菌落计数法是将待测样品经稀释后,其中的微生物充分分散成单个细胞,取一定量的稀释样液接种到平板上,经过培养,由每个单细胞生长繁殖而形成肉眼可见的菌落,即一个单菌落应代表原样品中的一个单细胞。统计菌落数,根据其稀释倍数和取样接种量即可换算出样品中的含菌数。但是,由于待测样品往往不易完全分散成单个细胞,所以,长成的一个单菌落也可能来自样品中的 2~3 个或更多个细胞。因此平板菌落计数的结果往往偏低。为了清楚地阐述平板菌落计数的结果,现在已倾向使用菌落形成单位(colony-forming units,CFU)而不以绝对菌落数来表示样品的活菌数量。

平板菌落计数法虽然操作较烦琐,结果需要培养一段时间才能获得,而且测定结果易受多种因素的影响,但是,由于该计数方法的最大优点是可以获得活菌的信息,所以被广泛用于某些成品检定、生物制品检定、土壤含菌量测定及食品、水源的污染程度的检定等。

三、实训材料和器皿

225 mL 和 9 mL 无菌生理盐水、1 mL 和 10 mL 无菌吸管、无菌平板;电子天平、三角瓶、称样瓶、记号笔、恒温培养箱、均质器;待测样品、平板计数琼脂培养基等。

四、实训方法和步骤

1.准确称取待测固体或半固体样品 25 g(液体样品则取 25 mL),置于装有 225 mL 生理盐水的无菌均质杯内,8 000~10 000 r/min 均质 1~2 min,制成 10^{-1} 稀释液。如果是液体样品,则以无菌吸管吸取 25 mL 样品置于盛有 225 mL 生理盐水并放有数颗玻璃珠的无菌三角瓶中,充分混匀,制成 10^{-1} 稀释液。

2.再用 1 mL 无菌吸管,吸取 10^{-1} 稀释液 1 mL 移入装有 9 mL 无菌生理盐水的试管中,使菌液混合均匀,即成 10^{-2} 稀释液;再换一支无菌吸管吸取 10^{-2} 菌液 1 mL 移入装有 9 mL 无菌生理盐水试管中,即成 10^{-3} 稀释液;以此类推,一定要每次更换吸管,连续稀释,制成 10^{-4}、10^{-5}、10^{-6}、10^{-7}、10^{-8} 等一系列稀释度的菌液,供平板接种使用(图 5.5)。

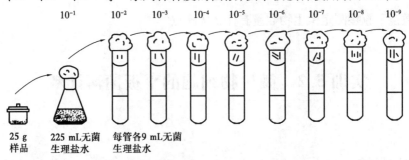

图 5.5　平板计数法中样品的稀释和稀释液的取样

3.根据样品的来源选择 2~3 个适宜稀释度的样品稀释液进行平板接种。样品中所含待测菌的数量多时,稀释度应高,反之则低。吸取 1 mL 样品稀释液于无菌平皿内,每个稀释度做两个平皿。

4. 及时将 15～20 mL 冷却至 46 ℃左右的平板计数琼脂培养基倒入平皿,并转动平皿使其混合均匀。

5. 待琼脂凝固后倒置,37 ℃培养 48 h 左右即可计数。

6. 菌落计数,按照以下标准进行。

①选取菌落数在 30～300 CFU、无蔓延菌落生长的平板计数菌落总数。每个稀释度的菌落数应采用两个平板的平均数。

②其中一个平板有较大片状菌落生长时,则不宜采用,而应以无片状菌落生长的平板作为该稀释度的菌落数;若片状菌落不到平板的一半,而其余一半中菌落分布又很均匀,即可计数半个平板后乘以 2,代表一个平板菌落数。

③当平板上出现菌落间无明显界限的链状生长时,则将每条单链作为一个菌落计数。

7. 菌落总数计算。

①如果只有一个稀释度平板上的菌落数在适宜计数范围内,计数两个平板菌落数的平均值,再将平均值乘以相应稀释倍数,作为每 g(mL)样品中菌落总数结果。

②如果两个连续稀释度的平板菌落数在适宜计数范围内时,则按下列公式计算:

$$N = \sum \frac{C}{n_1 + 0.1n_2}d$$

式中　　N——样品中菌落总数;

　　　　$\sum C$——平板(含适宜范围菌落数的平板)菌落数之和;

　　　　n_1——第一稀释度(低稀释倍数)平板个数;

　　　　n_2——第二稀释度(高稀释倍数)平板个数;

　　　　d——稀释因子(第一稀释度)。

③如果所有稀释度的平板上菌落数均大于 300 CFU,则对稀释度最高的平板进行计数,结果按平均菌落数乘以最高稀释倍数计算。

④如果所有稀释度的平板菌落数均小于 30 CFU,则应按稀释度最低的平均菌落数乘以稀释倍数计算。

⑤如果所有稀释度的平板菌落数均不在 30～300 CFU,其中一部分小于 30 CFU 或大于 300 CFU,则以最接近 30 CFU 或 300 CFU 的平均菌落数乘以稀释倍数计算。

五、实训结果

1. 菌落数小于 100 CFU 时,按"四舍五入"原则修约,以整数报告。

2. 菌落数大于或等于 100 CFU 时,第 3 位数字采用"四舍五入"原则修约后,取前两位数字,后面用 0 代替位数;也可用 10 的指数形式来表示,按"四舍五入"原则修约后,采用两位有效数字。

3. 若所有平板上为蔓延菌落而无法计数,则报告菌落蔓延。

4. 若空白对照上有菌落生长,则此次检测结果无效。

5. 称重取样以 CFU/g 为单位报告,体积取样以 CFU/mL 为单位报告。

六、实训注意事项

1. 在整个操作过程中应注意无菌操作。
2. 应根据所测的样品决定最高稀释度。
3. 倒培养基时应当注意培养基不能过热或过冷。

七、思考题

1. 试比较平板菌落计数法和显微镜下直接计数法的优缺点。
2. 当你的平板上长出的菌落不是均匀分散的而是集中在一起时,你认为问题出现在哪里?
3. 为什么融化后的培养基要冷却至46 ℃左右才能倒平板?

实训 5.3　微生物接种技术

一、实训目的

1. 学习微生物的基本接种方法,建立纯培养技术中的"无菌概念"。
2. 掌握无菌操作技术。

二、实训原理

在微生物实验工作中,无菌技术是指控制或防止各类微生物的污染及其干扰的一系列操作方法和有关措施。接种是指将微生物接到适于它生长繁殖的人工培养基上或活的生物体内的过程。无论微生物的分离、培养、纯化或鉴定以及有关微生物的形态观察及生理研究都必须进行接种。

三、实训材料和器皿

金黄色葡萄球菌、大肠杆菌斜面菌种。牛肉膏蛋白胨琼脂培养基(斜面、液体、半固体、平板等),接种环(针),酒精灯,酒精棉球。

四、实训方法和步骤

1. 无菌操作

菌种分离或移接工作应在无菌环境中进行,接种室、接种箱或超净工作台是常用的接种环境。用前先清洁好卫生,再进行消毒处理。可用紫外线灯和甲醛熏蒸的双重作用,或用3% ~5%来苏尔及其他表面消毒进行喷雾。

操作者的手应先用肥皂洗净,再用酒精棉球消毒;整个操作过程都要靠近酒精灯火焰;接种工具在用前和用后必须在灯焰上灭菌;棉塞不得乱放,操作中只能夹在手上;不能有跑、跳等力度大的动作,以免引起空气大震动而增加染菌机会。

2.接种方法

(1)斜面接种法

把各种培养条件下的菌种,接入斜面上(包括从试管斜面、培养基平板、液体纯培养物等中把菌种移接于斜面培养基上)。这是微生物学中常用且基本的技术之一。接种前,需在待接种试管上贴好标签,注明菌名及接种日期。接种最好在无菌室或无菌箱内进行,若无此条件,可在较清洁密闭的室内进行。室内应事先消毒,桌面要清洁,除去灰尘和杂物,用3% ~5%来苏尔溶液擦洗桌面。

①点燃酒精灯,灯焰周围1 ~2 cm 处的空间为无菌区,所以在酒精灯灯焰旁进行无菌操作接种,可避免杂菌污染。

②将菌种及接种用的斜面培养基(即两支斜面试管)同时握在左手中,使中指位于两试管之间。管内斜面向上,两试管管口相互平行,两支试管处于接近水平位置,用右手的小指、无名指及手掌在火焰旁同时拔去两支试管的棉塞,并使管口在火焰上通过,以烧死试管口的杂菌。随后把管口移至火焰近旁1 ~2 cm 处。

③右手拿接种环,先垂直、后水平方向把接种环放在火焰上灼烧。凡是需进入试管的杆部分均应通过火焰灼烧,下端的环心须烧红,以彻底灭菌。灼烧时,应把环放在酒精灯的外焰上,因外焰温度高,易于烧红。

④将烧过的接种环伸入菌种管内,先使环接触斜面上端的培养基或试管壁,使接种环充分冷却,待培养基不再被接种环融化时,即可将接种环伸向斜面中部蘸取少量菌体,然后小心地将接种环从试管内抽出。注意不能让环接触管壁和管口。取出后,接种环不能通过火焰,在火焰旁抽出并迅速伸入新培养基斜面管内,在斜面下 1/5 处,由下至上轻轻划"Z"字形线。注意不要把培养基划破,也不要把菌沾在管壁上。此过程要迅速、准确完成。

⑤接种完毕,试管口必须迅速通过火焰灭菌,在火焰旁塞入棉塞。注意不要使试管离开火焰去迎棉塞,以免带菌空气进入。操作中如不慎使棉塞着火,要迅速塞入试管内,由于缺氧火自然就会熄灭。若棉塞外端仍然着火,也不要用嘴吹,迅速用手捏几下棉塞,即可熄灭。

⑥划线完毕,接种环要灼烧灭菌,才能放回原处,以免污染环境。放回接种环后,再进一步将试管的棉塞塞紧。如果接种微生物为细菌,则置37 ℃下培养24 h 左右,进行观察。

(2)液体接种

由斜面菌种接种到液体培养基中的方法,操作与斜面接种法基本一致,只是在将接种环送入液体培养基中时使环在液体与管壁接触的地方轻轻摩擦,使菌体分散,然后塞上棉塞,再轻轻摇动均匀,即可培养。如果菌种是培养在液体培养基中时,一般用移液管或滴管接种。移液管和滴管不同于其他接种工具,不能灼烧,可预先对其进行灭菌。

(3)穿刺接种

穿刺接种常用于保藏菌种或细菌运动性的检查。一般适用于细菌、酵母菌的接种培养。用接种针沾取少许菌种,移入装有固体或半固体培养基的试管中,自培养基中心垂直刺入到底部(但不要刺到底部),然后按原来的穿刺线将针慢慢拔出。

五、实训结果

观察不同接种方法的菌种生长情况,做好记录,并将结果填入表5.4。

表5.4 不同接种方法的菌种生长情况

菌　名	培养基	接种方法	生长情况	有无杂菌污染

六、实训注意事项

1. 在整个操作过程中,应注意无菌操作。

2. 在拔掉棉塞时,应先在火焰附近轻轻地将棉塞扭松,然后再拔掉棉塞,切忌直接用力拔掉棉塞,以免外界空气突然涌入,引起污染。

3. 在使用接种环时,应充分灼烧,以保证其处于无菌状态。

4. 使用接种环取菌时,在充分灼烧后,应待其完全冷却后,方能进行取菌操作,以免因过热而使菌体细胞致死。

七、思考题

1. 什么是无菌操作? 接种前应做哪些准备工作?

2. 总结几种接种方法的要点及应注意的事项?

实训5.4　微生物的分离和纯化

一、实训目的

掌握倒平板的方法和几种分离纯化微生物的基本操作技术。

二、实训原理

在土壤、水、空气或人及动、植物体中，不同种类的微生物绝大多数都是混杂生活在一起，当人们希望获得某一种微生物时，就必须从混杂的微生物类群中分离它，以得到只含有这一种微生物的纯培养，这种获得纯培养的方法称为微生物的分离与纯化。

为了获得某种微生物的纯培养，一般是根据该微生物对营养、酸碱度、氧等条件要求不同，而供给它适宜的培养条件，或加入某种抑制剂造成只利于此菌生长，而抑制其他菌生长的环境，从而淘汰其他一些不需要的微生物，再用稀释涂布平板法或稀释混菌平板法或平板划线分离法等分离、纯化该微生物，直至得到纯菌株。

土壤是微生物生活的大本营，在这里生活的微生物无论是数量和种类都是极其多样的，因此，土壤是我们开发利用微生物资源的重要基地，可以从其中分离、纯化到许多有用的菌株。

三、实训材料和器皿

高氏1号琼脂培养基，牛肉膏蛋白胨琼脂培养基，马丁氏琼脂培养基，盛9 mL无菌水的试管，盛225 mL无菌水并带有玻璃珠的三角烧瓶，无菌玻璃涂棒，无菌吸管，接种环，无菌培养皿(ϕ90 mm)，链霉素，土样等。

四、实训方法和步骤

1.稀释涂布平板法

（1）倒平板

将牛肉膏蛋白胨培养基、高氏1号琼脂培养基、马丁氏琼脂培养基溶化，待冷却至55～60 ℃，向马丁氏培养中加入链霉素溶液，使每毫升培养基中含链霉素30 μg。然后分别倒平板，每种培养基倒3个皿，其方法是右手持盛培养基的三角烧瓶，置火焰旁边，左手拿平皿并松动瓶塞，用手掌边缘和小指、无名指夹住拨出，如果三角烧瓶内的培养基一次可用完，则瓶塞不必夹在手指中。瓶口在火焰上灭菌，然后左手将培养皿盖在火焰附近打开一缝，迅速倒入培养基约15 mL，加盖后轻轻摇动培养皿，使培养基均匀分布，平置于桌面上，待凝后即成平板。也可将平皿放在火焰附近的桌面上，用左手的食指和中指夹住瓶塞并打开培养皿，再注入培养基，摇匀制成平板。最好是将平板放室温2～3 d，或37 ℃培养24 h，检查无菌落及皿盖无冷凝水后再使用。

（2）制备土壤稀释液

称取土样25 g，放入盛225 mL无菌水并带有玻璃珠的三角烧瓶中，振摇约20 min，使土样与水充分混合，将菌分散。用1支1 mL无菌吸管从中吸取1 mL土壤悬液注入盛有9 mL无菌水的试管中，吹吸3次，使充分混匀。然后再用1支1 mL无菌吸管从此试管中吸取1 mL注入另一盛有9 mL无菌水的试管中，以此类推制成10^{-1}、10^{-2}、10^{-3}、10^{-4}、10^{-5}、10^{-6}等各种稀释度的土壤悬液。

（3）涂布

将上述每种培养基的3个平板侧面分别用记号笔写上10^{-4}、10^{-5}和10^{-6}3种稀释度，然后用3支1 mL无菌吸管分别在10^{-4}、10^{-5}和10^{-6}这3管土壤稀释液中各吸取0.2 mL对号放入已写好稀释度的平板中，用无菌玻璃涂棒在培养基表面轻轻地涂布均匀。

（4）培养

将高氏1号培养基平板和马丁氏培养基平板置于28 ℃下培养3~5 d，牛肉膏蛋白胨平板置于37 ℃下培养48 h。

（5）挑菌

将培养后长出的单个菌落分别挑取接种到上述3种培养基的斜面上，分别置28 ℃和37 ℃下培养，待菌苔长出后，检查菌苔是否单纯，也可用显微镜涂片染色检查是否是单一的微生物，若有其他杂菌混杂，就要再一次进行分离、纯化，直到获得纯培养。

2. 稀释混菌平板法

此法与稀释涂布平板法基本相同，无菌操作也一样，所不同的是先分别吸取1 mL 10^{-4}、10^{-5}、10^{-6}稀释度的土壤悬液对号放入平皿，然后再倒入溶化后冷却到45 ℃左右的培养基，倒入后立即摇匀，使样品中的微生物与培养基混合均匀，待冷凝成平板后，分别倒置于28 ℃和37 ℃下培养后，再挑取单个菌落，直至获得纯培养。

3. 平板划线分离法

（1）倒平板

按稀释涂布平板法倒平板，并用记号笔标明培养基名称。

（2）划线

在近火焰处，左手拿皿底，右手拿接种环，挑取上述10^{-1}的土壤悬液一环在平板上划线。划线的方法很多，但无论哪种方法划线，其目的都是通过划线将样品在平板上进行稀释，使形成单个菌落。常用的划线方法有下列两种：

①用接种环以无菌操作挑取土壤悬液一环，先在平板培养基的一边作第1次平行划线3~4条，再转动培养皿约70°，并将接种环上剩余物烧掉，待冷却后通过第1次划线部分作第2次平行划线，再用同法通过第2次平行划线部分作第3次平行划线和通过第3次平行划线部分作第4次平行划线。划线完毕后，盖上皿盖，倒置于相应温度下进行培养。

②将挑取有样品的接种环，在平板培养基上作连续划线。划线完毕后，盖上皿盖，置于相应温度下进行培养。

③挑菌。挑取单个菌落接种到斜面上培养，此后进行镜检是否为单一微生物。若有杂菌，继续分离纯化操作。

五、实训结果

在3种培养基平板上长出的菌落一共有几种？简述其菌落形态特征并填入表5.5。

表5.5 不同平板上的菌落形态特征

菌落编号	菌落特征							
	大小	形态	干湿	高度	透明度	颜色	边缘	类别
1								
2								
3								
4								
5								
6								
7								
8								
n								

注:菌落特征描述方法参考如下:

大小:大、中、小、针尖状　　　　形态:圆形,不规则等　　　　干湿情况:干燥、湿润、黏稠

高度:扁平,隆起,凹下　　　　透明度:透明,半透明,不透明　　　　边缘:整齐,不整齐

颜色:黄色,金黄色,灰色,乳白色,红色,粉红,黑色等　　　　类别:细菌,放线菌,真菌

六、实训注意事项

1. 样品应该根据目的采集,土样在土壤表层 3~8 cm 处取。

2. 样品稀释时,移液管不能混用。

3. 倒平板时应该严格无菌操作。

七、思考题

1. 如何确定平板上某个单菌落为纯培养?

2. 如果一项科学研究需从自然界中筛选出产耐高温淀粉酶的菌株,如何完成?

实训 5.5　环境条件对微生物生长的影响

一、实训目的

了解物理因素、化学因素及生物因素抑制或杀死微生物的作用及其试验方法。

二、实训原理

微生物和所有其他生物一样,在生命活动过程中需要一定的生活条件,包括营养、温度、pH、渗透压等。只有当外界环境条件适宜时,微生物才能很好地生长发育,如环境条件变得不适应时,微生物的生长发育就要受到抑制,甚至死亡。

三、实训材料和器皿

培养 18~20 h 的大肠杆菌、枯草芽孢杆菌、金黄色葡萄球菌的菌种、牛肉膏蛋白胨培养基、无菌培养皿、无菌三角玻棒、无菌五角星黑纸、无菌水、直径 5 mm 无菌圆形滤纸、镊子、移液枪(200~1 000 μL)、2.5% 碘酒、75% 酒精、0.1% HgCl₂,5% 石炭酸、青霉素溶液(80 万单位/mL)。

四、实训方法和步骤

1. 温度对微生物的影响

微生物生长需要一定的温度条件,不同的微生物各有其不同的生长温度范围。在生长温度范围内有最高、最适、最低 3 种生长温度。如果超过最低和最高生长温度时,微生物均不能生长,或处于休眠状态,甚至死亡。

①每组取牛肉膏蛋白胨斜面培养基 6 支,贴上标签,注明班级、组号、菌种、培养温度等,在无菌操作下,用枯草杆菌斜面菌种进行斜面接种。

②分别置于 37 ℃、60 ℃、4 ℃(冰箱)温度下培养,每个温度放置两支接种的斜面。

③于 48 h 后观察记录实验结果。

2. 紫外线对微生物的影响

紫外线对微生物有明显的致死作用,波长 254 nm 左右紫外线具有最高的杀菌效应。紫外线对细菌生长的影响是随着紫外线对微生物照射剂量、照射时间及照射距离的不同,对微生物的生理活动也相应地产生不同的效果。剂量高、时间长、距离短时就易杀死它们,剂量低、时间短、距离长时杀菌效果就会降低,会有少量个体残存下来。其中一些个体的遗传特性发生变异。可以利用这种特性来进行灭菌和菌种选育工作。

细胞中核酸等物质对紫外线的吸收能力较强,吸收的能量能破坏 DNA 的结构。轻则诱使细胞发生变异,重则导致死亡。经紫外线照射后受损害的细胞,如立即暴露在可见光下,则有一部分仍可恢复正常活力,称为光复活现象。

紫外线虽有较强的杀菌力,但穿透力弱,即使一张薄层黑纸,就能将大部分紫外线滤除。

本实验即证明紫外线的杀菌作用及穿透能力。

①取 2 套牛肉膏蛋白胨琼脂平板,用无菌移液管吸取 0.1 mL 大肠杆菌菌悬液(培养 18~20 h)于平板上,用无菌三角玻棒涂布均匀。将无菌五角星黑纸放置于平板上。

②打开培养皿盖,在距离紫外灯 30 cm 处照射 20 min,去除黑纸,加上皿盖,如图 5.6 所示。

③于 37 ℃培养箱中培养 48 h 后记录结果。

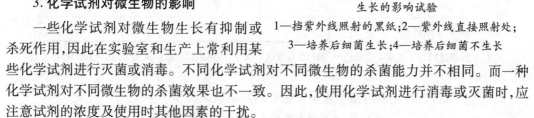

图 5.6　紫外线对微生物生长的影响试验

1—挡紫外线照射的黑纸;2—紫外线直接照射处;
3—培养后细菌生长;4—培养后细菌不生长

3. 化学试剂对微生物的影响

一些化学试剂对微生物生长有抑制或杀死作用,因此在实验室和生产上常利用某些化学试剂进行灭菌或消毒。不同化学试剂对不同微生物的杀菌能力并不相同。而一种化学试剂对不同微生物的杀菌效果也不一致。因此,使用化学试剂进行消毒或灭菌时,应注意试剂的浓度及使用时其他因素的干扰。

①在培养皿上注明处理方法及菌种名称。将已融化并冷却至 50 ℃左右的牛肉膏蛋白胨培养基倒入培养皿中。

②取培养 18 ~ 20 h 的大肠杆菌、枯草杆菌和金黄色葡萄球菌斜面菌种各 1 支,各注入 4 mL 无菌水,用接种环将菌苔轻轻刮下,震荡,制成菌悬液。

图 5.7　圆形滤纸片法检测化学试剂的杀菌作用

③用无菌吸管各吸取大肠杆菌、枯草杆菌和金黄色葡萄球菌液 0.2 mL 于相应的培养皿中。

④用镊子将分别滴有两滴 0.1% $HgCl_2$、2.5% 碘酒,75% 酒精,5% 石炭酸的小圆形滤纸片(直径 5 mm),放于每一平板上,盖上皿盖于 37 ℃ 的培养箱中培养 24 h 后记录结果。

如果有抑制作用,则滤纸片四周出现无菌生长的抑菌圈,圈的大小可表示消毒剂抑菌的强弱,如图 5.7 所示。

4. 抗生素对微生物的影响

某些微生物,特别是放线菌,在生命活动过程中产生了一些对其本身无害而能抑制或杀死另外一些微生物的特异性的代谢产物,这些特异性的代谢产物称为抗生素。

抗生素在极低浓度下即能抑制或杀死某些微生物。在抗生素产生菌的筛选中常以其对某些微生物产生的拮抗作用所形成的抑菌圈的大小来衡量抗生素作用的强弱和抗生素的有效浓度。

①倒平板(牛肉膏蛋白胨琼脂培养基),每组 3 个平板。

②取培养 18 ~ 20 h 的大肠杆菌、枯草杆菌和金黄色葡萄球菌斜面菌种各 1 支,各注入 4 mL 无菌水,用接种环将菌苔轻轻刮下,震荡,制成菌悬液。用无菌吸管各吸取大肠杆菌、枯草杆菌和金黄色葡萄球菌液 0.2 mL 于相应的培养皿中。

③在无菌操作条件下,用镊子将无菌滤纸片(直径 5 mm)浸入青霉素溶液,并将滤纸片放置于平皿中。将平皿置于 37 ℃培养 24 h,取出观察结果。

五、实训结果

1.将温度对微生物生长影响的结果填入表5.6中。

表5.6　温度对微生物生长影响

菌　名	4 ℃	37 ℃	60 ℃
枯草芽孢杆菌			

注:生长情况用"－"表示不生长;"＋"表示生长较差,"＋＋"表示生长一般;"＋＋＋"表示生长良好。

2.将化学试剂、抗生素对微生物生长影响的结果填入表5.7中。

表5.7　化学试剂及抗生素对微生物生长影响

因　素 菌　名	0.1% $HgCl_2$	2.5%碘酒	75%酒精	5%石炭酸	青霉素溶液 /(80万单位·mL^{-1})
大肠杆菌					
枯草芽孢杆菌					
金黄色葡萄球菌					

注:用直尺测量抑菌圈的直径大小并记入表格。

六、实训注意事项

1.在整个操作过程中,应注意无菌操作。
2.在进行紫外线照射时,应注意除掉皿盖。

七、思考题

1.高温和低温对微生物生长各有何影响? 为什么?
2.紫外线照射时,为什么要除掉皿盖?

实训5.6　微波的杀菌作用

一、实训目的

了解微波杀菌的原理及其实验方法。

二、实训原理

微波是频率从 300 MHz～300 GHz 的电磁波。微波与物料直接相互作用,将超高频电磁波转化为热能。微波杀菌是微波热效应和生物效应共同作用的结果。微波对细胞膜断面的电位分布影响细胞膜周围电子和离子浓度,从而改变细胞膜的通透性能,细菌因此营养不良,不能进行正常新陈代谢,生长发育受阻碍而死亡。从生化角度来看,细菌正常生长和繁殖的核酸(RNA)和脱氧核糖核酸(DNA)是由若干氢键紧密连接而成的大分子,微波导致氢键松弛、断裂和重组,从而诱发遗传基因或染色体畸变,甚至断裂。微波杀菌正是利用电磁场效应和生物效应起到对微生物的杀灭作用。

三、实训材料和器皿

大肠杆菌菌悬液;微波炉,恒温培养箱;牛肉膏蛋白胨琼脂培养基。

四、实训方法和步骤

1. 功率对微波杀菌效果的影响:调节微波炉加热功率为 500 W、750 W 和 900 W,分别加热装有 100 mL 大肠杆菌菌悬液的三角瓶 30 s,加热结束后每瓶菌悬液各取 1 mL,按照平板计数法计数菌落总数(具体操作见实训5.2)。

2. 加热时间对微波杀菌效果的影响:调节微波功率至 750 W,加热装有 100 mL 大肠杆菌菌悬液的三角瓶 1.5 min,每隔 30 s 从中吸取 1 mL 菌悬液按照平板计数法计数菌落总数(具体操作见实训5.2)。

五、实训结果

1. 记录不同微波功率处理后的菌落总数,比较不同功率的杀菌效率。
2. 记录不同微波处理时间处理后的菌落总数,比较不同时间的杀菌效率。

六、实训注意事项

每次吸取菌液前,应充分摇匀三角瓶中的菌液,减少因微波加热不均造成的误差。

七、思考题

微波影响微生物生长的作用原理是什么?

项目6
微生物与食品制造

学习目标

1. 了解微生物在食品发酵中的作用。
2. 了解微生物在酿醋、酿酒、发酵乳制品、酱油、豆腐乳等领域的作用机理。
3. 了解利用微生物发酵生产谷氨酸、柠檬酸的生产工艺。
4. 熟悉食品工业中微生物酶制剂的常见种类、性质、生产菌。
5. 熟悉微生物酶、益生菌、SCP 的作用及在食品工业中的应用。
6. 掌握酿醋、酿酒、发酵乳制品、酱油、豆腐乳等的生产工艺及其控制措施。

知识链接

微生物用于食品制造是人类利用微生物最早、最重要的一个方面，在我国已有数千年的历史。人类在长期的实践中积累了丰富的经验，利用微生物制造了种类繁多、营养丰富、风味独特的许多食品。概括起来，微生物在食品制造中的应用有 3 种方式：

①微生物菌体的利用。如乳酸菌可用于蔬菜和乳类及其他多种食品的发酵；利用酵母菌生产单细胞蛋白(SCP)，可提高某些食品的营养价值或物理性能。

②微生物代谢产物的应用。许多食品都是经过微生物发酵的代谢产物，如酒类、食醋、谷氨酸(味精)、有机酸、维生素。

③微生物酶的应用。如豆腐乳、酱油及酱类就是利用微生物产生的酶将原料中的成分分解而制成的食品。

任务6.1　细菌与食品制造

6.1.1　食醋

食醋是一种国际性的重要的酸性调味品。食醋按加工方法可分为合成醋、酿造醋、再制醋 3 类。其中产量最大且与我们关系最为密切的是酿造醋，其主要成分除醋酸(3% ~ 5%)外，还含有各种氨基酸、有机酸、糖类、维生素、醇和酯等营养成分和风味成分，具有独特的色、香、味。它不仅是调味佳品，而且具有清热解毒、杀菌消炎、增进食欲、帮助消化、防治肠道疾病、软化血管、保健美容等功效,在人们饮食生活中不可缺少,长期食用对身体健康也十分有益。

1)生产原料

(1)主料

主料是醋酸发酵的原料,它包括含淀粉、含糖、含乙醇的3类物质。淀粉质原料包括玉米、大米、甘薯、马铃薯、麸皮、米糠、淀粉渣等;糖质原料包括糖蜜、葡萄、苹果等;含乙醇类物质包括低度白酒、食用酒精稀释液、酸果酒、酸啤酒等。我国南方常采用大米和糯米为酿醋原料,北方多用高粱、小米为酿醋原料。

(2)辅料

辅料可以提供微生物活动所需的营养物质,形成食醋的色、香、味成分。常用的有细谷糠、麸皮、豆粕等。

(3)填充料

填充料主要起疏松醋醅,使空气流通,以利醋酸菌好氧发酵的作用。常用的有粗谷糠、小米壳、高粱壳、玉米秸、玉米芯等。

(4)其他

根据特殊需要增加一些其他物质,如食盐、砂糖、炒米色、香辛料等,它们会赋予食醋色泽、香气及特殊的风味。

2)酿造微生物

食醋一般是利用醋酸菌进行好氧发酵酿制而成。如以淀粉质为原料,还需要霉菌和酵母菌的参与;如以糖类物质为原料,还需加入酵母菌;如以乙醇类物质为原料,只需醋酸杆菌即可。

(1)淀粉液化、糖化微生物

适合于酿醋的淀粉液化、糖化微生物主要是曲霉菌,因其含有丰富的淀粉酶、糖化酶、蛋白酶等酶系,通常常用于制作糖化曲。糖化曲是水解淀粉质原料的糖化剂,其主要作用是将制醋原料中的淀粉水解为糊精、葡萄糖;蛋白质被水解为肽、氨基酸,有利于下一步酵母菌的酒精发酵以及以后的醋酸发酵。常用的曲霉菌种有甘薯曲霉 AS3.324、黑曲霉 AS3.4309(UV-11)、宇佐美曲霉 AS3.758 等。

(2)酒精发酵微生物

在食醋酿造过程中,淀粉质原料经糖化作用产生葡萄糖,酵母菌则通过酒精发酵酶系把葡萄糖转化为酒精和 CO_2,完成酿醋过程的酒精发酵阶段。除酒精发酵酶系外,酵母菌还有麦芽糖酶、蔗糖酶、转化酶、乳糖分解酶、脂肪酶等。在酵母菌的酒精发酵中,除了生成酒精外还有少量有机酸、杂醇油、酯类物质生成,这些物质对形成醋的风味有一定的作用。生产上一般根据原料来选择酵母菌。适用于淀粉质原料的有 AS2.109、AS2.399;适用于糖蜜原料的有 AS2.1189、AS2.1190。另外,为了增加食醋的香气,有的生产厂家还添加产酯能力强的产酯酵母进行混合发酵,使用的菌株有 AS2.300、AS2.338 等。

(3)醋酸发酵微生物

醋酸菌是醋酸发酵的主要菌种,具有氧化酒精、生成醋酸的能力。

醋厂通常选用氧化酒精速度快、耐酸性强、不分解醋酸制品、风味良好的醋酸菌菌种。

目前国内外在生产上常用的醋酸菌有奥尔兰醋杆菌、许氏醋杆菌、恶臭醋杆菌、沪酿1.01醋酸杆菌等。

3)酿醋工艺

酿醋的方法多种多样,大致可分为固态法、液态法等。

(1)固态法食醋生产

固态发酵酿醋一般是以粮食为主要原料,以麸皮、谷糠等为填充料,以大曲和麸曲为发酵剂,经过糖化、酒精发酵、醋酸发酵而制成的食醋。固态法酿醋工艺流程如图6.1所示。

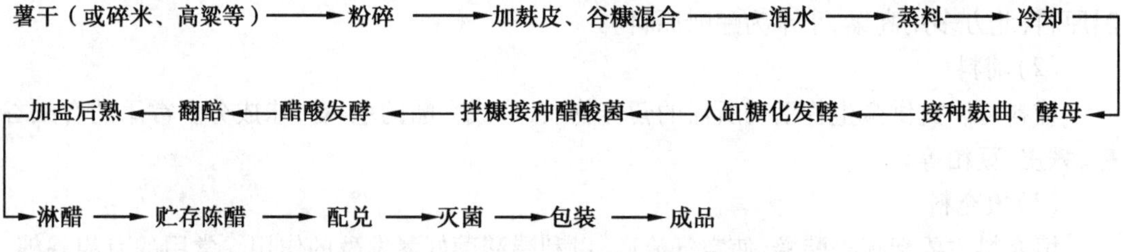

薯干(或碎米、高粱等)——→粉碎——→加麸皮、谷糠混合——→润水——→蒸料——→冷却——┐

┌加盐后熟←—翻醅←—醋酸发酵←—拌糠接种醋酸菌←—入缸糖化发酵←—接种麸曲、酵母←┘

└淋醋——→贮存陈醋——→配兑——→灭菌——→包装——→成品

图6.1 固态法食醋生产工艺

(2)液体深层发酵制醋

液体深层发酵通常是将淀粉质原料经液化、糖化后先制成酒醪或酒液,然后在发酵罐里完成醋酸发酵。此法具有机械化程度高、操作卫生条件好、原料利用率高(可达65%~70%)、生产周期短、产品的质量稳定等优点。缺点是醋的风味较差。液体深层发酵制醋工艺流程如图6.2所示。

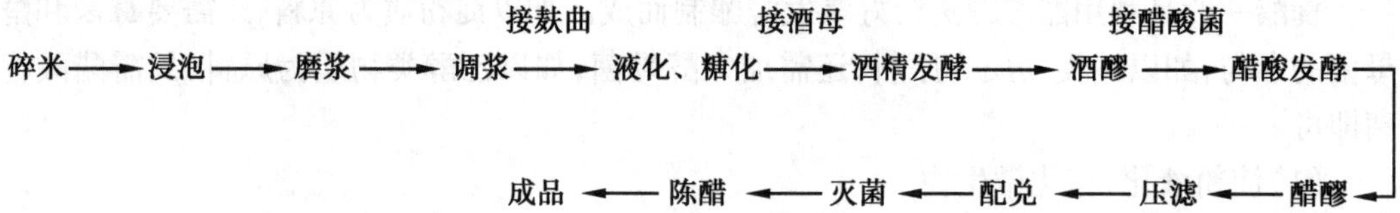

接麸曲　　接酒母　　接醋酸菌

碎米——→浸泡——→磨浆——→调浆——→液化、糖化——→酒精发酵——→酒醪——→醋酸发酵——┐

┌成品←—陈醋←—灭菌←—配兑←—压滤←—醋醪←┘

图6.2 液体深层发酵制醋工艺

(3)酶法液化通风回流制醋

酶法液化通风回流制醋是利用自然通风和醋汁回流代替倒醅的一种制醋新工艺。其特点是:利用α-淀粉酶制剂将原料进行淀粉液化后再加麸曲糖化,提高了原料的利用率;采用液态酒精发酵、固态醋酸发酵的发酵工艺;醋酸发酵池近底处假底的池壁上开设通风洞,让空气自然进入,利用固态醋醅的疏松度使醋酸菌得到足够的氧,全部醋醪都能均匀发酵;利用假底下积存的温度较低的醋汁,定时回流喷淋在醋醪上,以降低醋醪温度调节发酵温度,保证发酵在适当的温度下进行。酶法液化通风回流制醋工艺流程如图6.3所示。

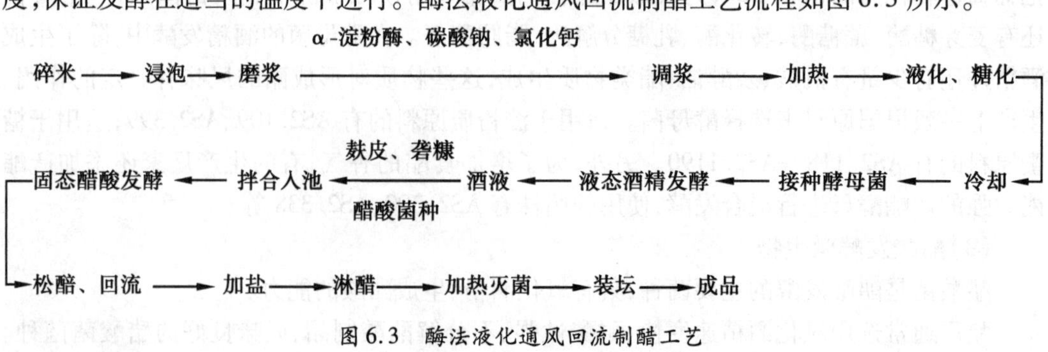

α-淀粉酶、碳酸钠、氯化钙

碎米——→浸泡——→磨浆——→调浆——→加热——→液化、糖化——┐

麸皮、砻糠

┌固态醋酸发酵←—拌合入池←—酒液←—液态酒精发酵←—接种酵母菌←—冷却←┘
　　　　　　醋酸菌种

└松醅、回流——→加盐——→淋醋——→加热灭菌——→装坛——→成品

图6.3 酶法液化通风回流制醋工艺

6.1.2　发酵乳制品

发酵乳制品是指良好的原料乳(包括牛乳、羊乳、浓缩乳、乳粉等)经过杀菌或灭菌、降温、接种特定的微生物(乳酸菌或酵母菌)发酵剂,经过发酵而制成的具有特殊风味的食品。发酵乳制品是一个综合性的名称,包括酸乳,酸奶酒、酸奶油及干酪等,其中发酵乳和干酪生产量最大。近些年来,由于确认了乳酸菌尤其是双歧杆菌、嗜热乳杆菌等肠道有益菌具有许多重要的保健功能,各种乳酸菌发酵乳制品开始风靡世界,被誉为"21世纪的功能性食品"。

发酵乳制品具有独特的保健功能,可促进身体健康,提高人的身体素质。其主要作用有:

①含有生理价值极佳的蛋白质和矿物元素,更易于吸收。

②维持肠道菌群平衡。

③缓解"乳糖不耐受症"。

④抗肿瘤。

⑤降低胆固醇。

⑥控制内毒素,延缓机体衰老。

1)微生物与发酵乳制品中风味物质的形成

(1)乳糖的乳酸发酵

乳酸菌产生的乳酸是发酵乳制品中最基本的风味化合物。乳液中一般含4.7%～4.9%的乳糖,是乳液中微生物生长的主要能源和碳源。具有乳糖酶的乳链球菌、嗜热链球菌和乳杆菌等能在乳液中正常生长,并在与其他菌的竞争生长中成为优势菌群。

(2)柠檬酸转变为双乙酰

乳脂明串珠菌、乳链球菌丁二酮亚种等可将发酵牛乳中产生的柠檬酸转变为双乙酰,成为乳制品中极其重要的风味物质,使发酵乳制品具有奶油特征。还有一种类似坚果仁的香味和风味。

(3)乙醛的产生

嗜热链球菌和保加利亚乳杆菌在乳酸的代谢过程中产生的乙醛,能增进酸牛乳的风味。但发酵酸性奶油时,乙醛的存在会有害,会带来一种不良的风味,故酸性奶油的生产中禁用这些菌株。

(4)乙醇的产生

乳脂明串珠菌在异型乳酸发酵中可形成少量的乙醇,也是发酵乳制品中重要的风味物质之一,同时乳脂明串珠菌有较强的乙醇脱氢酶活性,能将乙醛转变为乙醇,故也称风味菌、香气菌或产香菌。但酸奶酒中的乙醇则是由酵母菌产生的,不同乳制成的酸奶酒由不同的酵母菌产生乙醇,如牛奶酒由克菲尔酵母和克菲尔圆酵母产生,而马奶酒则由乳酸酵母产生的。

(5)甲酸、乙酸和丙酸的产生

链球菌丁二酮亚种利用酪蛋白水解物形成甲酸、乙酸和丙酸等挥发性脂肪酸,是构成发酵乳制品风味物质的重要化合物,对成熟干酪口味形成是有益的。

2）发酵乳制品生产工艺

（1）酸乳

酸乳是新鲜牛乳经过乳酸菌发酵后制成的发酵乳饮料。根据其发酵方式分为凝固型和搅拌型两种。

①酸乳发酵剂：发酵剂大致分为3类，分别为混合发酵剂、单一发酵剂和补充发酵剂。其中混合发酵剂是保加利亚乳杆菌和嗜热链球菌按1:1或1:2比例混合的酸乳发酵剂，且两种菌比例的改变越小越好；单一发酵剂一般是将每一种菌株单独活化，生产时再将各菌株混合在一起；补充发酵剂是为了增加酸乳的黏稠度、风味或增强产品的保健目的，选择一些具有特殊功能的菌种，单独培养或混合培养后加入乳中。

②酸乳制作工艺：凝固型酸乳制作工艺流程如图6.4所示。

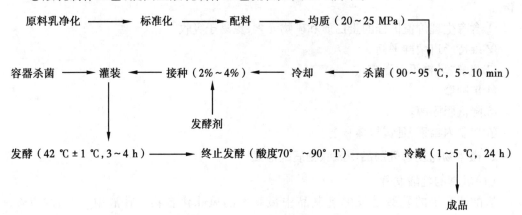

图 6.4　凝固型酸乳制作工艺

搅拌型酸乳的制作工艺(图6.5)及技术要求基本与凝固型酸乳相同，不同之处主要是搅拌型酸乳多了一道搅拌工艺。

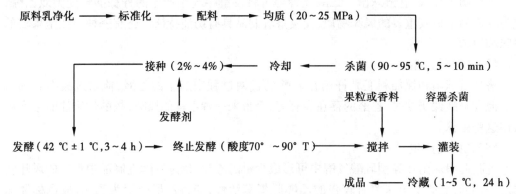

图 6.5　搅拌型酸乳制作工艺

（2）干酪

干酪是在乳中(牛乳、羊乳及其脱脂奶油、稀奶油等)加入适量的乳酸菌发酵剂和凝乳酶，使蛋白质(主要是酪蛋白)凝固后排除乳清，并将凝块压成块状而制的产品。制成后未经发酵的产品称新鲜干酪，经长时间发酵成熟而制成的产品称为成熟干酪，国际上将这两种干酪称为天然干酪。根据干酪的质地特性和成熟的基本方式，可将干酪分为硬干酪、半硬干酪和软干酪3类。它们可用细菌或霉菌成熟,或不经成熟。

①干酪生产的主要菌种:用于干酪发酵的菌种大多数为乳酸菌,但有些干酪使用丙酸菌和霉菌。乳酸菌发酵剂大多是多种菌的混合发酵剂,根据最适生长温度不同,可将干酪生产的乳酸菌发酵剂菌种分为两大类:一类是适温型乳酸菌,包括乳酸链球菌、乳脂链球菌、乳脂明串珠菌等,主要作用是将乳糖转化为乳酸和将柠檬酸转化成双乙酰;另一类是具有脂肪分解酶和蛋白质分解酶的嗜热型乳酸菌,包括嗜热链球菌、乳酸乳杆菌、干酪乳杆菌、短杆菌、嗜酸乳杆菌等。

②干酪微生物的次生菌群:霉菌是成熟干酪的主要菌种,如白地霉和沙门柏干酪青霉,在实际生产过程中,一般是将这两种菌混合使用,使干酪表面形成灰白色的外皮。酵母菌是许多表面成熟干酪的微生物群的重要组成部分,酵母可水解蛋白质,又可水解脂类,产生多种挥发性的风味物质。在干酪次生菌群中特别重要的是微球菌、乳杆菌、片球菌、棒状杆菌和丙酸杆菌,它们是干酪表面菌种的重要组成部分,在干酪成熟过程中发挥着重要的作用。

③干酪生产工艺:不同的品种干酪的风味、颜色、质地等特性不同,其生产工艺也不尽相同,但都有共同之处。其工艺流程如图6.6所示。

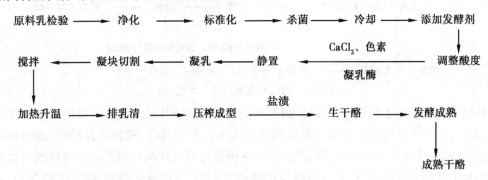

图6.6　干酪生产工艺

6.1.3　益生菌食品

益生菌(probiotic bacteria)又称正常菌群或生理性菌群,是指与人或动物保持共生关系,对人或动物具有改善微生态平衡,提供营养、提高免疫力、促进健康等重要生理功能的一类有益微生物菌群。益生菌制剂是一种新型的生物制剂,国外称为益生素,国内称之为微生态制剂。益生菌的生物功能有:

①帮助营养物质的消化吸收。

②产生重要的营养物质。

③抵抗细菌病毒的感染,提升机体的免疫力,清除有害菌对身体的伤害。

④预防和治疗某些疾病,如肠道综合征、呼吸道感染、生殖系统感染、过敏、口臭、胃溃疡等。

迄今为止,科学家已发现的益生菌大体上可分成两类,其中包括:

①乳杆菌类:如嗜酸乳杆菌、干酪乳杆菌、鼠李糖乳杆菌、植物乳杆菌、德氏乳杆菌保加利亚亚种等。

②双歧杆菌类:如长双歧杆菌、短双歧杆菌等。

此外,还有一些酵母菌与酶亦可归入益生菌的范畴。

食品工业中乳制品是益生菌最大的应用领域。乳制品中益生菌基本是由乳酸菌和双歧杆菌等不同菌株组成。在国际上,乳制品领域应用益生菌的产品比例占到了74.5%,而酸乳又占益生菌乳制品的74%,除酸乳之外,其应用遍布发酵乳、纯牛奶(后添加益生菌但不经过发酵)、奶粉、干酪、乳饮品、婴儿食品等几乎所有乳产品中。

1)双歧杆菌酸乳

双歧杆菌酸乳是双歧杆菌生产的一种益生菌食品,其发酵工艺(图6.7)称为共同发酵法。

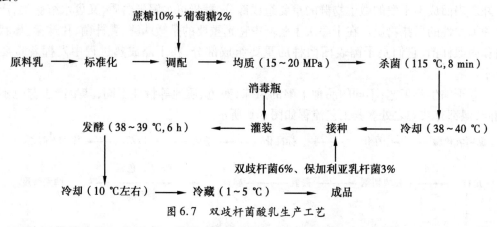

图6.7 双歧杆菌酸乳生产工艺

双歧杆菌酸乳的工艺要求:双歧杆菌产酸能力低,凝乳时间长,最终产品的口味和风味欠佳,因而,生产上常选择一些对双歧杆菌生长无太大影响,但产酸快的乳酸菌,如嗜热链球菌、保加利亚乳杆菌、嗜酸乳杆菌、乳脂明串珠菌等与双歧杆菌共同发酵。这样既可以使制品中有足够量的双歧杆菌,又可以提高产酸能力,大大缩短凝乳时间,缩短生长周期,并改善制品的口感和风味。

2)双歧杆菌、酵母菌共生发酵乳

将双歧杆菌与兼性厌氧的酵母菌同时在脱脂牛乳中混合培养,利用酵母菌在生长过程中的呼吸作用,创造一个适合于双歧杆菌生长繁殖、产酸代谢的厌氧环境,而形成益生菌发酵乳,其发酵工艺(图6.8)称为共生发酵法。

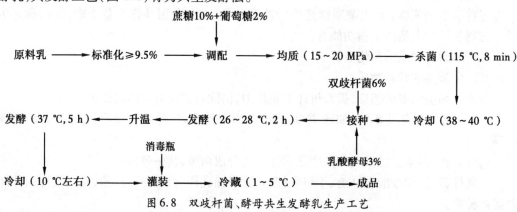

图6.8 双歧杆菌、酵母共生发酵乳生产工艺

共生发酵法常用的菌种搭配为双歧杆菌和用于马奶酒制造的乳酸酵母,接种量分别为6%和3%。由于采用了共生混合的发酵方式,双歧杆菌生长迟缓的状况大为改观,总体产酸能力提高,凝乳速度加快,所得产品酸甜适中,富有纯正的乳酸口味和淡淡的酵母香气。

6.1.4　谷氨酸发酵

谷氨酸,化学名称为 α-氨基戊二酸,在生物体蛋白质代谢上具有重要意义,参与生物体内多种重要的化学反应。在食品工业上,谷氨酸主要用于味精的生产。L-谷氨酸单钠,俗称味精,具有强烈的肉类鲜味,被广泛用于食品菜肴的调味。我国于 1963 年开始采用谷氨酸发酵法生产味精。

1)原料

谷氨酸产生菌常利用淀粉质类原料(如玉米、甘薯、小麦、大米等,其中甘薯淀粉最为常用)和糖蜜作为碳源。谷氨酸产生菌都不能直接利用淀粉作为碳源,以淀粉为原料时,必须将淀粉水解成葡萄糖才能加以利用。通常用专一性强的淀粉酶和糖化酶作为催化剂将淀粉水解为葡萄糖。谷氨酸产生菌通常以尿素或氨水作为氮源。所需无机盐为硫酸盐、磷酸盐、钾盐及一些微量元素(Fe,Mn 等)。

2)谷氨酸生产的微生物

许多霉菌、酵母菌、细菌和放线菌等都能产生谷氨酸,应用最多的菌株为谷氨酸棒杆菌,需要生物素作为生长因子、在通气条件下培养产生谷氨酸。我国企业使用的谷氨酸产生菌主要是北京棒杆菌 AS1.299、钝齿棒杆菌 AS1.542 和天津短杆菌 T613 以及它们的突变菌株。

3)发酵工艺

谷氨酸钠(味精)生产的简单工艺过程如图 6.9 所示。

在发酵中影响谷氨酸产量的主要因素是通气量、生物素、pH 值及氨浓度等。其中通气量和生物素影响较大,当通气量过大时,促进菌体繁殖,积累 α-酮戊二酸,糖消耗量大;通气量过小时,则菌体生长不好,糖消耗量少,发酵液中积累乳酸,谷氨酸产量低。只有在适量通气情况下才能获得较高的产量。发酵培养基中生物素含量在"亚适量"时,谷氨酸发酵才能正常进行,实验表明,当发酵液中生物素含量为 1 μg/L 时限制菌生长,但谷氨酸产量较高;当生物素含量为 15 μg/L 时,微生物生长旺盛,但谷氨酸产量很少。因此,严格控制发酵条件是获得谷氨酸高产的关键。

6.1.5　发酵性蔬菜

目前较为常见的发酵性蔬菜就是利用乳酸菌生产泡菜及发酵性蔬菜汁。乳酸菌在发酵性蔬菜生产中的作用:
①提高蔬菜制品的营养价值。
②改善蔬菜制品的风味。
③防止蔬菜制品败坏,延长保质期。

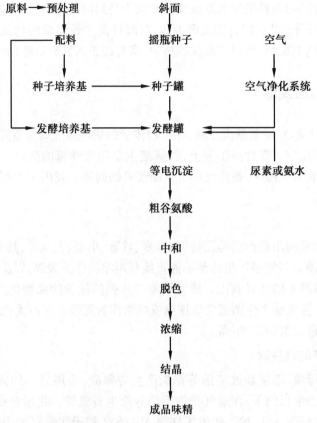

图 6.9 谷氨酸钠(味精)生产工艺

④增加蔬菜制品的医疗保健作用。

⑤丰富蔬菜制品的品种,满足市场需求,创造更高的社会经济效益。

1)泡菜生产技术

泡菜作为世界三大名酱腌菜之一,在我国生产历史悠久。泡菜是用低浓度食盐液来腌渍各种鲜嫩蔬菜制成的一种带酸味的加工品,制作方法简便,风味独特,营养保健,深受人们的欢迎。泡酸菜中的乳酸菌为人体有益菌,目前,生产中所用的自然发酵逐渐被人工接种发酵所取代。人工接种用于生产便于规模化生产,且能保持产品质量稳定,是一种发展趋势。

(1)泡菜生产流程

泡菜是用低浓度食盐水浸泡各种鲜嫩蔬菜而制成的一种带酸味的蔬菜腌制品,其产品要求色泽鲜丽,咸酸适度,盐 2% ~4%,酸(以乳酸计)0.4% ~0.8%,组织脆嫩,有一定的鲜味及甜味,并带有原料的芳香。民间加工泡菜很有经验,我国主要集中在西南和中南各省。泡菜腌制的工艺如图 6.10 所示。

(2)操作步骤

①原料选择:选择组织脆嫩,质地紧密,肉质肥厚,可溶性固形物含量高,无病虫伤害的新鲜蔬菜。

②原料预处理:主要指原料的整理、清洗、切分等过程。整理去掉不可食用病虫腐烂部分。适当切分可缩短泡制时间。原料入坛前要晾干明水或晾晒至表面脱水萎蔫。

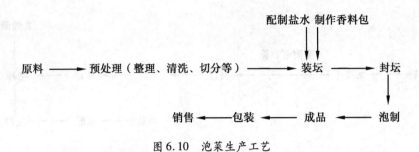

图 6.10　泡菜生产工艺

③泡菜盐水的配制:泡菜盐水一般分 3 类:一类是陈泡菜水,经过一年或几年使用的优质盐水,可以作为泡菜的接种水;一类为洗澡泡菜水,用于边泡边吃的盐水,这种盐水多咸而低酸;一类是新配制盐水,要求水澄清透明,硬度在 10° 以上,以井水和矿泉水为好,含矿物质多,食盐要保证纯度。

配制盐水时可用 3%~4% 的食盐与新鲜蔬菜拌和入坛,使渗出的菜水淹没原料或用 6%~8% 的食盐水与原料等量地装入泡菜坛内。为了增加色香味,还可以加入 2.5% 的黄酒、0.5% 的白酒、1% 米酒、3% 白糖或红糖、3%~5% 的鲜红辣椒等,香料如丁香、茴香、桂皮、花椒、胡椒等。按盐水量的 0.05%~0.1% 加入,可将香料用纱布或白布包成小袋放入坛中。

④装坛与封坛:原料装入泡菜坛尽量压实,有时上部用竹片将原料卡住。然后放入盐水及配料,香料袋放入原料中间,盐水以没过原料为宜。盐水面离坛口 3~5 cm。封盖后,在坛沿槽中注入 3~4 cm 深的冷开水或 10% 的食盐水,形成水槽密封口。

⑤泡制与管理:原料入坛后的泡制过程即为乳酸发酵过程,一般分为 3 个阶段:发酵初期以异型乳酸发酵为主,此时 pH 较高,一些好氧及兼性厌氧微生物活动频繁,发酵产物为乳酸、乙醇、醋酸和二氧化碳等,此期含酸量达到 0.3%~0.4%,时间为 2~5 d,表现为盐水槽中有 CO_2 气体放出;发酵中期以同型乳酸发酵为主,此时 pH 降至 4.5 以下,厌氧状态,一些厌氧乳酸菌(植物乳杆菌、赖氏乳杆菌等)大量繁殖,产物乳酸的积累量迅速增加,可达 0.6%~0.8%,pH 会降至 3.5 以下,一些好气菌及不耐酸菌活动受抑甚至死亡,时间为 5~9 d,是泡菜完熟阶段;发酵后期时,同型乳酸发酵继续进行,乳酸积累可达 1.0% 以上。泡菜制品一般在发酵中期食用,乳酸含量为 0.4%~0.8%。不同原料,不同时期(冬、夏季),泡制时间长短不一,要根据具体情况而定。

⑥成品管理:发酵成熟后最好立即食用,只有较耐贮原料才能长期保存。

2)乳酸菌发酵果蔬汁饮料

乳酸菌发酵果蔬汁饮料是一种新型饮料,其综合了乳酸菌和果蔬汁两方面的营养与保健功能,而且产品的原料风味和发酵风味融合为一体,深受消费者的喜爱。其生产工艺流程如图 6.11 所示。

6.1.6　乳酸的生产

乳酸是一种重要的有机酸,其酸性稳定,在食品工业中广泛用作酸味剂、防腐剂、还原剂等,可用于清凉饮料、糖果、糕点的生产和鱼肉、蔬菜等的加工和保藏。

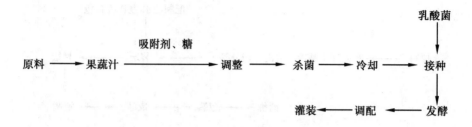

图 6.11 乳酸菌发酵果蔬汁饮料加工工艺

1)发酵用原料

乳酸发酵的主要原料有蔗糖、淀粉水解糖、糖蜜等低聚糖类和大米、玉米、薯干等淀粉类原料。为满足各种氨基酸、维生素、核酸、碱基等营养因子供给,可以添加天然廉价辅助原料,如麸皮、米糠、玉米浆等。

2)发酵用菌种

工业上应用的乳酸菌包括乳杆菌和乳球菌,都是革兰氏阳性菌,能发酵糖类产生乳酸。乳酸生产菌种的要求是产酸迅速、副产物少、营养要求简单、耐高温等。除了生产发酵食品,如香肠、泡菜等需用一些异型发酵菌外,单纯生产乳酸时,均采用同型发酵菌。比较重要的生产菌种有德氏乳杆菌、赖氏乳杆菌、保加利亚乳杆菌和戊糖乳杆菌等。

3)发酵工艺

乳酸发酵是一种厌氧发酵,发酵工艺包括长菌期、产酸期、乳酸提取和精制等阶段。目前,乳酸发酵均采用液体深层发酵工艺,其生产工艺流程如图 6.12 所示。

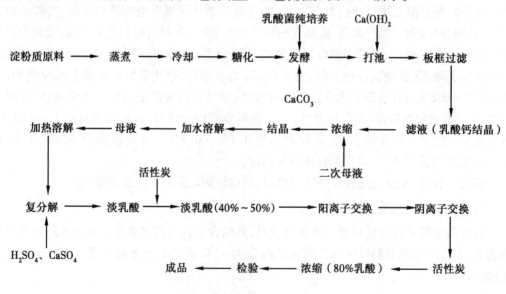

图 6.12 乳酸生产工艺

任务6.2　酵母菌与食品制造

6.2.1　面包

面包是一种营养丰富、组织蓬松、易于消化的焙烤食品。它以面粉、糖、水为主要原料，利用面粉中的淀粉酶水解淀粉生成的糖类物质，经过酵母菌的发酵作用产生醇、醛、酸类物质和 CO_2；在高温焙烤过程中，CO_2 受热膨胀使面包成为多孔的海绵结构以及具备松软的质地。

1）菌种及发酵剂类型

面包发酵剂菌种是啤酒酵母，应选择发酵力强、风味良好、耐热、耐酒精的酵母菌株。面包发酵剂类型有压榨酵母和活性干酵母两种。压榨酵母又称鲜酵母，是酵母菌经液体深层通气培养后再经压榨而制成，发酵活力高，使用方便，但不耐贮藏。活性干酵母是压榨酵母经低温干燥或喷雾干燥或真空干燥而制成，便于贮藏和运输。

2）面包生产工艺

面包生产工艺分为一次发酵法和两次发酵法，目前我国面包生产多采用两次发酵法，其工艺流程如图6.13所示。

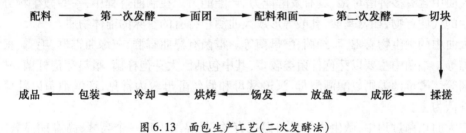

图6.13　面包生产工艺(二次发酵法)

面包生产技术要点如下：

①配料：将一定量面粉与1%酵母活化液、60%水混合均匀，进行第一次发酵。

②第一次发酵：温度27~29 ℃，相对湿度75%~80%，发酵4 h，形成面团。

③配料和面：在第一次发酵后的面团中添加面粉30%~70%、砂糖5%~6%、食盐0.5%、油脂2%~3%、水60%，再次和成面团，进行第二次发酵。

④第二次发酵：温度30 ℃，相对湿度75%~80%，发酵1 h。

⑤整形：将第二次发酵后的面团进行切块、揉搓、装模成形，称为整形。整形后放入盘中开始饧发。

⑥饧发：温度38~40 ℃，相对湿度85%，饧发1 h。

⑦烘烤：初期控制上火温度120 ℃，下火温度250~260 ℃，保持2~3 min；中期控制温度270 ℃；后期控制上火温度180~200 ℃，下火温度140~160 ℃，烘烤时间视品种而定。

⑧冷却、包装：烘烤后冷却至室温，然后包装制成成品。

6.2.2 酿酒

酿酒具有悠久的历史,产品种类繁多,如黄酒、白酒、啤酒、果酒等品种,而且形成了各种类型的名酒,如绍兴黄酒、贵州茅台酒、青岛啤酒等。酒的品种不同,酿酒所用的酵母菌以及酿造工艺也不同,而且同一类型的酒由于产地不同生产工艺也有所差异。

1)白酒

白酒是用高粱、小麦、玉米、薯类等淀粉质原料经蒸煮、糖化、发酵和蒸馏而成,因为无色,所以称白酒。因其酒精含量较高,又称为烧酒或高度酒。我国白酒酿造历史悠久、技术精湛、风格独特、种类繁多。白酒的成分主要是乙醇和水,其微量成分还有高级醇(白酒中的香气和风味物质)、醛类、酮类、酯类(白酒中含量最多的香味成分)、酸类(主要是乙酸和乳酸)。根据发酵剂与工艺的不同,一般按曲种(糖化发酵剂)可将蒸馏酒分为大曲酒、小曲酒和麸曲白酒。

(1)大曲

大曲是酿制大曲酒的糖化剂、发酵剂,在酿制过程中依靠自然界带入的各种微生物(包括细菌、霉菌和酵母菌),以大麦为主的淀粉质原料上生长繁殖,保证了各种酿酒用的有益微生物,再经风干、贮藏而成。大曲有高温曲(制曲温度 60 ℃以上)和中温曲(制曲温度不超过 50 ℃)两种类型,目前我国大多数著名的大曲白酒均采用高温制曲生产。

大曲中含有丰富的微生物,提供了酿酒所需要的多种微生物混合菌群。微生物在曲块上生长繁殖时,分泌出各种水解酶类,使大曲具有淀粉的液化力、糖化力和蛋白质分解能力等。大曲中含有多种酵母菌,具有发酵能力、产酯能力。在制曲过程中,一些微生物分解原料产生的代谢产物,如氨基酸、乳酸等形成大曲酒中特有的香味的前体物质。

大曲中的微生物有霉菌、细菌、酵母菌等。霉菌有黑曲霉群、灰绿曲霉群、毛霉、根霉及红曲霉等。细菌中主要以芽孢杆菌类较多,其中包括巨大芽孢杆菌、嗜热芽孢杆菌、枯草芽孢杆菌等。酵母菌类则以酿酒酵母、汉逊酵母和假丝酵母较为常见,产酸细菌以乳球菌和乳酸杆菌为主。

在大曲培菌过程中,微生物数量与温度有关,低温期出现一个高峰,高温期显著降低;微生物的数量变化与通气状况有一定的相关性,曲皮部分好气菌和兼性厌氧菌都能生长,而在曲心对好气菌不利。从大曲微生物优势类群变化情况来看,低温期以细菌占优势;其次为酵母菌,再次为霉菌;曲皮部分的酵母菌与霉菌数量高于曲心,细菌数量相差不大。

高温大曲制作工艺流程如图 6.14 所示。

以大曲酿造的蒸馏酒香味浓、口味悠长、风格突出,但缺点是用曲量大,耗粮多,出酒率低,生产周期长。

(2)小曲

小曲酒在我国具有悠久的历史,是我国南方人民喜欢饮用的酒类。小曲又名米曲,是以米粉或米糠为原料,添加或不添加中草药,经过浸泡、粉碎,接入纯种根霉和酵母菌或二者混合菌种曲,再经制坯、入室培养、干燥等工艺制成。小曲根据是否添加中草药,分为药小曲(俗称酒药)和无药小曲,其制作方法大同小异。小曲中加入中草药可促进曲中的有益微生物的繁殖和抑制杂菌生长。

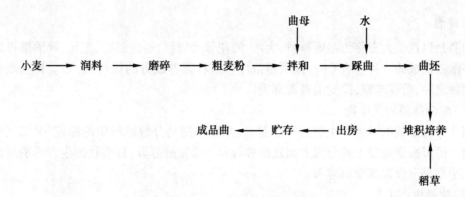

图 6.14　高温大曲制作工艺

①小曲中优势微生物种类:小曲中有根霉和少量毛霉、酵母等,此外,还有乳酸菌类、醋酸菌类及污染的杂菌。

小曲在小曲酿酒中起接种剂的作用,它为酒醅接入了糖化菌种(根霉和毛霉)和发酵菌种(酵母菌)。因此酿小曲酒所用的小曲量会比较少。但酿造的酒一般香味淡,属于米香型白酒。

②药小曲制作工艺流程如图 6.15 所示。

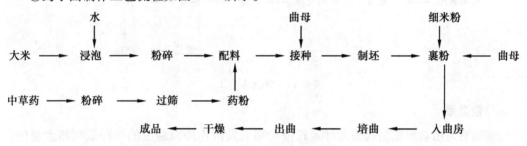

图 6.15　药小曲制作工艺

(3)麸曲

麸曲又名糖化曲,是固态发酵法酿造白酒的糖化剂。采用麸曲加酵母替代传统的大曲,所酿制的白酒称麸曲白酒。麸曲用麸皮、酒糟及谷壳等材料加水制成的曲料,经高温杀菌后,接入纯菌种培养制得,不用粮食,生产周期短,又称快曲。

①麸曲中微生物类群:麸曲中常用的糖化菌种以黑曲霉、米曲霉及甘薯曲霉等为主。

在白酒酿造中,除使用麸曲外,还需加入纯种的酒母(酵母)。其作用是将可发酵性糖转化为酒精和 CO_2。用麸曲酿酒有节约粮食、出酒率高、机械化程度高、生产周期短等优点,但麸曲白酒风味较差。有些厂家与酿酒酵母一起加一些产酯能力强的生香酵母,以改善麸曲蒸馏白酒的风味。

②麸曲制作工艺流程如图 6.16 所示。

图 6.16　麸曲制作工艺

2)啤酒

啤酒是以优质大麦芽为主要原料,大米、酒花等为辅料,经过制麦、糖化、啤酒酵母发酵等工序酿制而成的一种含有 CO_2、低酒精浓度和多种营养成分的饮料酒,是世界上产量较大的酒种之一,营养丰富,深受消费者喜爱。

（1）酿造啤酒的微生物

用于啤酒酿造的微生物主要是啤酒酵母,主要作用是分解原料中的糖,产生二氧化碳和酒精。酵母根据发酵方式分为上面发酵酵母和下面发酵酵母,目前我国生产啤酒所用的菌株几乎都是下面发酵啤酒酵母。

（2）啤酒生产工艺

啤酒生产工艺流程如图6.17所示。

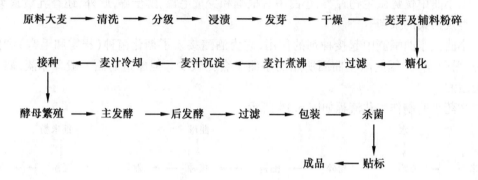

图6.17　啤酒生产工艺

3)葡萄酒

葡萄酒是由新鲜葡萄或葡萄汁通过酵母菌的发酵作用而制成的一种低酒精含量的饮料。葡萄酒质量的好坏和葡萄品种及酵母菌有着密切的关系。在葡萄酒生产中葡萄的品种、酵母菌种的选择是相当重要的。

（1）葡萄酒酵母的特征

优良的葡萄酒酵母具有以下特性:酵母能产生良好的果香与酒香;能将糖分全部发酵完,残糖在 4 g/L 以下;对 SO_2 具有较高的抵抗力;具有较高发酵能力,一般可使酒精含量达到16%以上;有较好的凝集力和较快沉降速度;能在低温(15 ℃)或果酒适宜温度下发酵,以保持果香和新鲜清爽的口味。

（2）干红葡萄酒生产工艺

酿制红葡萄酒一般采用单宁含量低、糖含量高的优质红葡萄品种。干红葡萄酒生产工艺如图6.18所示。

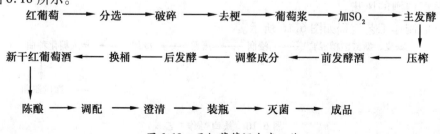

图6.18　干红葡萄酒生产工艺

6.2.3　酵母菌的综合利用

酵母菌细胞中含有蛋白质、脂肪、糖类、维生素和无机盐等,其中蛋白质含量特别丰富,如啤酒酵母蛋白质含量占细胞干重的42%～53%,产假丝酵母约为50%。因此,酵母菌除用于食品发酵外,还可用于生产单细胞蛋白(signal cell protein,SCP)。

1)SCP 简介

SCP 也称为微生物蛋白或菌体蛋白。与传统食品营养成分比较,蛋白质含量高,氨基酸组成较为齐全,含有人体必需 8 种氨基酸,尤其是谷物中含量较少的赖氨酸。还含有多种维生素、碳水化合物、脂类、矿物质,以及丰富的酶类和生物活性物质。单细胞蛋白的开发与生产为解决人类食品和饲料问题开辟了新的途径。

2)SCP 生产的菌种

一般工业生产 SCP 的微生物是酵母菌,主要是酿酒酵母菌,产朊假丝酵母,脆壁克鲁维酵母菌(乳清酵母),此外,解脂假丝酵母和热带假丝酵母也得到了有效的应用。产碱杆菌、假单胞菌、短杆菌等细菌能够良好地利用烷烃生产 SCP,但细菌易受噬菌体感染,且核酸含量较高,用于食用较为困难。真菌用于生产 SCP 也受到广泛关注,因为它含有丰富的木质素、纤维素降解酶系,可以利用廉价的废弃碳水化合物原料进行 SCP 的生产。

3)SCP 生产原料

生产 SCP 的原料来源极为广泛,大体分为以下 3 类。

(1)工业废液类

工业废液类包括造纸废液、酒精废液、味精废液、淀粉废液、生产柠檬酸废液、糖蜜废液、木材水解废液、豆制品废液等。

(2)工农业糟渣类

工农业糟渣类包括白酒糟、啤酒糟、果酒渣、醋糟、酱油糟、豆渣、粉渣、玉米淀粉渣、药渣、甜菜渣、甘蔗渣、果渣、饴糖渣等。

(3)化工产品类

化工产品类包括石油、石蜡、柴油、天然气、正烷烃、甲醇、乙醇、醋酸等。

除以上所介绍的外,农作物秸秆、饼粕类等也可作为原料生产单细胞蛋白。生产 SCP 常用菌种及其主要原料见表6.1。

表6.1　生产 SCP 常用菌种及其主要原料

菌　　种	主要原料
产朊假丝酵母	纸浆废液、木屑等
产朊假丝酵母大细胞变种	糖蜜
日本假丝酵母	纸浆废液
乳酒假丝酵母	乳清

续表

菌 种	主要原料
细红酵母	水解糖液
野生食蕈	水解糖液
热带假丝酵母	短链烷烃
甲烷假单胞菌	甲烷
毕赤酵母	甲醇或乙醇
汉逊氏酵母	甲醇或乙醇
粉粒小球藻	CO_2 和光能
普通小球藻	CO_2 和光能

4）SCP 生产的一般工艺流程

SCP 生产的一般工艺流程如图 6.19 所示。

图 6.19　单细胞蛋白的生产工艺

5）SCP 在食品工业中的应用

SCP 对于解决人类面临的粮食问题具有重要意义,在食品工业中主要有以下 4 个方面的应用。

（1）增加谷类食品的蛋白质生物价

SCP 含有丰富的蛋白质及多种维生素和无机盐,是一种营养较为全面的理想蛋白质来源,可掺和在早餐用谷类产品,罐装婴儿食品和老人食品中,提高这些食品的营养价值。

（2）提高食品中的蛋白质或维生素、矿物质含量

SCP 可用于补充许多食物(包括面条)中所需全部或部分维生素或矿物质。

（3）开发新食品

利用 SCP 的蛋白质组织形成性可用于制造"人造肉"等新食品。

（4）提高食品的某些物理性能

SCP 用于肉制品和焙烤食品的制造中,可保持食品水分、口感和风味等;酵母浓缩蛋白具有显著的鲜味而广泛用作食品的增鲜剂。

任务 6.3 霉菌与食品制造

6.3.1 淀粉糖化

在食品酿造业中,所应用的原料多数是含有较多淀粉质的原料,而要使淀粉质原料被酵母菌、细菌所利用,就必须使淀粉先进行糖化。淀粉的糖化、蛋白质的水解均是通过霉菌产生的淀粉酶和蛋白质水解酶进行的。通常情况是先进行霉菌培养制曲,淀粉、蛋白质原料经过蒸煮糊化后加入种曲,在一定温度下培养,曲中由霉菌产生的各种酶起作用,将淀粉、蛋白质分解成糖、氨基酸等水解产物。

糖化菌种

由于霉菌中的一些种含有丰富的糖化酶,常常可以用来糖化淀粉作为糖化菌种。生产中利用霉菌作为糖化菌种很多(表6.2),如根霉属中的米根霉、华根霉等;曲霉属中的黑曲霉、米曲霉等;毛霉属中的有鲁氏毛霉;以及红曲霉属中的一些种也是较好的糖化剂,如紫红曲霉、安氏红曲霉、锈色红曲霉、变红曲霉(AS3.976)等。

表6.2 常用糖化菌类特性、用途表

类 别	适宜 pH	适宜温度/℃	菌落颜色	用 途
米曲霉	3.5 ~ 6.0	36 ~ 40	黄褐色	制备米曲汁
乌沙米曲霉	3.5 ~ 4.5	33 ~ 35	黑褐色	生产中制备糖化剂
东酒一号	4 ~ 6	28 ~ 32	浅褐色	生产中制备糖化剂
黑曲霉	4.5 ~ 5.0	32 ~ 37	黑褐色	生产中制备糖化剂
AS3.43098	4.5 – 4.6	32	黑褐色	用于制备液体曲、固体曲

6.3.2 豆腐乳

豆腐乳是我国传统的民族特色食品之一,迄今已有1 000多年的生产历史。它风味独特、滋味鲜美,是一种富有营养的蛋白质发酵食品,不仅倍受国内广大消费者的喜爱,而且在国外也有很大的消费市场。腐乳在世界发酵食品中独树一帜,西方人称之为"东方的植物奶酪"。

豆腐乳不仅保留了大豆的营养成分,而且除去了大豆对人体极不利的溶血素和胰蛋白酶抑制物质;通过微生物发酵,水溶性蛋白质及氨基酸含量增多,提高了人体对大豆蛋白的利用率。此外,由于微生物作用,产生了大量的核黄素和维生素 B_{12},因此,腐乳不仅是一种很好的调味品,而且是人体营养物质的来源。

1)豆腐乳制作原理

腐乳是以大豆为原料,将大豆洗净、浸泡、磨浆、煮沸,加入适量凝固剂,除去水分制成豆腐,将豆腐切成小方块,接种微生物进行发酵,然后经过腌制,配料装坛后发酵即成。

2)豆腐乳酿造中的微生物

目前的豆腐乳生产大多采用纯菌种接在豆腐坯上,然后置于敞口的自然条件下培养。在培养过程中不可避免地有外界微生物的侵入,而且发酵的配料可能带入其他微生物,因而豆腐乳发酵过程中的微生物种类十分复杂。我国酿造豆腐乳的微生物大多为丝状真菌,如毛霉属、根霉属等,其中以毛霉菌酿造的腐乳占多数。如五通桥毛霉、腐乳毛霉、总状毛霉、根霉、米曲霉等,在发酵过程中还有细菌和酵母菌参与。

3)豆腐乳生产工艺

腐乳的生产是利用毛霉或根霉在豆腐上培养及腌制过程中外界侵入并繁殖的微生物、配料中红曲含有的红曲霉、米曲霉及酵母菌等所分泌的酶系,在发酵期间引起复杂的生物化学变化,促使蛋白质水解成氨基酸,并使淀粉糖化后发酵成乙醇及形成有机酸;同时在辅料中的酒类及添加的各种香辛料的共同作用下,合成复杂的酯类,最后形成腐乳特有的色、香、味等。

毛霉型腐乳酿造的工艺流程如图6.20所示。

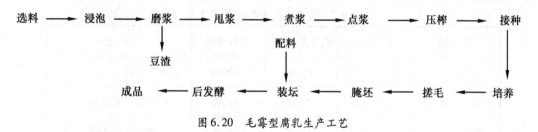

图6.20 毛霉型腐乳生产工艺

6.3.3 酱类

酱类包括大豆酱、蚕豆酱、面酱、豆瓣酱、豆豉及其加工制品,都是由一些粮食和油料作物为主要原料(豆类或小麦),利用以米曲霉为主的微生物经发酵酿制的半固体黏稠的调味品。主要有豆酱(黄酱)和面酱(甜面酱)两种,并可以这两种酱为基料调制出各种特色衍生酱品,如各种花色酱。酱油其实是酱的衍生品种。酱类发酵制品营养丰富,易于消化吸收,即可作小菜,又是调味品,具有特殊的色、香、味,价格便宜,是一种受欢迎的大众化调味品。

1)大豆酱

(1)原料

大豆酱的主要原料为大豆。大豆蛋白质经发酵后能分解成各种氨基酸,这些氨基酸是构成大豆酱营养及风味成分的重要物质。此外还需一定量的面粉(通常采用标准粉)、食盐和水。大豆与面粉之比为100:(40~60)。

（2）菌种与制曲

①菌种：制酱用菌种与酱油酿造用菌种相同，具体见6.3.4酱油。

②制曲：先将大豆洗净，浸泡后蒸熟，然后用炒熟的面粉拌和，按0.15%~0.3%的比例接入种曲，再按酱油生产中的通风制曲方法制曲。

（3）制酱

制酱工艺流程如图6.21所示。

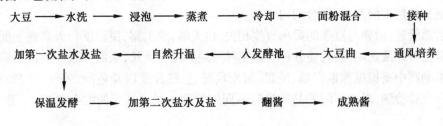

图6.21　大豆酱制作工艺

2）豆瓣酱

豆瓣酱简称豆瓣，起源于四川，是以蚕豆等为原料发酵酿制而成的保持蚕豆瓣原形的半流动黏稠体或半固态调味品。作为我国传统的发酵制品，豆瓣酱除了具有独特的滋味外，它的香味纯正，是川菜中必不可少的调味品之一。豆瓣产品有甜豆瓣（不加辣椒）和辣豆瓣两大类，其中甜豆瓣又称原汁豆瓣，是用蚕豆曲加盐水经晒露发酵制成；豆瓣中加入辣椒的产品叫辣豆瓣。辣豆瓣具有鲜、甜、咸、辣、酸等多种调和的口味，能开胃助消化，是一种深受消费者欢迎的方便食品。根据生产工艺和产品特点，辣豆瓣可分为传统型辣豆瓣、佐餐型辣豆瓣和熟料型辣豆瓣3类，其中最负盛名的是传统型郫县豆瓣。

（1）原料

蚕豆、红辣椒（辣豆瓣）为主要原料，食盐、面粉等为辅料。

（2）生产工艺

豆瓣是传统的酿造产品，属于自然接种，利用空气中的微生物作用，完成制曲和发酵。所以发酵是利用米曲霉、细菌、酵母菌等微生物的共同作用，形成四川豆瓣中所含的营养成分及其特殊的风味物质。四川豆瓣传统生产工艺如图6.22所示。

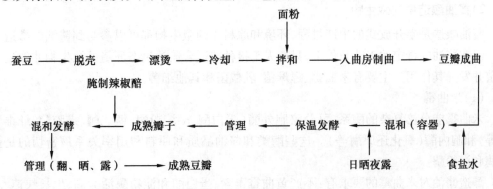

图6.22　四川豆瓣传统生产工艺

（3）生产工艺要点

①漂烫：95~100 ℃沸水中漂烫1 min，捞出放冷水中降温，淘去碎渣，浸泡3~4 min。

②制曲:捞出豆瓣拌入面粉,拌匀后摊放在簸箕内放入制曲房制曲(自然接种发酵),控制品温在40℃左右,经过一周左右长出发黄,初发酵完成。现在工业上制曲一般采用沪酿3.042米曲霉(接种量为0.3%~0.5%)与AS3.350黑曲霉复合制曲或分别制曲,混合发酵制曲的生产工艺。

③混合:将长霉的豆瓣放入容器(陶缸)内,同时放入定量的盐水,进行翻晒。

④发酵:白天翻缸,晚上露放,并注意避免淋雨,经过40~50 d,豆瓣逐渐变为红褐色,加入腌制好的辣椒醅及盐,混合均匀。

⑤后熟管理:后熟与豆瓣的风味直接相关,白天晒,晚上露,使温度白天高晚上低,通过温度高低更替以及定期翻醅,使各种有益菌种得到繁殖和生长,从而导致产品增加酱醅香。豆瓣在翻晒露中要根据辣椒产地、质量、阳光状况、发酵程度以及色泽、香气、体态的变化,分段进行化验检测,对于不同的品种进行不同的管理。经过半年的贮存发酵,豆瓣才完全成熟。

6.3.4 酱油

酱油是一种常用调味品,以蛋白质原料和淀粉质原料为主,经微生物发酵酿制而成。酱油中含有多种调味成分,有酱油的特殊的香味、食盐的咸味、氨基酸钠盐的鲜味、糖及其他糖醇物质的甜味、有机酸的酸味等,还有天然的红褐色色素。

我国是世界上最早利用微生物酿造酱油的国家,据记载我国自周朝开始就有酱油的生产,后传到日本等国家,成为世界范围内受欢迎的调味品之一。

1)酱油酿造原理

在酱油酿造过程中,利用微生物产生的蛋白酶将原料中的蛋白质水解成多肽、氨基酸,成为酱油的营养成分以及鲜味的来源。另外,部分氨基酸的进一步反应,与酱油香气、色素的形成有直接的关系。因此蛋白质原料与酱油的色、香、味、体的形成有重要关系,是酱油生产的主要原料。一般选用大豆、脱脂大豆作为蛋白质的原料,也选用其他代用原料,如蚕豆、绿豆、花生饼等。

2)酱油酿造中的微生物

酱油酿造是半开放式的生产过程,环境和原料中的微生物都可以参与到酱油的酿造中来。但在酱油的特定的工艺条件下,只有人工接种或适合酱油生态环境的微生物才能生长繁殖并发挥其作用。主要有米曲霉、酵母菌、乳酸菌和其他细菌。

(1)米曲霉

米曲霉能分泌复杂的酶系,可分泌胞外酶(蛋白酶、α-淀粉酶、糖化酶、果胶酶、纤维素酶等)和胞内酶(氧化还原酶等)。这些酶类和酱油品质和原料利用率关系最密切的是蛋白酶和淀粉酶。

酿造酱油对米曲霉的要求有:不产黄曲霉毒素、蛋白酶和淀粉酶活力高、生长快速、培养条件粗放;抗杂菌能力强、不产异味、酿造酱油香气好。

(2)酵母菌

酱醅中的酵母菌有7个属23个种,其中对酱油风味和香气的形成起重要作用的是鲁氏酵母和球拟酵母。

鲁氏酵母是酱油酿造中的主要酵母菌。耐盐性强,抗高渗透压,在含食盐 5% ~ 8% 的培养基中生长良好,在 18% 食盐浓度下仍能生长,维生素、泛酸、肌醇等能促进它在高食盐浓度下生长。

（3）乳酸菌

酱油中的乳酸菌是一些耐盐乳酸菌,其代表菌有嗜盐片球菌、酱油微球菌等。这些乳酸菌耐乳酸能力弱,因此,不会因产过量的乳酸使酱醅中的 pH 过低而造成酱醅质量变坏。适量的乳酸是构成酱油风味的因素之一。

（4）其他微生物

在酱油酿造中除上述优势微生物外,酱油曲和酱醅中还存在其他一些微生物,如毛霉、青霉、产膜酵母、枯草芽孢杆菌、小球菌等。若制曲条件控制不当或种曲质量差时,这些微生物会大量生长,不仅消耗曲料的营养成分,使原料利用率下降,而且使酶活力降低,产生异臭,造成酱油浑浊,风味下降。

3）**酱油酿造工艺**

在酱油的酿造过程中,除了利用物理因素来处理原料外,主要利用多种微生物的酶的作用,把原料中的复杂有机物质分解为简单的物质。同时经复杂的生物化学作用,形成独特的色、香、味。

固态低盐发酵法酿造酱油的工艺流程如图 6.23 所示。

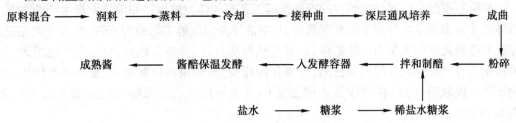

图 6.23　固态低盐发酵法酿造酱油工艺

工艺要求:制曲过程通常是采用人工接种米曲霉或混合霉菌的方法来获得高品质的酱曲。制曲时应控制前期温度 32 ~ 35 ℃,有利于菌体生长;后期温度控制 28 ~ 30 ℃,有利于蛋白酶的生成。

在酱醅的发酵阶段,由于食盐的加入和氧气量的减少,米曲霉生长几乎完全停止,而耐盐性的乳酸菌和酵母菌等大量生长为优势菌群。在发酵初始阶段,乳酸菌大量繁殖,菌体浓度增高,酱醅 pH 开始下降,同时发酵产生乳酸,乳酸是形成酱油芳香和风味物质的重要成分之一。当 pH 下降到 4.9 左右,耐盐鲁氏酵母菌生长旺盛,酱醅中的酒精含量达到 2% 以上,同时生成少量的甘油等,也是酱油风味物质的重要来源之一。在发酵后期,随着糖浓度降低和酱醅的 pH 下降,鲁氏酵母自溶,酯香型的球拟酵母繁殖和发酵活跃,生成酱油芳香物质。

6.3.5 柠檬酸

柠檬酸具有令人愉快的酸味,它入口爽快、无后酸味、安全无毒,是发酵法生产中最重要、食品工业中用量最大的有机酸。在饮料、果酱、果冻、酿造酒、冰淇淋和人造奶油、罐头食品、豆制品及调味品等食品工业中被广泛用作酸味剂、增溶剂、缓冲剂、抗氧化剂、除腥脱臭剂等,因此被称为"第一食用酸味剂"。

1)菌种

柠檬酸是葡萄糖经 TCA 循环而形成的最具有代表性的发酵产物。在大多数的微生物代谢中,均能产生柠檬酸,但在工业上用于柠檬酸生产的微生物主要是黑曲霉。这些菌种柠檬酸产量高,较少产生其他不需要的有机酸,而且能利用多种碳源。

2)原料

柠檬酸发酵用原料的种类很多,食品工业生产上常用的原料主要有淀粉质原料、糖类原料及石油原料。淀粉质原料包括甘薯、木薯、马铃薯和由它们制成的薯干、淀粉、薯渣、淀粉渣及玉米粉等;糖类原料有粗制蔗糖、水解糖(葡萄糖)、饴糖、糖蜜等;石油原料中可供发酵的成分主要是 $C_{10} \sim C_{20}$ 的正烷烃。我国多用糖蜜和薯干。

3)发酵工艺

柠檬酸发酵是好氧性发酵。柠檬酸发酵工艺有固体发酵生产和液体发酵生产两大类,液体法又分为浅盘发酵和深层发酵两种,其中液体深层发酵工艺最为普遍,技术也更先进。深层发酵的发酵体系是均一的液体,具有传热性质良好、设备占地面积小、生产规模大、发酵速率高、产酸率高、发酵设备密闭、机械化操作安全、杂菌污染概率低、发酵副产物少、有利于产品提取等优点,在柠檬酸发酵工业中占主导地位。柠檬酸深层发酵工艺流程如图 6.24 所示。

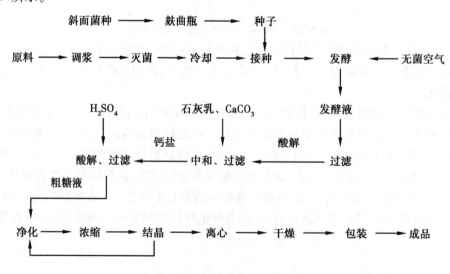

图 6.24　柠檬酸深层发酵工艺

任务6.4 微生物酶制剂及其应用

酶作为生物催化剂,具有催化效率高,反应条件温和,专一性强等特点,在工业生产中利用酶的催化反应来代替一些需要高温、高压、强酸、强碱的化学反应,可简化工艺、降低设备投资和产品成本、提高产品质量和效率、改善劳动条件、减少化学污染等,因此日益受到人们的重视,应用也越来越广泛。酶的来源有植物果实及种子、动物组织和微生物。由于动植物来源有限,且易受季节、地域和气候等因素的限制,微生物不仅不受这些因素的影响,而且种类繁多、生长速度快、加工提纯容易、加工成本相对较低,充分体现了微生物生产酶制剂的优越性。但一种微生物往往可以产生各种各样的酶,而通常只是需要某种特异性的酶,因而要去掉不需要的其他酶,需要增加工序和成本。目前除少数几种酶仍从动植物中提取外,绝大部分酶是用微生物来生产的。

6.4.1 微生物酶制剂的类型

1)淀粉酶类

淀粉酶是水解淀粉物质的一类酶的总称,广泛存在于动植物和微生物中。它是最早实现工业化生产且迄今为止应用最广、产量最大的一类酶制剂。按照水解淀粉方式不同可将淀粉酶分为:α-淀粉酶、β-淀粉酶、糖化酶和葡萄糖异构酶。

（1）α-淀粉酶

在工业上大规模生产中,α-淀粉酶的主要微生物是细菌和霉菌。由微生物制备的酶制剂产酶量高,易于分离和精制,适于大量生产。目前具有实用价值的α-淀粉酶生产菌有淀粉液化芽孢杆菌、嗜热脂肪芽孢杆菌,马铃薯芽孢杆菌、嗜热糖化芽孢杆菌、多黏芽孢杆菌等。

（2）β-淀粉酶

β-淀粉酶最初是从麦芽、大麦、甘薯和大豆等高等植物中提取的,近些年来发现不少的微生物也能产β-淀粉酶,其对淀粉的作用与高等植物的β-淀粉酶是相同的,而在耐热性等方面优于高等植物β-淀粉酶,更适合于工业化应用。目前研究最多的是多黏芽孢杆菌、巨大芽孢杆菌、蜡状芽孢杆菌、环状芽孢杆菌和链霉菌等。

（3）糖化酶

不同国家糖化酶的生产菌种不同,美国主要用臭曲霉,丹麦和中国用黑曲霉,日本用拟内孢霉和根霉。我国于20世纪70年代选育黑曲霉突变株UV11,目前已广泛用于糖化酶生产。

2)果胶酶类

能够产生果胶酶的微生物很多,但在工业生产中采用真菌,大多数菌种生产的果胶酶都是复合酶,也有的微生物却能产生单一果胶酶,如斋藤曲霉,主要产生聚半乳糖醛酸酶;

镰刀霉主要生产原果胶酶。

3)纤维素酶

纤维素酶是降解纤维素生成葡萄糖的一类酶的总称,可分为酸性纤维素酶和碱性纤维素酶。产生纤维素酶的微生物有很多,如真菌、放线菌和细菌等,但作用机理不同。大多数的细菌纤维素酶在细胞内形成紧密的酶复合物,而真菌纤维素酶均可分泌到细胞外。

4)蛋白酶

蛋白酶是水解蛋白质肽键的一类酶的总称。按其降解多肽的方式分为内肽酶和端肽酶。按产生菌的最适 pH,可将蛋白酶分为中性蛋白酶、碱性蛋白酶和酸性蛋白酶。

(1)酸性蛋白酶

在某些方面与动物胃蛋白酶和凝乳蛋白酶相似,除胃蛋白酶外,都是由真菌产生。多数酸性蛋白酶在 pH 为 2~5 是稳定的。

生产酸性蛋白酶的微生物有黑曲霉、米曲霉、金黄曲霉、拟青霉、微小毛霉、白假丝酵母、枯草芽孢杆菌等。我国生产酸性蛋白酶的菌种为黑曲霉。

(2)中性蛋白酶

中性蛋白酶的热稳定性较差,生产中性蛋白酶的微生物有枯草芽孢杆菌、巨大芽孢杆菌、酱油曲霉、米曲霉和灰色链霉菌等。

(3)碱性蛋白酶

碱性蛋白酶是一类作用最适 pH 为 9~11 的蛋白酶,其活性中心含丝氨酸,因此也叫丝氨酸蛋白酶。碱性蛋白酶较耐热,55 ℃下保持 30 min 仍能有大部分的活力。因此,主要应用于制造加酶洗涤剂。碱性蛋白酶是商品蛋白酶中产量最大的一类蛋白酶,占蛋白酶总量的 70% 左右。

生产碱性蛋白酶的微生物主要是芽孢杆菌属的地衣芽孢杆菌、短小芽孢杆菌、嗜碱芽孢杆菌和灰色链球菌等几个种。

5)其他微生物酶类

酵母菌、霉菌可产生脂肪酶;霉菌可产生半纤维素酶、葡萄糖氧化酶、蔗糖酶、橙皮苷酶、柚苷酶等酶类;细菌、放线菌可产生葡萄糖异构酶等。

一种酶可以有多种微生物产生,而一种微生物也可以产生多种酶。因此可根据不同条件利用微生物来生产酶制剂。

6.4.2　微生物酶制剂的生产

微生物发酵生产酶制剂,分固态发酵法、液态发酵法。虽然具体的生产菌不同,目的酶不同,生产设备不同,条件、工艺不同,但酶制剂的生产工艺流程(图 6.25)大致相同。

6.4.3　微生物酶在食品中的应用

食品工业上常用微生物酶的来源及其在食品工业中的应用,见表 6.3。

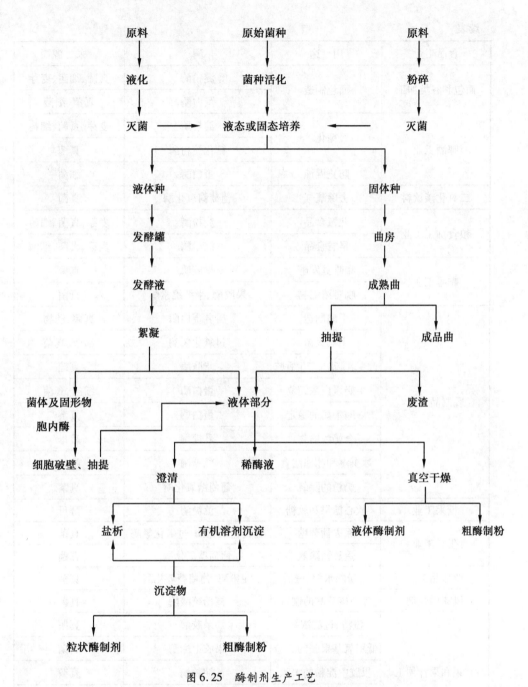

图 6.25 酶制剂生产工艺

表 6.3 食品工业常用酶的来源及其应用

食品工业	用　途	酶	来　源
食品分析	糖的测定	葡萄糖氧化酶	真菌
		半乳糖氧化酶	真菌
	糖原的测定	葡萄糖淀粉酶	真菌
	尿酸的测定	尿酸氧化酶	真菌、动物

续表

食品工业	用　途	酶	来　源
面包和谷类加工	面包制造	淀粉酶	真菌、细菌、麦芽
		蛋白酶	真菌、细菌
啤酒工业	糖化	淀粉酶	麦芽、真菌、细菌
		糖化淀粉酶	真菌
	防止混浊	蛋白酶	细菌
二氧化碳饮料	去除氧气	葡萄糖氧化酶	真菌
粮食加工工业	儿童食品	淀粉酶	麦芽、真菌、细菌
	早餐食品	淀粉酶	麦芽、真菌、细菌
咖啡工业	咖啡豆发酵	果胶酶	真菌
	咖啡浓缩物	果胶酶、半纤维素酶	真菌
乳制品工业	干酪制造	凝乳蛋白酶	真菌、动物
	牛奶灭菌	过氧化氢酶	细菌、真菌
	改变乳脂肪、产生香味	脂肪酶	真菌
	牛奶蛋白浓缩物	蛋白酶	细菌、真菌
	浓缩牛奶的稳定	蛋白酶	真菌
	全奶浓缩物	乳糖酶	酵母
	冰淇淋和冰冻甜食	乳糖酶	酵母
	奶粉的除氧	葡萄糖氧化酶	真菌
糖果工业	软心糖果和软糖	蔗糖酶	酵母
蛋粉工业	除去葡萄糖	葡萄糖氧化酶、过氧化氢酶	真菌
	蛋黄酱除氧	葡萄糖氧化酶	真菌
调味品工业	淀粉的水解、澄清	淀粉酶、葡萄糖氧化酶	真菌
风味增强剂	各种核苷酸的制备	核糖核酸酶	真菌
水果和果汁加工	澄清、过滤浓缩	果胶酶	真菌
	低甲氧基果胶的制造	果胶甲酯酶	真菌
	果胶中淀粉的去除	淀粉酶	真菌
	氧气的去除	葡萄糖氧化酶	真菌
	橘子的脱苦	柚苷酶	真菌
肉类、鱼类加工	皮的软化、脱毛	蛋白酶	细菌、真菌
	肉类嫩化	蛋白酶	细菌、真菌
	肠衣嫩化	蛋白酶	细菌、真菌

续表

食品工业	用　途	酶	来　源
蔬菜加工	菜泥的糖化	淀粉酶	真菌
淀粉和糖浆	玉米糖浆	淀粉酶、糊精酶	真菌
		葡萄糖异构酶	真菌、细菌
	葡萄糖的生产	葡萄糖淀粉酶、淀粉酶	细菌、真菌

项目小结)))

　　微生物在食品发酵中起着非常重要的作用。本章主要介绍了细菌、酵母菌及霉菌在食品工业中的应用,同时介绍了微生物酶制剂种类及其在食品工业中的应用。细菌在食品工业中可用于食醋、发酵乳制品、益生菌食品、谷氨酸发酵(味精生产)、发酵性蔬菜以及乳酸的生产。酵母菌用于面包加工、酿酒(白酒、啤酒、果酒等)及单细胞蛋白(SCP)的生产。霉菌则可用于淀粉糖化、豆腐乳、酱类、酱油及柠檬酸的发酵生产。实际应用过程中,不同食品制造中所用的微生物菌种(分别为细菌、霉菌、酵母菌中的一种或多种)和原理有所不同。

　　微生物酶制剂的种类很多,在食品工业中有着广泛的应用。利用微生物生产酶制剂与其他动植物相比,具有独特的优势,且已形成了高效的生产工艺流程。

复习思考题)))

1. 微生物在食品制造中有哪些作用?
2. 食醋生产中的微生物有哪些? 在食醋酿造过程中分别起什么作用?
3. 简述固态法食醋生产工艺。
4. 什么是发酵乳制品?
5. 发酵乳制品中的风味物质是如何形成的?
6. 简述凝固型酸乳的生产工艺。
7. 什么是益生菌,具有哪些生理功能?
8. 简述味精的生产工艺,在生产过程中应注意哪些问题?
9. 泡菜生产过程中,乳酸菌是如何发挥作用的?
10. 简述乳酸的生产工艺。
11. 简述啤酒的酿造工艺。
12. 什么是 SCP,其生产菌种和生产原料有哪些? 在食品工业中有何应用价值?
13. 豆腐乳酿造中的微生物有哪些?
14. 酱油酿造中的微生物有哪些?
15. 简述柠檬酸深层发酵工艺流程。
16. 简述微生物酶制剂的种类及其在食品工业中的应用。

实训 6.1　泡菜的制作

一、实训目的

1. 熟悉泡菜加工的工艺流程,掌握泡菜加工技术。
2. 在实践中验证理论上泡菜加工中发生的一系列变化。

二、实训原理

利用泡菜坛造成的坛内嫌气状态,配制适宜乳酸菌发酵的低浓度盐水(6% ~ 8%),对新鲜蔬菜进行腌制。由于乳酸的大量生成,降低了制品及盐水的 pH 值,抑制了有害微生物的生长,提高了制品的保藏性。同时由于发酵过程中大量乳酸、少量乙醇及微量醋酸的生成,给制品带来爽口的酸味和香气,同时各种有机酸又可与乙醇生成具有芳香气味的酯,加之添加配料的味道,都给泡菜增添了特有的香气和滋味。

三、实训材料和器皿

①材料:新鲜蔬菜,如苦瓜、嫩姜、甘蓝、萝卜、大蒜、辣椒、胡萝卜、嫩黄瓜等组织紧密、质地脆嫩、肉质肥厚而不易软化的蔬菜种类均可。食盐、白酒、黄酒、红糖或白糖、干红辣椒、草果、八角、茴香、花椒、胡椒、陈皮、甘草等。
②器皿:泡菜坛子、不锈钢刀、案板、小布袋(用以包裹香料)等。

四、实训方法和步骤

1. 盐水参考配方(以水的重量计)
食盐 6% ~ 8%、白酒 2.5%、黄酒 2.5%、红糖或白糖 2%、红辣椒 3%、草果 0.05%、八角茴香 0.01%、花椒 0.05%、胡椒 0.08%、陈皮 0.01%。
注:若泡制白色泡菜(嫩姜、白萝卜、大蒜头)时,应选用白糖,不可加入红糖及有色香料,以免影响泡菜的色泽。

2. 工艺流程
原料预处理→配制盐水→入坛泡制→ 泡菜管理。

3. 操作要点
(1)原料的处理
新鲜原料经过充分洗涤后,应进行整理,不宜食用的部分均应剔除干净,体形过大者应进行适当切分。

（2）盐水的配制

为保证泡菜成品的脆性，应选择硬度较大的自来水，可酌情加入少量钙盐如 $CaCl_2$、$CaCO_3$、$CaSO_4$、$Ca_3(PO_4)_2$ 等，使其硬度达到 $10°$。此外，为了增加成品泡菜的香气和滋味，各种香料最好先磨成细粉后再用布包裹。

（3）入坛泡制

泡菜坛子用前洗涤干净，沥干后即可将准备就绪的蔬菜原料装入坛内，装至半坛时放入香料包再装原料至距坛口 $3 \sim 5$ cm 即可，并用竹片将原料卡压住，以免原料浮于盐水之上，随即注入所配制的盐水，至盐水能将蔬菜淹没，将坛口盖上，并在水槽中加注清水。将坛置于阴凉处任其自然发酵。

（4）泡菜的管理

①入坛泡制 $1 \sim 2$ d 后，由于食盐的渗透作用原料体积缩小，盐水下落，此时应再适当添加原料和盐水，保持其装满至坛口下 $3 \sim 5$ cm 即可。

②经常检查水槽，水少时必须及时添加，保持水满状态，为安全起见，可在水槽内加盐，使水槽水含盐量达 10%。

③泡菜的成熟期随所泡蔬菜的种类及当时的气温而异，一般新配的盐水在夏天时需 $5 \sim 7$ d 即可成熟，冬天则需 $12 \sim 16$ d 才可成熟。叶类菜如甘蓝需时较短，根菜类及茎菜类则需时较长一些。

五、实训结果

按照以下质量标准评价所发酵的泡菜品质。

1. 色泽：依原料种类呈现相应颜色、无霉斑。

2. 香气滋味：酸咸适口、味鲜、无异味。

3. 质地：脆、嫩。

六、实训注意事项

1. 注意水槽内水经常更换，并注意防止坛沿水的倒灌。

2. 经常检查，防止质量劣变，若坛内轻微生膜生花，可注入少量白酒。

3. 切忌带入油脂，防止菜体软烂。

七、思考题

影响乳酸发酵的因素有哪些？

实训 6.2 酸奶的制作

一、实训目的

了解酸奶加工的基本原理,学习酸奶菌种的培养及其简易的加工技术。

二、实训原理

酸奶是以牛奶为主要原料,经杀菌后接种乳酸菌发酵而成。由于乳酸菌利用了乳中的乳糖生成乳酸,升高了原料奶的酸度,当酸度达到蛋白质等电点时,酪蛋白因酸而凝固成形即成酸奶。

三、实训材料和器皿

1. 菌种:保加利亚乳杆菌、嗜热链球菌的培养物。
2. 材料和器皿:灭菌的 10 mL 脱脂牛乳培养基 4~6 支、鲜奶、白糖、发酵瓶、接种勺、三角瓶、恒温箱、冰箱、电炉、玻璃瓶、灭菌锅、温度计及染色试剂和显微镜等。

四、实训方法和步骤

1. 纯种的活化

取灭菌的脱脂牛乳培养基 2 支,按无菌操作法用灭菌接种勺分别接种保加利亚乳杆菌及嗜热链球菌培养物各 1 勺,摇匀后前者置 40~43 ℃下培养 12~14 h,后者于 37 ℃下培养 12h 进行活化,如此反复活化 3~4 代后,镜检细胞形态,无杂菌时即可作发酵用。

2. 母发酵剂的制备

取 50 mL 新鲜脱脂乳两份,分装于 150 mL 三角瓶中,于 0.07 MPa(115 ℃)下灭菌 20 min。待冷却至 37 ℃左右,按牛乳量的 1%~3% 分别接入经活化的菌种,摇匀后,置适温下培养 6~8 h,凝固后备用。

3. 生产发酵剂

可用原料奶制作。基本方法同母发酵剂,一般采用 500~1 000 mL 的三角瓶或不锈钢的发酵罐进行。以 90 ℃、60 min 或 100 ℃、30~60 min 消毒,冷却至菌种的最适温度,然后按生产量的 1%~3% 接入母发酵剂(保加利亚乳杆菌、嗜热链球菌按 2:3 比例混后接种),充分搅拌,置 43 ℃下培养,达到所需酸度时(6~8 h)取出,降温,冷藏备用。

4．酸奶生产

（1）原料奶的质量

要求优质新鲜乳（杂菌数不大于 5×10^5 CFU/mL，干物质含量11%以上，不含抗生素及防腐剂），经验收合格后使用。

（2）加糖

按原料奶的8%～10%加入白糖。

（3）杀菌、冷却

将盛有加糖鲜奶的容器，直接在火上加热至90～95 ℃，维持10～20 min，加热时要充分搅拌，使温度均匀而不至沸腾。之后，使之冷却至40 ℃左右时再接种。

（4）接种

将制备好的生产发酵剂，按原料奶的3%～5%的接种量接入经杀菌、冷却的奶中，充分混匀。

（5）装瓶

接种后的杀菌奶尽快分装于已消毒的小瓶（或小罐）中。每瓶容量不得超过容器的4/5，装好后封口，立即送入发酵室。

（6）前发酵

将奶瓶置40～45 ℃下保持4 h后，pH为4.1～4.2时，即完成了前发酵，随即放入1～5 ℃冷藏室。

（7）后发酵

于5 ℃以下的冷藏室保持3～4 h后，pH为4.1～4.2时为最好（可预先用pH计测定控制），此时即发酵完毕。

五、实训结果

从口感、质地、滋味和香气等方面，将发酵生产的酸奶与市售酸奶进行比较。

六、注意事项

1．发酵温度依所采用的乳酸菌种类不同而异，发酵过程中应尽可能控制温度。

2．在发酵过程中应抽样检查，发现牛奶已完全凝固，就应立即停止发酵。

七、思考题

1．酸奶生产工艺流程中的关键步骤是什么？

2．为何要使用两种以上的乳酸菌进行接种发酵？

3．影响酸奶成熟的主要因素是什么？

项目7
微生物与食品的腐败变质

1. 了解污染食品的微生物的主要来源及其污染途径。
2. 掌握微生物引起食品腐败变质的基本原理、内在因素和外界条件。
3. 熟悉控制微生物污染的主要措施及食品腐败变质的控制方法。
4. 了解引起各类主要食品腐败变质的微生物类群以及相关现象及原因。
5. 了解引起食物中毒的微生物种类、中毒特点及预防措施。

知识链接

食品变质是指食品外形发生变化、成分发生各种酶性、非酶性变化及夹杂物污染,从而使质量发生变化,食用价值下降,甚至食用后可能危害人体健康。造成食品变质的主要原因包括物理、化学和生物3个方面的因素。其中由微生物的作用引起食品发生了有害变化,失去了原有的或应有的营养价值、组织性状及色、香、味,被称为食品的腐败变质。

任务7.1　食品中微生物的污染来源及其途径

食物从原料种植、饲养、捕捞,以及食品在加工、生产、运输、贮藏和销售到食用的各个环节,微生物及其毒素都有可能进入到食品当中,这一过程称为食品的微生物污染。了解微生物的污染源及途径,对控制其对食品的微生物污染,延长食品贮存期、防止食品腐败变质及食物中毒的发生有着十分重要的作用。

7.1.1　污染来源

微生物在自然界中分布广泛,不同环境中存在的微生物种类和数量不尽相同,食品在生产、加工、运输、贮藏、销售等各个环节,常与环境中的微生物发生各种方式的接触,进而引起食品的微生物污染。污染食品的微生物主要来源于土壤、空气、水、操作人员、动植物、加工设备、包装材料等方面。

7.1.2　污染途径及食品中微生物的消长

食品在生产加工、运输、贮藏、销售以及食用过程中都可能遭受到微生物的污染,其污染的途径可分为两大类。

1)内源性污染

凡是作为食品原料的动植物体在生活过程中,由于本身带有的微生物而造成食品的污染称为内源性污染,也称第一次污染。如畜禽在生活期间,其消化道、上呼吸道和体表总是存在一定类群和数量的微生物。当受到沙门氏菌、布氏杆菌、炭疽杆菌等病原微生物感染时,畜禽的某些器官和组织内就会有病原微生物的存在。当家禽感染了鸡白痢、鸡伤寒等传染病,病原微生物可通过血液循环侵入卵巢,在蛋黄形成时被病原菌污染,使所产卵中也含有相应的病原菌。

2)外源性污染

食品在生产加工、运输、贮藏、销售、食用过程中,通过水、空气、人、动物、机械设备及用具等而使食品发生的微生物污染称外源性污染,也称第二次污染。

(1)通过水污染

在食品的生产加工过程中,水既是许多食品的原料或配料成分,也是清洗、冷却、冰冻不可缺少的物质,设备、地面及用具的清洗也需要大量用水。各种天然水源包括地表水和地下水,不仅是微生物的污染源,也是微生物污染食品的主要途径。自来水是天然水净化消毒后而供饮用的,在正常情况下含菌较少,但如果自来水管出现漏洞、管道中压力不足以及暂时变成负压时,则会引起管道周围环境中的微生物渗漏进入管道,使自来水中的微生物数量增加。用这种水进行食品生产会造成严重的微生物污染,所以水的卫生质量与食品的卫生质量有密切关系。

(2)通过空气污染

空气中的微生物可能来自土壤、水、人及动植物的脱落物和呼吸道、消化道的排泄物,它们可随着灰尘、水滴的飞扬或沉降而污染食品。因此食品暴露在空气中被微生物污染是不可避免的。

(3)通过人及动物接触污染

从事食品生产的人员,如果他们的身体、衣帽不经常清洗,不保持清洁,就会有大量的微生物附着其上,通过皮肤、毛发、衣帽与食品接触而造成污染。在食品的加工、运输、贮藏及销售过程中,如果被鼠、蝇、蟑螂等直接或间接接触,同样会造成食品的微生物污染。

(4)通过加工设备及包装材料污染

在食品的生产加工、运输、贮藏过程中所使用的各种机械设备及包装材料,在未经消毒或灭菌前,总是会带有不同数量的微生物而成为微生物污染食品的途径。在食品生产过程中,通过不经消毒灭菌的设备越多,造成微生物污染的机会也越多。已经过消毒灭菌的食品,如果使用的包装材料未经无菌处理,则会造成食品的重新污染。

3)食品中微生物的消长

食品受到微生物的污染后,其中的微生物种类和数量会随着食品所处环境和食品性质

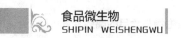

的变化而不断地变化。这种变化所表现的主要特征就是食品中微生物出现的数量增多或减少,即称为食品微生物的消长。食品中微生物的消长通常有以下规律及特点。

(1)加工前

食品加工前,无论是动物性原料还是植物性原料都已经不同程度地被微生物污染,加之运输、贮藏等环节,微生物污染食品的机会进一步增加,因而使食品原料中的微生物数量不断增多。虽然有些种类的微生物污染食品后因环境不适而死亡,但是从存活的微生物总数看,一般不表现减少而只有增加。

(2)加工过程中

在食品加工的整个过程中,有些处理工艺如清洗、加热消毒或灭菌对微生物的生存是不利的。这些处理措施可使食品中的微生物数量明显下降,甚至可使微生物几乎完全消除。但如果原料中微生物污染严重,则会降低加工过程中微生物的下降率。在食品加工过程中的许多环节也可能发生微生物的二次污染。在生产条件良好和生产工艺合理的情况下,污染较少,故食品中所含有的微生物总数不会明显增多;如果残留在食品中的微生物在加工过程中有繁殖的机会,则食品中的微生物数量就会出现骤然上升的现象。

(3)加工后

经过加工制成的食品,由于其中还残存有微生物或再次被微生物污染,在贮藏过程中如果条件适宜,微生物就会生长繁殖而使食品变质。在这一过程中,微生物的数量会迅速上升,当数量上升到一定程度时不再继续上升,相反活菌数会逐渐下降。这是由于微生物所需营养物质的大量消耗,使变质后的食品不利于该微生物继续生长,而逐渐死亡,此时食品不能食用。如果已变质的食品中还有其他种类的微生物存在,并能适应变质食品的基质条件而得到生长繁殖的机会,这时就会出现微生物数量再度升高的现象。加工制成的食品如果不再受污染,同时残存的微生物又处于不适宜生长繁殖的条件,那么随着贮藏日期的延长,微生物数量就会日趋减少。

7.1.3　微生物污染的控制

微生物污染是导致食品腐败变质的首要原因,生产中必须采取综合措施才能有效地控制食品的微生物污染。

①加强生产环境的卫生管理。

②严格控制加工过程中的污染。

③注意贮藏、运输和销售卫生。

任务7.2　微生物引起食品腐败变质的原因

食品加工前的原料,总是带有一定数量的微生物;在加工过程中及加工后的成品,也不可避免地要接触环境中的微生物,因而食品中存在一定种类和数量的微生物。然而微生物污染食品后,能否导致食品的腐败变质,以及变质的程度和性质如何,是受多方面因素的影响。一般来说,食品发生腐败变质,与食品本身的性质、污染微生物的种类和数量以及食品所处的环境等因素有着密切的关系,而它们三者之间又是相互作用、相互影响的。

7.2.1 食品的营养组成

食品中含有丰富的营养成分,是微生物生长的良好培养基,因而微生物污染食品后很易在其中迅速生长繁殖,造成食品腐败变质。但在不同食品中,因其所含各种营养成分的数量和比例不相同(表7.1),各种微生物分解各类营养物质的能力也不尽相同,因此引起不同食品腐败变质的微生物类群也不相同。

表7.1 食品原料营养物质组成的比较

食品原料	占有机物的百分数/%		
	蛋白质	碳水化合物	脂 肪
水果	2~8	85~97	0~3
蔬菜	15~30	50~85	0~5
鱼	70~95	少量	5~30
禽	50~70	少量	30~50
蛋	51	3	46
肉	35~50	少量	50~65
乳	29	38	31

微生物是否能引起某种食品的腐败变质,首先取决于该种微生物所具有的酶系是否能分解该食品的营养成分。食品的主要营养成分是蛋白质、碳水化合物和脂肪。不同的微生物对它们的利用能力是不同的。

1)分解蛋白质的微生物

能分解蛋白质而使食品变质的微生物主要是细菌,其次是霉菌和酵母菌,它们多数是通过分泌胞外蛋白酶来完成的。

细菌中,芽孢杆菌属、梭状芽孢杆菌属、假单胞菌属、变形杆菌属等分解蛋白质的能力较强,即使无糖存在,它们也能在以蛋白质为主要成分的食品上生长良好。

许多霉菌也具有分解蛋白质的能力,霉菌比细菌更能利用天然蛋白质,常见的有青霉属、毛霉属、曲霉属等;而多数酵母菌对蛋白质的分解能力较弱,如啤酒酵母属、毕赤氏酵母属、汉逊氏酵母属等能使凝固的蛋白质缓慢水解。

2)分解碳水化合物的微生物

能够分解碳水化合物的微生物主要是酵母菌,其次是霉菌和细菌。蔗糖含量高的食品,不适宜细菌生长,而酵母菌却能生长。另外,酵母菌还能利用有机酸,如果汁、蜂蜜、果酱常因酵母菌的污染而引起变质。绝大多数酵母不能使淀粉水解;少数酵母如拟内孢霉属能分解多糖;极少数酵母如脆壁酵母能分解果胶;大多数酵母有利用有机酸的能力。

能够分解碳水化合物的细菌只是少数,主要有芽孢杆菌属、八叠球菌属和梭状芽孢杆

菌属中的一部分菌种。

多数霉菌都有利用简单碳水化合物的能力,几乎全部霉菌都具有分解淀粉的能力,但能够分解纤维素的霉菌并不多,常见的有青霉属、曲霉属、木霉属等。分解果胶质的霉菌活力强的有曲霉属、毛霉属、蜡叶芽枝霉等。

3)分解脂肪的微生物

分解脂肪的微生物主要是霉菌,其次是细菌和酵母菌,这些微生物都能通过生成脂肪酶,使脂肪水解为甘油和脂肪酸。

对蛋白质分解能力强的好氧性细菌,同时大多数也是脂肪分解菌。细菌中的假单胞菌属、无色杆菌属、黄色杆菌属、产碱杆菌属和芽孢杆菌属中的许多种都具有分解脂肪的特性。

分解脂肪的霉菌比细菌多,在食品中常见的有曲霉属、白地霉、代氏根霉和芽枝霉属等。

酵母菌中分解脂肪的菌种不多,常见的有解脂假丝酵母,这种酵母对糖类不发酵,但分解脂肪和蛋白质的能力却很强。因此,在肉类食品、乳制品、脂肪酸酸败时,也应考虑到是否是因酵母而引起的。

由此可见,在自然界中,没有一种微生物可以在不同成分的食品中生长,同时也没有一种食品能适合所有微生物的生长。细菌、酵母菌和霉菌对不同营养物质的分解作用,均显示出一定的选择性。

7.2.2　食品的基质条件

各种食品的基质条件不同,因此能够引起食品腐败变质的微生物种类也不完全一样。

1)食品 pH 与微生物生长的适应性

食品原料的 pH 几乎都在 7 以下。根据食品的 pH 范围,可将食品划分为酸性和非酸性食品两类。

(1)酸性食品

pH < 4.5 的食品称为酸性食品。绝大多数的水果类食品都属于此类。在酸性食品中细菌受抑制,酵母菌和霉菌可正常生长。

(2)非酸性食品

pH > 4.5 的食品称为非酸性食品。几乎所有的蔬菜和鱼、肉、乳等动物性食品都属于此类。在非酸性食品中细菌最适宜生长繁殖,大多数酵母菌和霉菌也能生长。

2)食品的水分活度与微生物生长的适应性

微生物在食品中生长繁殖,需要有一定的水分。不同类群的微生物生长对水分活度 A_w 值的要求不同。大多数细菌生长所需的 A_w 值在 0.9 以上;酵母菌需要的 A_w 值比细菌要低一些,且多数酵母比霉菌要高一些,只有耐渗酵母比霉菌低,霉菌与酵母菌和细菌相比,其 A_w 值要求较低。表 7.2 和表 7.3 对照列出常见食品的 A_w 值和主要致腐败微生物类群引起食品变质时要求的最低 A_w 值。

表7.2 一些食品的 A_w 值

食　品	A_w 值
鲜果蔬	0.97 ~ 0.99
鲜肉	0.95 ~ 0.99
果子酱	0.75 ~ 0.85
面粉	0.67 ~ 0.87
蜂蜜	0.54 ~ 0.75
干面条	0.50
奶粉	0.20
蛋	0.97

表7.3 食品中主要微生物类群的最低生长 A_w 值

微生物类群	最低生长 A_w 值
多数细菌	0.94 ~ 0.99
多数酵母	0.88 ~ 0.94
多数霉菌	0.73 ~ 0.94
嗜盐性细菌	0.75
干性霉菌	0.65
耐渗酵母	0.60

7.2.3 食品的外界环境条件

微生物在适宜的食品上能否生长繁殖,造成食品腐败变质,还受外界条件的影响。

1)环境温度

根据微生物对温度的适应性,可将微生物分为3个生理类群,即嗜热微生物、嗜冷微生物和嗜温微生物3个生理类群。每一类群微生物都有最适宜生长的温度范围,但这3类生理类群微生物又都可以找到一个共同的温度范围:25 ~ 30 ℃,这个温度范围与嗜温微生物的最适生长温度相接近,也是对大多数细菌、酵母和霉菌能够较好生长的温度范围。在这种温度的环境中,各种微生物都能生长繁殖从而引起食品的变质。若实际温度高于或低于这一范围,微生物主要类群就有了改变,在低于10 ℃的环境中活动的微生物类群主要包括霉菌和少数酵母及细菌,而在高于40 ℃的环境中活动的微生物类群只有少数细菌。

嗜冷微生物对低温具有一定的适应性,在5 ℃左右或更低的温度(甚至 −20 ℃以下)下仍可生长繁殖,仍能使食品发生腐败变质。低温微生物是引起冷藏、冷冻食品变质的主要微生物。食品中不同微生物生长的最低温度见表7.4。

表7.4　食品中微生物生长的最低温度

食　品	微生物	最低温度/℃	食　品	微生物	最低温度/℃
猪肉	细菌	−4	乳	细菌	−1～0
牛肉	霉菌、酵母菌、细菌	1.6～−1	冰淇淋	细菌	−10～−3
羊肉	霉菌、酵母菌、细菌	−5～−1	大豆	霉菌	−6.7
火腿	细菌	1～2	豌豆	霉菌、酵母菌	−6.7～−4
腊肠	细菌	5	苹果	霉菌	0
熏肋肉	细菌	−10～−5	葡萄汁	酵母菌	0
鱼贝类	细菌	−7～−4	浓橘汁	酵母菌	−10
草莓	霉菌、酵母菌、细菌	−6.5～−0.3			

　　超过45 ℃的高温条件对微生物生长来讲是十分不利的。然而,在高温条件下,仍有部分嗜热微生物能够生长繁殖而造成食品变质、酸败,它们主要引起糖类的分解而产酸。这类能在食品中生长的嗜热微生物,主要有嗜热细菌,如嗜热脂肪芽孢杆菌、凝结芽孢杆菌、肉毒梭菌、热解糖梭状芽孢杆菌等;霉菌中则有纯黄丝衣霉等。由于高温下嗜热微生物的新陈代谢活动加快,所产生的酶对蛋白质和糖类等物质的分解速度也比其他微生物快,因而使食品发生变质的时间缩短。

　　2)气体状况

　　不同微生物的生长对氧气的依赖程度不同。在无氧的环境中,能够生长繁殖的有酵母菌、厌氧和兼性厌氧细菌,在有氧环境中,霉菌、放线菌和绝大多数细菌都能生长繁殖。所以食品在有氧的环境中,因为微生物的生长而引起腐败变质的速度较快,在缺氧环境中由兼性厌氧或厌氧微生物引起腐败变质的速度较慢。

　　新鲜食品原料中含有还原性物质,如植物组织常含有维生素 C 和还原糖、动物组织含有巯基,因而具有抗氧能力,使动植物组织内部保持一段时间的少氧状态。因此新鲜食品原料内部能生长的微生物,主要是厌氧或兼性厌氧微生物。但食品原料经过加工处理,如加热可使食品中含有的还原性物质破坏,同时也可因加工使食品的组织状态发生改变,这样氧就可以进入到组织内部。

　　3)湿度

　　空气中的湿度对于微生物生长和食品变质来讲,起着重要作用,尤其是未经包装的食品。即便是经过干燥脱水后含水量少的食品放在湿度大的地方,食品也易吸潮,造成食品水分迅速增加,从而为微生物的生长繁殖创造了有利条件。

　　食品从原料到加工成产品,从保存到销售,随时都有被微生物污染的可能。这些污染的微生物在适宜的条件下即可生长繁殖,分解食品中的营养成分,使食品失去原有的营养价值,成为不符合卫生要求的食品。当然,由于食品类型不同,引起其发生腐败变质的微生物也有所不同。

任务7.3　各类食品的腐败和变质

由于各类食品的营养组成和基质条件不同,因而引起各类食品腐败变质的微生物类群及腐败变质的现象也不完全相同。

7.3.1　罐藏食品的腐败变质

罐藏食品是食品原料经过预处理、装罐、密封、杀菌之后而制成的食品,通常称之为罐头。其种类很多,依据 pH 的高低可分为低酸性、中酸性、酸性和高酸性罐头 4 类(表7.5)。低酸性罐头是以动物性食品原料为主要成分,富含大量的蛋白质。而中酸性、酸性和高酸性罐头是以植物性食品原料为主要成分,碳水化合物含量高。

表 7.5　罐头食品的分类

罐头类型	pH	主要原料
低酸性罐头	5.3 以上	肉、禽、蛋、乳、鱼、谷类、豆类
中酸性罐头	5.3 ~ 4.5	多数蔬菜、瓜类
酸性罐头	4.5 ~ 3.7	多数水果及果汁
高酸性罐头	3.7 以下	酸菜、果酱、部分水果及果汁

罐头的密封可防止内容物溢出和外界微生物的侵入,而加热杀菌可杀灭存在于罐头内部的微生物。罐头经过杀菌可在室温下保存很长时间,但由于某些原因,罐头有时也会出现腐败变质现象。

1)罐藏食品腐败变质的原因

罐藏食品腐败变质是由罐内微生物引起的,这些微生物的来源有两种情况。

(1)杀菌后罐内残留的微生物

当罐头杀菌操作不当,罐内留有空气等情况下,有些耐热的芽孢杆菌不能彻底杀灭。这些微生物在保存期内遇到合适条件就会生长繁殖而导致罐头的腐败变质。

(2)杀菌后发生漏罐

由于罐头密封不好,杀菌后发生漏罐而遭受外界的微生物污染。通过漏罐污染的微生物既有耐热菌也有不耐热菌。

2)罐藏食品腐败变质的外观类型

合格的罐头,因罐内保持一定的真空度,罐盖或罐底应是平的或稍向内凹陷,软罐头的包装袋与内容物贴合紧密。而腐败变质罐头的外观有两种类型,即平听和胀罐。

(1)平听

平听可由以下两种原因造成:

①平酸腐败:又称平盖酸败。罐头内容物由于微生物的生长繁殖而变质,呈现浑浊和不同酸味,pH下降,但外观仍与正常罐头一样不出现膨胀现象。导致罐头平酸腐败的微生物习惯上称之为平酸菌。主要的平酸菌有:嗜热脂肪芽孢杆菌、蜡状芽孢杆菌、巨大芽孢杆菌、枯草芽孢杆菌等,这些芽孢杆菌多数情况是由于杀菌不彻底引起的。

②硫化物酸败:腐败的罐头内产生大量的黑色硫化物。沉积于罐头的内壁和食品上,致使罐内食品变黑并产生臭味,罐头外观一般保持正常或出现隐胀或轻胀。这是由致黑梭状芽孢杆菌引起的。

（2）胀罐

引起罐头胀罐现象的原因可分为两个方面:一个方面是化学或物理原因造成的。如罐头内的酸性食品与罐头本身的金属发生化学反应产生氢气;罐内装的食品量过多时,也可压迫罐头形成胀罐,加热后更加明显;排气不充分,有过多的气体残存,受热后也可胀罐。另一个方面是由于微生物生长繁殖而造成的,它是大多数罐头食品胀罐的原因。不产硫化氢的嗜热厌氧菌（TA 菌）、中温需氧芽孢杆菌、中温厌氧梭状芽孢杆菌、不产芽孢的细菌、酵母菌和霉菌等在一定的条件下均可引起罐头胀罐。

7.3.2　乳与乳制品的腐败变质

乳中含有丰富的营养物质,且各种营养成分比例适当,不仅是人类的良好食品,而且也是大多数微生物生长的良好基质,所以乳及乳制品容易腐败。

1）微生物的来源

刚生产出来的鲜乳,总是会含有一定数量的微生物,而且在运输和贮存过程中还会受到微生物的污染,使乳中微生物数量增多。主要来源于乳房及挤乳过程中环境、器具及操作人员等。此外,在运输、保存、销售过程中,也有可能使乳中微生物的种类及数量增加。

2）鲜牛乳中微生物的种类

新鲜的乳液中含有多种抑菌物质,它们能维持鲜乳在一段时间内不变质。鲜乳若不经消毒或冷藏处理,污染的微生物将很快生长繁殖造成腐败变质。鲜乳的含菌数在 $10^3 \sim 10^6$ 个/mL 范围内。自然界多种微生物可以通过不同途径进入乳液中,但在鲜乳中占优势的微生物,主要是一些细菌、酵母和少数霉菌。

（1）乳酸菌

在鲜乳中普遍存在,能利用乳中的碳水化合物进行乳酸发酵,产生乳酸,其种类很多,有些同时还具有一定的分解蛋白质的能力。常见的有乳酸链球菌、乳脂链球菌、粪链球菌、液化链球菌、嗜热链球菌、嗜酸乳杆菌。此外,鲜乳中经常还可以分离到干酪乳杆菌、乳酸乳杆菌、短乳杆菌等。

（2）胨化细菌

胨化细菌可使不溶解状态的蛋白质变成溶解状态。乳液由于乳酸菌产酸使蛋白质凝固或由细菌的凝乳酶作用使乳中酪蛋白凝固。而胨化细菌能产生蛋白酶,使凝固的蛋白质消化成为溶解状态。乳中常见的胨化细菌有枯草芽孢杆菌、地衣芽孢杆菌、蜡状芽孢杆菌、荧光假单胞菌、腐败假单胞菌等。

（3）脂肪分解菌

脂肪分解菌主要是一些革兰氏阴性无芽孢杆菌,如假单胞菌属和无色杆菌属等。

（4）酪酸菌

酪酸菌是一类能分解碳水化合物产生酪酸、CO_2 和 H_2 的细菌。

（5）产气细菌

产气细菌是一类能分解糖类产酸又产气的细菌,如大肠杆菌和产气杆菌。

（6）产碱菌

产碱菌能分解乳中的有机酸、碳酸盐和其他物质,使牛乳的 pH 上升。主要是革兰氏阴性的需氧型细菌,如粪产碱杆菌、黏乳产碱杆菌。这些菌在牛乳中生长除产碱外,还可使牛乳变得黏稠。

（7）酵母和霉菌

鲜乳中常见的酵母有脆壁酵母、霍尔姆球拟酵母、高加索球拟酵母、球拟圆酵母等。常见的霉菌有乳卵孢霉、乳酪卵孢霉、黑丛梗孢霉、变异丛梗孢霉、蜡叶芽枝霉、乳酪青霉、灰绿青霉、灰绿曲霉和黑曲霉等。

（8）病原菌

鲜乳中有时会含有病原菌。患结核或布氏杆菌病的牛分泌的乳中会有结核杆菌或布氏杆菌,患乳房炎乳牛的乳中会有金黄色葡萄球菌和病原性大肠杆菌。

3）鲜乳的腐败变质

鲜乳腐败变质的类型与微生物和贮存温度有很大关系。在室温条件下,鲜乳的腐败过程可分为 5 个阶段,如图 7.1 所示。

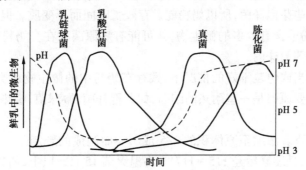

图 7.1　鲜乳贮存过程中微生物的变化

（1）抑制期（混合菌群期）

鲜乳中含有溶菌酶、乳链球菌素等抑菌物质,能对乳中存在的微生物具有杀菌和抑制作用,使乳汁本身具有抗菌特性,因此鲜乳放置室温一定时间不会出现变质现象,一般可持续 12 h。当然保持的时间与鲜乳中菌的多少有关。

（2）乳链球菌期

鲜乳中含有的抗菌物质是有限的,当鲜乳中的抗菌物质减少或消失后,存在于乳中的微生物,如乳链球菌、乳酸杆菌、大肠杆菌和一些蛋白质分解菌等迅速繁殖,其中以乳酸链球菌等细菌占绝对优势。这些细菌分解乳糖产生乳酸,使乳中的酸性物质不断提高。由于酸度的提高,抑制了其他腐败菌、产碱菌的生长。但是当乳酸渐渐增多,酸度升高到一定限

度时(pH 4.5),乳链球菌本身的生长也受到抑制,数量开始减少。

(3)乳酸杆菌期

当乳链球菌在乳液中繁殖,乳液的 pH 下降至 4.5 以下时,其生长受到了抑制,然而由于乳酸杆菌耐酸力较强,尚能继续繁殖并产酸。在此时期,乳中可出现大量乳凝块,并有大量乳清析出,这个时期约有 2 d。

(4)真菌期

当酸度继续升高至 pH 3.0~3.5 时,绝大多数的细菌生长受到抑制,甚至死亡。此时只有霉菌和酵母菌尚能适应高酸环境,并利用乳酸或其他有机酸作为营养来源而开始大量生长繁殖。由于酸被利用,乳液的酸度降低,pH 回升,逐渐接近于中性,这时乳就失去了食品的价值。

(5)腐败期(胨化期)

经过以上 4 个阶段,乳中的乳糖已基本消耗掉,而蛋白质和脂肪含量相对增高。因此,此时能分解蛋白质和脂肪的细菌开始活跃,凝乳块逐渐被消化,乳的 pH 不断升高,向碱性转化,同时并伴随有腐败细菌的生长繁殖,如芽孢杆菌属、假单胞杆菌属、变形杆菌属等,于是牛乳出现腐败臭味,这标志着乳中菌群交替现象即告结束。此时,乳亦产生各种异色、苦味、恶臭味及有毒物质,外观上呈现黏滞的液体或清水。

4)乳制品的腐败变质

(1)奶粉

在奶粉的制造过程中,原料乳经过净化、杀菌、浓缩、干燥等工艺,可使原料乳中的微生物数量大大降低。特别是制成的奶粉含水量很低(2%~3%),不适于微生物的生长,残留的微生物主要是一些芽孢杆菌,所以奶粉能贮存较长时间而不变质。但如果因为微生物的再次污染,会使奶粉中含有较多的微生物,并可能有病原菌存在。奶粉中常见的病原菌是沙门氏菌和金黄色葡萄球菌。

在保存条件不当或包装不好的情况下,残存在奶粉中的微生物就会生长繁殖,造成奶粉的腐败变质。主要原因是一些耐热的细菌,如芽孢杆菌、微球菌、嗜热链球菌等。

(2)淡炼乳

淡炼乳是将消毒乳浓缩至原体积的 2/5 或 1/2 而制成的乳制品。由于淡炼乳水分含量较鲜乳大大降低,且装罐后经 115~117 ℃高温灭菌 15 min 以上,所以在正常情况下,罐装淡炼乳成品应不含病原菌和在保存期内可能引起变质的杂菌,可以长期保存。但是如果加热灭菌不充分或罐体密封不良,会造成微生物残留或再度受到外界微生物的污染,使淡炼乳发生变质。表现有凝乳、产气、苦味等。

(3)甜炼乳

甜炼乳是在消毒乳液中加入一定量的蔗糖、经加热浓缩至原有体积的 1/3~2/5,使蔗糖浓度达 40%~45%,装罐后一般不再灭菌,而是依靠高浓度糖分形成的高渗环境抑制微生物的生长,达到长期保存的目的。如果原料污染严重或加工工艺粗放造成再度污染以及蔗糖含量不足,可使甜炼乳中微生物生长而引起变质。表现有产气、变稠、凝块、异味等。

7.3.3　肉类的腐败变质

各种肉及肉制品均含有丰富的蛋白质、脂肪、水、无机盐和维生素,因此肉及肉制品不仅是营养丰富的食品,也是微生物良好的天然培养基。

1)肉及肉制品中微生物的来源

(1)屠宰前的微生物来源

健康家畜的正常机体组织内部(包括肌肉、脂肪、心、肝、肾等)一般是无菌的,而家畜体表、被毛、消化道、上呼吸道等器官总是有微生物的存在。另外患病的家畜组织内部可能有微生物存在,且多为致病菌。

(2)屠宰后的微生物来源

畜禽宰杀后即丧失了先天的防御机能,微生物侵入组织后迅速繁殖。屠宰过程卫生管理不当将造成微生物广泛污染的机会。最初污染微生物是在使用非灭菌的刀具放血时,将微生物引入血液中的。随着血液短暂的微弱循环而扩散至胴体的各部位。在屠宰、分割、加工、贮存和肉的销售过程中的每一个环节,微生物的污染都可能发生。

2)肉及肉制品中微生物的种类

肉及肉制品中常见的微生物有细菌、霉菌和酵母,其种类很多。它们都有较强的分解蛋白质的能力,其中大部分为腐败微生物,如假单胞菌属、产碱菌属、微球菌属、变形杆菌属、黄杆菌属、梭状芽孢杆菌属、芽孢杆菌属、埃希氏菌属、乳杆菌属、链球菌属、明串珠菌属、球拟酵母属、丝孢酵母属、红酵母属、毛霉属、青霉属、枝霉属、帚霉属等。有时还可能有病原微生物,引起人或动物的疾病。

3)鲜肉的腐败变质

在适宜条件下,污染鲜肉的微生物可迅速生长繁殖,引起鲜肉腐败变质。

(1)有氧条件下的腐败

在有氧条件下,需氧菌和兼性厌氧菌引起肉类的腐败表现为:

①表面发黏:肉体表面有黏液状物质产生,这是由于微生物在肉表面生长繁殖形成菌苔以及产生黏液的结果。

②变色:微生物污染肉后,分解含硫氨基酸产生 H_2S, H_2S 与肌肉组织中的血红蛋白反应形成绿色的硫化氢血红蛋白($H_2S\text{-}Hb$),这些化合物积累于肉的表面时,形成暗绿色的斑点。还有许多微生物可产生各种色素,使肉表面呈现多种色斑。

③产生异味:脂肪酸败可产生酸败气味,乳酸菌和酵母菌发酵时产生挥发性有机酸也带有酸味,放线菌产生泥土味,霉菌能使肉产生霉味,蛋白质腐败产生恶臭味。

(2)无氧条件下的腐败

在室温条件下,一些不需要严格厌氧条件的梭状芽孢杆菌首先在肉上生长繁殖,随后其他一些严格厌氧的梭状芽孢杆菌开始生长繁殖,分解蛋白质产生恶臭味。牛、猪、羊的臀部肌肉很容易出现深部变质现象,有时鲜肉表现正常,切开时有酸臭味,股骨周围的肌肉为褐色、骨膜下有黏液出现,这种变质称为骨腐败。

塑料袋真空包装会抑制需氧菌的生长,而以乳杆菌和其他厌氧菌生长为主。

在厌氧条件下,兼性厌氧菌和专性厌氧菌的生长繁殖引起肉类腐败变质的表现为产生异味和腐烂。

4)肉制品的腐败变质

（1）熟肉类制品

鲜肉经过热加工制成各种熟肉制品后理应不含微生物,但由于加热程度不同,芽孢菌可能存留下来,这是贮存期间造成熟肉类制品败坏的主要隐患所在。在熟肉制品上存在的其他细菌、霉菌及酵母菌常是热加工后的二次污染菌。

（2）腌腊制品

肉类经过腌制可达到防腐和延长保存期的目的,并有改善肉品风味的作用。弧菌是腌腊肉制品的重要变质菌,在腌腊肉上很易见到。微球菌具有一定的耐盐性和分解蛋白质及脂肪的能力,并能在低温条件下生长,大多数微球菌能还原硝酸盐,某些菌株还能还原亚硝酸盐,因此它是腌制肉中的主要菌类。弧菌具有一定的嗜盐性,并能在低温条件下生长,有还原硝酸盐和亚硝酸盐的能力,在 pH 为 5.9~6.0 以上时生长,在肉表面生长形成黏液。

在腌制肉上常发现的酵母菌,有球拟酵母、假丝酵母、德巴利酵母和红酵母,它们可在腌制肉表面形成白色或其他色斑。在腌制肉上也常发现青霉、曲霉、枝孢霉和交链孢霉等生长,并以青霉和曲霉占优势。污染腌制肉的曲霉多数不产生黄曲霉毒素。

（3）香肠和灌肠制品

香肠和灌肠是原料肉经过切碎或绞碎并加入辅料及调味料后,灌入肠衣或其他包装材料内,经过加热或不加热而制成的一类食品。

生肠类制品,如中国腊肠虽含有一定盐分但仍不足以抑制其中的微生物生长。酵母菌可在肠衣外面形成黏液层,微杆菌能使肉肠变酸和变色,革兰氏阴性杆菌也可使肉肠发生腐败变质。

熟肉肠类是经过热加工制成的产品,因此可杀死肉馅中的微生物的营养体,但一些细菌的芽孢仍可能存活。如加热不充分,不形成芽孢的细菌也可能存活。熟肉肠类制品发生变质的现象主要有变色和产生绿蕊或绿环。

（4）干制品

肉干是瘦肉经过适当加工和干燥处理而制成的产品。肉干含水量较低,因此绝大多数的微生物都不能在其上生长,仅有少数霉菌,如灰绿曲霉偶尔可在肉干上缓慢生长。当肉干含水量增高时,表面可发现霉菌生长并产生霉味。

7.3.4　鱼类的腐败变质

鱼类死后会发生僵硬,随后又解僵,与此同时微生物开始进行生长繁殖,鱼体腐败逐渐加快。到僵硬期将要结束时,微生物的分解开始活跃起来,不久随着自溶作用的进行,水产品原有的形态和色泽发生劣变,并伴有异味,有时还会产生有毒物质。

1)鱼类与微生物污染

一般认为,新捕获的健康鱼类,其组织内部和血液中常常是无菌的,但在鱼体表面的黏液中、鱼鳃及其肠道内存在着微生物。

存在于海水鱼中并能引起鱼体腐败变质的细菌主要有假单胞菌属、无色杆菌属、黄杆菌属、莫拉氏杆菌属、弧菌属等。一般淡水鱼所带的细菌常有产碱杆菌属、气单胞杆菌属和短杆菌属。另外,芽孢杆菌、大肠杆菌、棒状杆菌等也有报道。

2)鱼类腐败变质及现象

鱼体体表和体内的微生物在其产生的酶的作用下引起一系列的变化。主要表现在:体表结缔组织松软,鳞易脱落,黏液蛋白呈现浑浊,并有臭味;眼睛周围组织分解,眼球下陷,浑浊无光;鳃由鲜红色变为暗褐色,并有臭味;肠内微生物大量生长繁殖产气,腹部膨胀,肛管自肛门突出;细菌侵入脊柱,使两旁大血管破裂,导致周围组织发红。若微生物继续作用,即可导致肌肉碎裂并与鱼骨分离。此时,鱼体已经达到严重腐败变质的阶段。

7.3.5 禽蛋的腐败变质

禽蛋具有很高的营养价值,含有较多的蛋白质、脂肪、B 族维生素及无机盐类,如贮藏不当,易受微生物污染而引起腐败变质。

1)微生物的来源

健康禽类所产的鲜蛋内部应是无菌的。在一定条件下鲜蛋的无菌状态可保持一段时间,这是由于鲜蛋本身具有一套防御系统。

①刚产下的蛋壳表面有一层胶状物,这种胶状物与蛋壳及壳内膜结构成一道屏障,可以阻挡微生物侵入。

②蛋白内含有某些杀菌或抑菌物质,在一定时间内可抵抗或杀灭侵入到蛋白内部的微生物。例如蛋白内含有的溶菌酶。

③刚排出的蛋内蛋白质的 pH 为 7.4 ~ 7.6,一周内会上升到 9.4 ~ 9.7,如此高的 pH 环境不适于一般微生物的生存。

在鲜蛋中经常可发现微生物存在,即使是刚产出的鲜蛋中也是如此。鲜蛋微生物污染主要来源于母禽和外界空气等环境条件。

2)禽蛋的腐败变质

禽蛋被微生物污染后,在适宜的条件下,微生物首先使蛋白分解,使蛋黄不能固定而发生位移。随后蛋黄膜被分解而使蛋黄散乱,并与蛋白逐渐相混在一起,这种现象是变质的初期现象,称为散黄蛋。散黄蛋进一步被微生物分解,产生硫化氢、氨、粪臭素等蛋白质分解产物,蛋液变成灰绿色的稀薄液并伴有大量恶臭气味,称为泻黄蛋。有时蛋液变质不产生硫化氢而产生酸臭,蛋液红色,变稠呈浆状或有凝块出现,称为酸败蛋。外界的霉菌可在蛋壳表面或进入内侧生长,形成深色霉斑,造成蛋液黏着,称为黏壳蛋。细菌、霉菌引起禽蛋变质的具体情况见表 7.6。

表7.6　细菌、霉菌引起的禽蛋变质情况

变质类型	原因菌	变质的表现
绿色变质	荧光假单胞菌	初期蛋白明显变绿,不久蛋黄膜破裂与蛋白相混,形成黄绿色浑浊蛋液、无臭味、可产生荧光
无色变质	假单胞菌属、无色杆菌属、大肠菌群	蛋黄常破裂或呈白色花纹状,通过光照易观察识别
黑色变质	变形杆菌属、假单胞菌属	蛋发暗不透明、蛋黄黑化,破裂时全蛋呈暗褐色,有臭味和硫化氢产生,在高温下易发生
红色变质	假单胞菌属、沙门氏菌属	较少发生,有时在绿色变质后期出现,蛋黄上有红色或粉红色沉淀,蛋白也呈红色,无臭味
点状霉斑	芽枝霉属(黑色)	蛋壳表面或内侧有小而密的霉菌菌落,在高温时易发生
表面变质	毛霉属、枝霉属、交链孢霉属、葡萄孢霉属	霉菌在蛋壳表面呈羽毛状
内部变质	分枝孢霉属、芽枝霉属	霉菌通过蛋壳上的微孔或裂纹侵入蛋内生长,使蛋白凝结、变色、有霉臭,菌丝可使卵黄膜破裂

7.3.6　果蔬及其制品的腐败变质

水果与蔬菜中一般含有大量的水分、碳水化合物、较丰富的维生素和一定量的蛋白质。水果的 pH 值大多数在 4.5 以下,而蔬菜的 pH 一般为 5.0~7.0。

1)微生物的来源

在一般情况下,健康果蔬的内部组织应是无菌的,但有时外观看上去正常的果蔬,其内部组织中也可能有微生物存在。这些微生物是在果蔬开花期侵入并生存于果实内部的。此外,植物病原微生物可在果蔬的生长过程中通过根、茎、叶、花、果实等不同途径侵入组织内部,或在收获后的贮存期间侵入组织内部。

果蔬表面直接接触外界环境,因而污染有大量的微生物,其中除大量的腐生微生物外,还有植物病原菌,还可能有来自人畜粪便的肠道致病菌和寄生虫卵。在果蔬的运输和加工过程中也会造成污染。

2)果蔬的腐败变质

新鲜果蔬表皮及表皮外覆盖的蜡质层受到机械损伤或昆虫的刺伤时,微生物便会从伤口侵入其内进行生长繁殖,使果蔬腐烂变质。这些微生物主要是霉菌、酵母菌和少数的细菌。霉菌侵入果蔬组织后,细胞壁的纤维素首先被破坏,进一步分解细胞的果胶质、蛋白质、淀粉、有机酸、糖类等成为简单的物质,随后酵母菌和细菌开始大量生长繁殖,使果蔬内的营养物质进一步被分解、破坏。新鲜果蔬组织内的酶仍有活性,在贮藏期间,这些酶及其他环境因素对微生物所造成的果蔬变质有一定的协同作用。

果蔬经微生物作用后外观上出现深色斑点、组织变软、变形、凹陷,并逐渐变成浆液状乃至水液状,产生各种不同的酸味、芳香味、酒味等不能食用。

引起果蔬腐烂变质的微生物以霉菌最多,也最为重要,见表7.7。

表7.7　引起果蔬变质的微生物

维生素	易感染的种类
指状青霉	柑橘
扩张青霉	苹果、番茄
交链孢霉	柑橘、苹果
灰绿葡萄孢霉	梨、葡萄、苹果、草莓、甘蓝
串珠链孢霉	香蕉
梨轮纹病菌	梨
黑曲霉	苹果、柑橘
苹果褐腐病核盘霉	桃、樱桃
苹果枯腐病霉	苹果、葡萄、梨
黑根霉	桃、梨、番茄、草莓、番薯
马铃薯疫霉	马铃薯、番茄、茄子
茄绵疫霉	茄子、番茄
镰孢霉属	苹果、番茄、黄瓜、甜瓜、洋葱
番茄交链孢霉	番茄
葱刺盘孢	洋葱
软腐病欧文氏杆菌	马铃薯、洋葱
胡萝卜软腐病欧文氏杆菌	胡萝卜、白菜、番茄

7.3.7　香辛调味料的腐败变质

天然香辛料经过干燥加工处理后水分含量降低,不易滋生微生物,另外天然香辛料中含有多种生物活性物质,具有抗氧化、抑菌、杀虫等作用,例如甘草和姜黄对大肠杆菌,小茴香和姜黄对荧光假单胞菌,肉豆蔻对清酒乳杆菌的生长具有明显的抑制效果。

虽然香辛料具有一定的抗菌功能,但是也要注意保存方式,如果保存不当,受潮易引起发霉,因此保存时需将瓶盖或袋口封好,放在阴凉、通风、干燥的地方。

7.3.8 粮食的腐败变质

1)微生物污染粮食的途径

粮食中微生物的来源有两个方面,一是产粮食植物生长过程中所带有的微生物;二是粮食收获、运输、粗加工、贮藏等过程中,存在于土壤、空气中的微生物通过各种途径侵染粮食。在污染粮食的微生物中,以霉菌危害严重,并能产生多种对人和动物有害的真菌毒素。

2)微生物引起粮食的变质

湿度过大,温度过高,氧气充足的时候,污染微生物就能迅速生长繁殖,致使谷类及其制品发霉或腐败变质并产生真菌毒素。

3)粮食变质主要微生物

引起粮食霉变的主要微生物是霉菌,各种粮食上的微生物以曲霉属(*Aspergillus*)、青霉属(*Penicillium*)和镰孢霉属(*Fusarium*)的一些种为主。霉菌的主要毒害作用在于能产生真菌毒素。

任务7.4 食品腐败变质的控制

7.4.1 食品防腐保藏原理及方法

食品保藏是食品从生产到消费过程中不可缺少的一个重要环节。保藏不当,食品及原料上的微生物就会大量生长繁殖,致使食品及原料腐败变质,全世界每年由此而造成的损失相当大。为了尽量减少这一损失,在保藏时应减少微生物污染、抑制微生物的生长繁殖,或杀灭微生物。

目前可用于食品保藏用的防腐与杀菌措施有多种。

1)食品低温保藏

温度对微生物的生长繁殖起着重要的作用,大多数病原菌和腐败菌为中温菌,其最适生长温度为20~40 ℃,在10 ℃以下大多数微生物便难以生长繁殖,−18 ℃以下则停止生长。故低温是目前常用的食品保藏方法之一。

食品的低温保藏,是借助低温技术,降低食品的温度,并维持低温水平或冻结状态,以阻止或延缓其腐败变质的一种保藏方法。低温保藏不仅可以用于新鲜食品物料的储藏,也可以用于食品加工品、半成品的保藏。

低温保藏一般可分为冷藏和冷冻两种方式。前者无冻结过程,新鲜果蔬类和短期储藏的食品常用此法;后者要将保藏食品降温到冰点以下,使水部分或全部呈冻结状态,动物性食品常用此法。

（1）食品冷藏

冷藏是指在不冻结状态下的低温储藏。低温下不仅可以抑制微生物的生长，而且食品内原有的酶活性也会大大降低，大多数酶的适宜活动温度为30～40 ℃，温度维持在10 ℃以下，酶的活性将受到很大程度的抑制，因此冷藏可延缓食品的变质。冷藏的温度一般设定在 -1～10 ℃范围内。

水果、蔬菜等植物性食品在储藏时，仍然是具有生命力的有机体。利用低温可以减弱它们的代谢活动，延缓其衰老进程。但是对新鲜的水果蔬菜来讲，如温度过低，则将引起果蔬的生理机能障碍而受到冷害（冻害）。因此应按其特性采用适当的温度，并且还应结合环境的湿度和空气成分来进行调节。具体的储存期限，还与果蔬的卫生状况、种类、受损程度以及保存的温度、湿度、其他成分等因素有关。

冷鲜肉是指屠宰后的家畜胴体在24 h内降为0～4 ℃，并在后续加工、流通和销售过程中始终保持0～4 ℃范围内的生肉。始终处于低温控制下，大多数微生物的生长繁殖被抑制，肉毒梭菌和金黄色葡萄球菌等病原菌产生毒素的速度大大降低，这样既保持了肉质的鲜美，又保证了鲜肉的安全。

（2）食品的冷冻保藏

食品原料在冻结点以下的温度条件下储藏，称为冻藏。较之在冻结点以上的冷藏保藏期更长。

当食品在低温下发生冻结后，其水分结晶成冰，水分活度值降低，渗透压提高，导致微生物细胞内细胞质因浓缩而增大黏性，引起 pH 值和胶体状态的改变，从而使微生物活动受到抑制，甚至死亡。另外微生物细胞内的水结为冰晶，冰晶体对细胞也有机械损伤作用，也直接导致部分微生物的裂解死亡，因此在 -10 ℃以下的低温条件，通常能引起食品腐败变质的腐败菌基本不能生长，仅有少数嗜冷型微生物还能活动，-18 ℃以下几乎所有的微生物不能活动，但如果食品在冻藏前已被微生物大量污染，或是冻藏条件不好，温度波动回升严重时，冻藏食品表面也会出现菌落。因此冻藏之前应严格控制原料的清洗，降低食品原始带菌数，冻藏过程中，保持稳定的低温非常重要。

目前最佳的食品低温储藏技术是食品快速冻结（速冻）。通常指的是食品在30 min 内冻结到所设定的温度（-20 ℃），或以30 min 左右通过最大冰晶生成带（-5～-1 ℃）。食品的速冻虽极大地延长了食品的保鲜期限，但能耗却是巨大的。

为了保证冷藏冷冻食品的质量，食品的流通领域要完善食品冷藏链，即易腐食品在生产、储藏、运输、销售，直至消费前的各个环节始终处于规定的低温环境下，以保证食品质量，减少食品损耗。

低温虽然可以抑制微生物生长和促使部分微生物死亡，但在低温下，其死亡速度比在高温下要缓慢得多。一般认为，低温只能阻止微生物繁殖，不能彻底杀死微生物。因此，一旦温度升高，微生物的繁殖也逐渐恢复。另外低温也不能使食品中的酶完全失活，只能使其活力受到一定程度的抑制，长期冷冻储藏的食品品质也会下降，因此，食品冷冻保藏的时间也不宜过长，并要定期进行抽查。

2）食品干燥保藏

干燥保藏指在自然条件或人工控制条件下，降低食品中的水分，从而限制微生物活动、酶的活力以及化学反应的进行，达到长期保藏的目的。

食品干燥的方法目前主要有自然干燥和人工干燥。自然干燥包括晒干和风干;人工干燥方法很多,如烘干、隧道干燥、滚筒干燥、喷雾干燥、真空干燥以及冷冻干燥等。根据原料不同、产品要求不同,采取适当的干燥方法。干燥前,一般需破坏酶的活性,最常用的方法是热烫(主要用于水果)或添加抗坏血酸(0.05% ~0.1%)及食盐(0.1% ~1.0%)。

干燥并不能将微生物全部杀死,只能抑制它们的活动,使微生物长期处于休眠状态,环境条件一旦适宜,微生物又会重新恢复活动,引起干制品的腐败变质。甚至有些病原菌还会在干燥食品上残存下来,导致食物中毒。最正确的控制方法是采用新鲜度高、污染少、质量高的原料,干燥前将原料巴氏杀菌,于清洁的工厂加工,将干燥过的食品在不受昆虫、鼠类及其他污染的情况下储藏,且避免干燥食品吸潮。

3)食品加热灭菌保藏

由于高温可导致微生物死亡,所以加热消毒及灭菌是食品加工中经常采用的一种方法,可有效地延长食品的保藏期。具体方法见项目5的任务5.4.2高温杀菌。

4)食品高渗透压保藏

提高食品的渗透压可防止食品腐败变质。常用的有盐腌法和糖渍法。在高渗透压溶液中,微生物细胞内的水分大量外渗,导致质壁分离,出现生理干燥。同时,随着盐浓度增高,微生物可利用的游离水减少,高浓度的 Na^+ 和 Cl^- 也可对微生物产生毒害作用,高浓度盐溶液对微生物的酶活性有破坏作用,还可使氧难溶于盐水中,形成缺氧环境。因此可抑制微生物生长或使之死亡,防止食品腐败变质。

(1)盐腌保藏

一般食品中盐浓度达到8% ~10%可以抑制多数杆菌的生长。球菌被抑制生长的盐浓度在15%。酵母菌一般对盐较敏感。但有些酵母菌和某些细菌、霉菌一样具有耐高渗透压的特性。总体上讲,盐浓度为18% ~25%才能完全阻止微生物的生长。微生物在高渗透压环境并不立即死亡,仍然可生存一定时间。盐腌食品常见的有咸鱼、咸肉、咸蛋、咸菜等。

(2)糖渍保藏

糖渍保藏食品是利用高浓度的糖液抑制微生物生长繁殖。由于在同一质量分数的溶液中,离子溶液较分子溶液的渗透压大。因此,蔗糖必须比食盐大4倍以上的浓度,才能达到与食盐相同的抑菌作用。含有50%的糖液可以抑制绝大多数酵母和细菌生长,65% ~70%的糖液可以抑制许多霉菌,70% ~80%的糖液能抑制几乎所有的微生物的生长。糖渍食品常见的有果脯、蜜饯和果酱等。

5)食品防腐保藏

具有抑制或杀死微生物的作用,并可用于食品防腐保藏的化学物质称为食品防腐剂。

(1)山梨酸及其盐类

山梨酸为无色针状或片状结晶,或白色结晶粉末,具有刺激气味和酸味,对光、热稳定,易氧化,溶液加热时,山梨酸易随水蒸气挥发。山梨酸钾也是白色粉末或颗粒状,其抑菌力仅为等质量山梨酸的72%。山梨酸钠为白色绒毛状粉末,易氧化。生产中常用的是山梨酸和山梨酸钾。山梨酸钾的水溶性明显好于山梨酸,可达60%左右。山梨酸是一种不饱和脂肪酸,被人体吸收后几乎和其他脂肪酸一样参与代谢而降解为 CO_2 和 H_2O 或以乙酰辅酶A的形式参与其他脂肪酸的合成。因而山梨酸类作为食品防腐剂是安全的。

山梨酸防腐剂的抑菌作用随基质 pH 下降而增强,其抑菌作用的强弱取决于未解离分子的多少。山梨酸类防腐剂在 pH 6.0 左右仍然有效,可以用于其他防腐剂无法使用的 pH 较高的食品中。山梨酸类防腐剂对酵母和霉菌有很强的抑制作用,对许多细菌也有抑制作用。其抑菌机制概括起来有对酶系统的作用、对细胞膜的作用及对芽孢萌发的抑制作用。山梨酸及其钾盐的使用范围及最大使用量见 GB 2760。

在发酵蔬菜中添加 0.05% ~ 0.2% 可以不影响发酵菌的生长而抑制酵母菌、霉菌及腐败型细菌。泡菜中添加 0.02% ~ 0.05% 便可延缓酵母菌膜的形成。山梨酸盐由于口感温和且基本无味,所以几乎所有的水果制品都可用该防腐剂,使用量为 0.05% ~ 0.2%。在果酒中也常用山梨酸盐来防止再发酵,由于 K^+ 与酒石酸反应可产生沉淀,故果酒中一般用其钠盐,用 0.02% 的山梨酸钠和 0.002% ~ 0.004% 的 SO_2 即可取得良好的保藏效果。加 SO_2 的目的一是防止乳酸菌生长使果酒产生异味;二是降低山梨酸的使用浓度。果酒中山梨酸盐的浓度不应超过 0.03%,否则影响口味。

在焙烤食品中添加 0.03% ~ 0.3%,以抑制真菌的生长,且在较高 pH 时仍有效。使用时为了不干扰酵母菌的发酵,应在面团发好后加入。对于不用酵母发酵的焙烤食品,则应尽早加入。

在肉制品中添加适量的山梨酸盐,不仅可抑制真菌,而且还可抑制肉毒梭菌、嗜冷菌及一些病原菌,如沙门氏菌、金黄色葡萄球菌等,降低亚硝酸盐的用量。

(2)丙酸

丙酸为无色透明液体,有刺激性气味,可与水混溶。其钙盐、钠盐为白色粉末,水溶性好,气味类似丙酸。丙酸及丙酸盐对人体无危害,为许多国家公认的安全食品防腐剂。丙酸的抑菌作用没有山梨酸类和苯甲酸类强,其主要对霉菌有抑制作用,对引起面包"黏丝病"的枯草芽孢杆菌也有很强的抑制作用,对其他细菌和酵母菌基本没作用。丙酸类防腐剂主要用于面包防止霉变和发生"黏丝病",并可避免对酵母菌的正常发酵产生影响。

(3)SO_2 和亚硫酸盐

SO_2 为气体,易溶于水,pH 为 2 ~ 5 时以 HSO_3^- 占主要部分,pH > 6 时以 SO_3^{2-} 为主。由于亚硫酸盐类具有使用方便、安全、稳定等优点,所以一般都是用亚硫酸盐或亚硫酸氢盐。许多国家都允许用 SO_2 和一些亚硫酸盐(SO_3^{2-}、HSO_3^- 的钾、钠盐)来保藏食品。主要用于果汁、果酒和水果,可抑制醋酸杆菌、多种酵母菌和霉菌。定期充 SO_2 可抑制葡萄上的葡萄孢霉等霉菌。SO_2 的抑菌机制可能与其破坏蛋白质中的二硫键有关。也有研究认为是因为 SO_2 具有强的还原力,使其环境的 Eh 降至好氧菌不能生长的程度。SO_2 和亚硫酸盐的使用范围以及最大使用量见 GB 2760。

(4)硝酸盐和亚硝酸盐

硝酸盐及其钠盐用于腌肉生产中,可作为发色剂,并可抑制某些腐败菌和产毒菌,还有助于形成特有的风味,其中起作用的是亚硝酸。硝酸盐在食品中可转化为亚硝酸盐。由于亚硝酸盐可在人体内转化成致癌的亚硝胺,而硝酸盐转化成亚硝酸盐的量无法控制,因而有些国家已禁止在食品中使用硝酸盐,对亚硝酸盐的用量限制也很严格。

虽然亚硝酸盐对人体的危害性已得到肯定,但至今仍被用于肉制品中。其主要原因是它的抑制肉毒梭状芽孢杆菌作用,并不是它具有发色作用和能形成特有的风味,前者要较高的亚硝酸盐浓度才有效,而后者只要很低的浓度就行。

亚硝酸盐要在低 pH、高浓度下对金黄色葡萄球菌才有抑制作用,对肠道细菌包括沙门氏菌、乳酸菌基本无效。对肉毒梭状芽孢杆菌及其产毒的抑制作用也要在基质高压灭菌或热处理前加入才有效,否则要多 10 倍的亚硝酸盐量才有抑制作用。亚硝酸盐对肉毒梭状芽孢杆菌及其他梭状芽孢杆菌的抑制作用可能是它与铁-硫蛋白(存在于铁氧还蛋白和氢化酶中)结合,从而阻止丙酮酸降解产生 ATP 的过程。我国亚硝酸盐是作为发色剂添入肉类制品中,用量不超过 0.05%。

(5)乳酸链球菌素

乳酸链球菌素(Nisin)是由 29~34 个不同氨基酸组成的多肽,无颜色、无异味、无毒性。为乳酸链球菌的产物。水溶性随 pH 下降而升高,在 pH 为 2.5 的稀盐酸中溶解度为 12%,pH 为 5.0 时溶解度降到 4%,在中性或碱性条件下几乎不溶,且易发生不可逆失活。在 pH 为 2.0 时具有良好的稳定性,121 ℃ 30 min 仍不失活,但在 pH 4 以上时加热易分解。对蛋白质水解酶特别敏感,对粗凝乳酶不敏感。其抗菌谱较窄,对 G⁺ 细菌(主要为产芽孢菌)有效,而对真菌和 G⁻ 细菌无效,G⁺ 细菌中的粪链球菌是抗性最强的菌之一。

Nisin 具有辅助热处理的作用。一般低酸罐头食品要杀灭肉毒梭状芽孢杆菌及其他细菌的芽孢,需进行严格的热处理,若加入 Nisin 则可明显缩短热处理时间,对热处理中未杀死的芽孢,Nisin 可以抑制其萌发。由于 Nisin 具有上述优点,现在许多国家允许在各种食品中使用,如罐头、肉、鱼、乳及制品等,一般用量为 0.02%~0.05%。

7.4.2 食品生产质量管理体系

1)GMP 管理体系

(1)GMP 体系简介

GMP 是良好操作规范(Good Manufacturing Practice)的简称,是一种安全和质量保证体系。其宗旨在于确保在产品制造、包装和贮藏等过程中的相关人员、建筑、设施和设备均能符合良好的生产条件,防止产品在不卫生的条件下,或在可能引起污染的环境中操作,以保证产品安全和质量稳定。因为 GMP 的内容是在不断完善和补充着的,所以有时称其为CGMP(Current Good Manufacturing Practice)。

(2)GMP 体系起源、发展及现状

20 世纪以来,人类发明了很多具有划时代意义的重要药品,如阿司匹林、青霉素、胰岛素等,然而同时由于对药物的认识不充分而引起的不良反应也让人类付出了沉重的代价。尤其是 50—60 年代发生的 20 世纪最大的药物灾难——"反应停"事件,让人们充分认识到建立药品监督法的重要意义。

1963 年经美国国会的批准正式颁布了 GMP 法案。美国 FDA 经过了几年的实践后,证明 GMP 确有实效。故 1967 年 WHO 在《国际药典》(1967 年版)的附录中收录了该制度,并在 1969 年的第 22 届世界卫生大会上建议各成员国采用 GMP 体系作为药品生产的监督制度,以确保药品质量和参加"国际贸易药品质量签证体制"。同年 CGMP 也被食品法典委员会(CAC)采纳,并作为国际规范推荐给 CAC 各成员国政府。1979 年第 28 届世界卫生大会上 WHO 再次向成员国推荐 GMP,并确定为 WHO 的法规。此后 30 年间,日本、英国以及大部分的欧洲国家都先后建立了本国的 GMP 制度。到目前为止,全世界共有 100 多个国家颁布了有关 GMP 的法规。

(3)GMP 体系的基本内容

GMP 法规是一种对生产、加工、包装、储存、运输和销售等加工过程的规范性要求。其内容包括:厂房与设施的结构、设备与工器具、人员卫生、原材料管理、加工用水、生产程序管理、包装与成品管理、标签管理以及实验室管理等方面。其重点如下所述。

①人员卫生:经体检或监督观察,凡是患有或似乎患有疾病、开放性损伤、包括疖或感染性创伤,或可成为食品、食品接触面或食品包装材料的微生物污染源的员工,直至消除上述病症之前均不得参与作业,否则会造成污染。凡是在工作中直接接触食物、食物接触面及食品包装材料的员工,在其当班时应严格遵守卫生操作规范,使食品免受污染。负责监督卫生或食品污染的人员应当受过教育或具有经验,或两者皆具备,这样才有能力生产出洁净和安全的食品。

②建筑物与设施:操作人员控制范围之内的食品厂的四周场地应保持卫生,防止食品受污染。厂房建筑物及其结构的大小、施工与设计应便于以食品生产为目的的日常维护和卫生作业。工厂的建筑物、固定灯具及其他有形设施应在卫生的条件下进行保养,并且保持维修良好,防止食品成为掺杂产品。对用具和设备进行清洗和消毒时,应防止食品、食品接触面或食品包装材料受到污染。食品厂的任何区域均不得存在任何害虫。所有食品接触面,包括用具及接触食品的设备的表面,都应尽可能经常地进行清洗,以免食品受到污染。每个工厂都应配备足够的卫生设施及用具,包括:供水、输水设施、污水处理系统、卫生间设施、洗手设施、垃圾及废料处理系统等。

③设备:工厂的所有设备和用具的设计,采用的材料和制作工艺,应便于充分的清洗和适当的维护。这些设备和用具的设计、制造和使用,应能防止食品中掺杂污染源。接触食物的表面应耐腐蚀,它们应采用无毒的材料制成,能经受侵蚀作用。接触食物的表面的接缝应平滑,而且维护得当,能尽量减少食物颗粒、脏物及有机物的堆积,从而将微生物生长繁殖的机会降低到最小限度。食品加工、处理区域内不与食品接触的设备应结构合理,便于保持清洁卫生。食品的存放、输送和加工系统的设计结构应能使其保持良好的卫生状态。

④生产和加工控制:食品的进料、检查、运输、分选、预制、加工、包装、贮存等所有作业都应严格按照卫生要求进行。应采用适当的质量管理方法,确保食品适合人们食用,并确保包装材料是安全适用的。工厂的整体卫生应由一名或数名指定的称职的人员进行监督。应采取一切合理的预防措施,确保生产工序不会构成污染源。必要时,应采用化学的、微生物的或外来杂质的检测方法验明卫生控制的失误或可能发生的食品污染。凡是污染已达到界定程度的食品都应一律退回,或者,如果允许的话,经过处理加工以消除其污染。

2)危险分析与关键点控制体系

(1)概述

危害分析与关键点控制体系(Hazard analysis critical control point,HACCP)是由食品的危害分析(Hazard Analysis,HA)和关键控制点(Critical Control Point,CCP)两部分组成的一个系统的管理方式。它是一种生产过程各环节的控制,可以确保食品加工和制造遵循 GMP 规范,目前已为全世界接受的 ISO 质量认证体系也将 HACCP 纳入其中。

（2）HACCP 的基本原理

HACCP 原理经过实际应用与修改,被食品法典委员会(CAC)确认,由以下 7 个基本原理组成。

①危害分析。

②确定关键控制点。

③确定关键限值,保证 CCP 受控制。

④确定监控 CCP 的措施。

⑤确立纠偏措施。

⑥确立有效的记录保持程序。

⑦建立审核程序。

HACCP 管理体系的核心是将食品质量的管理贯穿于食品从原料到成品的整个生产过程当中,侧重于预防性监控,不依赖于对最终产品进行检验,打破了传统检验结果滞后的缺点,从而将危害消除或降低到最低限度。

（3）HACCP 计划的事实过程

企业制订的 HACCP 计划必须得到政府有关部门的认可。实施步骤:组建 HACCP 实施小组→产品说明→确定产品用途及消费对象→描绘流程图→确认流程图→进行危害分析→确定 CCP→确定关键限值→建立监督措施→发现偏差→建立纠偏措施→在控制中→建立审核措施→文件记录的保护措施→评审(验收)。

（4）HACCP 系统对保证食品安全具有科学性和有效性

①HACCP 是一种预防性策略,它的核心是制定一套方案来预计和预防食品生产过程中出现影响食品安全的危害。

②HACCP 是一种全面、系统化的控制方法,它以科学为基础,对食品生产中的每个环节、每项措施、每个组分进行危害风险的鉴定、评估,找出关键控制点加以控制,做到既全面又有重点。

③HACCP 具备严格的档案制度,一旦食品出现安全问题,容易查找原因,纠正错误。

7.4.3　食品安全的微生物指标

1）主要检测指标

目前,食品卫生标准中的微生物指标一般分为菌落总数、大肠菌群、肠球菌和致病菌等。其中细菌总数、大肠菌群和致病菌为主要检测指标。

（1）菌落总数

菌落总数是指在牛肉膏蛋白胨琼脂培养基上长出的菌落数,平皿菌落计数法测定食品中的活菌数,一般以 1 g 食品或 1 mL 食品,或 1 cm^2 食品表面积所含的细菌数来表示。菌落总数在食品中有两方面的食品卫生意义:一方面作为食品被污染,即清洁状态的标志;另一方面可以用来预测食品可能存放的期限。食品中的细菌数较多,将加速食品的腐败变质,甚至可引起食用者的不良反应。

（2）大肠菌群

大肠菌群是指一群在 36 ℃,经 48 h 能发酵乳糖,并产酸产气,需氧或兼性厌氧生长的革兰氏阴性的无芽孢杆菌。其中包括大肠杆菌,产气杆菌和一些中间类型的细菌,这群细菌能在含有胆盐的培养基上生长。

由于大肠菌群都是直接或间接来自人与温血动物的粪便,来自粪便以外的极为罕见。所以,大肠菌群作为食品卫生标准的意义在于,它是较为理想的粪便污染的指示菌群,另外,肠道致病菌如沙门氏菌属和志贺氏菌属等,对食品安全性威胁很大,逐批或经常检验致病菌有一定困难,而食品中的大肠菌群较易检验出来,肠道致病菌与大肠菌群的来源相同,而且在一般条件下大肠菌群在外环境中的生存时间也与肠道致病菌一致,所以大肠菌群的另一重要食品卫生意义是作为肠道致病菌污染食品的指示菌。

测定大肠菌群数量的方法,通常按稀释平板法,以每 100 mL(g)食品检样内大肠菌群的最可能数(MPN)表示。

(3)致病菌

致病菌是指肠道致病菌、致病性球菌、沙门氏菌等。食品中不允许有致病菌存在,这是食品卫生质量指标中必不可少的标准之一。致病菌种类繁多,随食品的加工、贮藏条件各异,因此被致病菌污染的情况是不同的。如何检验食品中的致病菌,只有根据不同食品可能污染的情况来做针对性的检查。例如禽、蛋、肉类食品必须作沙门氏菌的检查,酸度不高的罐头必须做肉毒梭菌的检查,发生食物中毒时必须根据当时当地传染病的流行情况,对食品进行有关致病菌的检查,如沙门氏菌、志贺氏菌、变形杆菌、副溶血性弧菌、葡萄球菌等的检查;果蔬制品还应进行霉菌计数。

此外,有些致病菌能产生毒素,毒素的检查也是一项不容忽视的指标,因为有时当菌体死亡后,毒素还继续存在。毒素的检查一般以动物实验法,测定其最小致死量、半数致死量等指标。总之,病原微生物及其代谢产物的检查都属致病菌检验内容。

2)常见食品的微生物标准

(1)酱油的微生物标准(GB 2717—2003)

项　　目	指　　标
菌落总数/(CFU·mL^{-1})	≤30 000
大肠菌群/(MPN·100 mL^{-1})	≤30
致病菌(沙门氏菌、志贺氏菌、金黄色葡萄球菌)	不得检出

(2)食醋的微生物标准(GB 2719—2003)

项　　目	指　　标
菌落总数/(CFU·mL^{-1})	≤10 000
大肠菌群/(MPN·100 mL^{-1})	≤3
致病菌(沙门氏菌、志贺氏菌、金黄色葡萄球菌)	不得检出

（3）冷饮饮品的微生物标准（GB 2759.1—2003）

品 种	指 标		
	菌落总数/ （CFU·mL^{-1}）	大肠菌群/ （MPN·100 mL^{-1}）	致病菌（沙门氏菌、 志贺氏菌、金黄色葡萄球菌）
含乳蛋白冷冻饮品	≤25 000	≤450	不得检出
含豆类冷冻饮品	≤20 000	≤450	不得检出
含淀粉或果类冷冻饮品	≤3 000	≤100	不得检出
食用冰块	≤100	≤6	不得检出

（4）熟肉制品的微生物标准（GB 2726—2005）

项 目		指 标
菌落总数/（CFU·g^{-1}）	烧烤肉、肴肉、肉灌肠	≤50 000
	酱卤肉	≤80 000
	熏煮火腿、其他熟肉制品	≤30 000
	肉松、油酥肉松、肉粉松	≤30 000
	肉干、肉脯、肉糜脯、其他熟肉干制品	≤10 000
大肠菌群/（MPN·100 g^{-1}）	肉灌肠	≤30
	烧烤肉、熏煮火腿、其他熟肉制品	≤30
	肴肉、酱卤肉	≤30
	肉松、油酥肉松、肉粉松	≤30
	肉干、肉脯、肉糜脯、其他熟肉干制品	≤30
致病菌（沙门氏菌、志贺氏菌、金黄色葡萄球菌）		不得检出

（5）糖果类的微生物标准（GB 9678.1—2003）

品 种	指 标		
	菌落总数/ （CFU·g^{-1}）	大肠菌群/ （MPN·100 g^{-1}）	致病菌（沙门氏菌、 志贺氏菌、金黄色葡萄球菌）
硬质糖果、抛光糖果	≤750	≤30	不得检出
焦香糖果、充气糖果	≤20 000	≤440	不得检出
夹心糖果	≤2 500	≤90	不得检出
凝胶糖果	≤1 000	≤90	不得检出

项目小结)))

　　引起食品腐败变质的因素是多方面的,一般来说,食品发生腐败变质,与食品本身的性质、污染微生物的种类和数量以及食品所处的环境等因素有着密切的关系。

　　食品腐败变质的过程实质上是细菌、酵母菌和霉菌等微生物分解食品中的蛋白质、糖类、脂肪等的生化过程。分解蛋白质的微生物主要是细菌,其次是霉菌和酵母。分解碳水化合物的微生物主要是酵母菌,其次为霉菌和细菌。能够分解脂肪的微生物主要是霉菌,其次是细菌和酵母菌。在外界条件中,温度、湿度和氧是影响食品腐败变质的主要环境条件。

　　不同种类的食品引起其腐败变质的微生物的类群和环境条件都是不同的。在食品加工和保藏中应充分考虑引起腐败变质的各种因素,采取不同的方法或方法组合,杀死腐败微生物或抑制其在食品中的生长繁殖,从而达到延长食品货架期的目的。

复习思考题)))

1. 微生物引起食品变质必须具备哪些条件?
2. 简述分解食品中蛋白质、碳水化合物、脂肪的微生物种类。
3. 污染食品的微生物来源及途径有哪些?
4. 如何控制微生物对食品的污染和由此而引起的腐败变质?
5. 简述鲜乳中发生腐败变质时微生物菌群的变化规律。
6. 引起禽畜、果蔬、水产品等发生腐败变质的微生物主要有哪些? 为什么?
7. 常见食品腐败变质的控制方法有哪些?
8. 食品卫生标准中有哪些微生物学指标?

实训 7.1　鲜肉中菌落总数的测定

一、实训目的

1. 学习并掌握测定食品中菌落总数的方法及原理。
2. 了解菌落总数测定在食品卫生学评价中的意义。

二、实训原理

　　菌落总数即为食品检样经过处理,在一定条件下(如培养基、培养温度和培养时间等)培养后,所得每 g(mL)检样中形成的微生物菌落总数。菌落总数主要作为判定食品被污染程度的标志,也可以应用这一方法观察细菌在食品中繁殖动态,以便对被检样品进行卫生学评价时提供依据。每种细菌都有它一定的生理特性,培养时应用不同的营养条件及其他生

理条件(如温度、培养时间、pH、需氧性质等)去满足其要求才能将各种细菌都培养出来。但在实际工作中,一般都只用一种常用的方法。细菌菌落总数的测定,所得结果,只包括一群能在营养琼脂上生长的嗜中温型需氧菌的菌落总数。菌落总数并不表示样品中实际存在的所有细菌总数,菌落总数并不能区分其中细菌的种类,所以有时被称为杂菌数、需氧菌数等。

三、实训材料和器皿

除微生物实验室常规灭菌及培养设备外,其他设备和材料如下:

恒温培养箱(36 ℃ ±1 ℃,30 ℃ ±1 ℃)、冰箱(2 ~ 5 ℃)、恒温水浴箱(46 ℃ ±1 ℃)、天平、均质器、振荡器、无菌吸管、无菌锥形瓶(250 mL、500 mL)、无菌培养皿、pH 计或精密pH 试纸。

平板计数琼脂培养基(附录 1 中 1)、磷酸盐缓冲液(附录 1 中 8)、无菌生理盐水(附录1 中 9)。

四、实训方法和步骤

检验步骤和程序如图 7.2 所示。

1. 样品的稀释

(1)固体和半固体样品

称取 25 g 样品置盛有 225 mL 磷酸盐缓冲液或生理盐水的无菌均质杯内,8 000 ~10 000 r/ min 均质 1 ~2 min,或放入盛有 225 mL 稀释液的无菌均质袋中,用拍击式均质器拍打 1 ~2 min,制成 1∶10 的样品匀液。

(2)液体样品

以无菌吸管吸取 25 mL 样品置盛有 225 mL 磷酸盐缓冲液或生理盐水的无菌锥形瓶(瓶内预置适当数量的无菌玻璃珠)中,充分混匀,制成 1∶10 的样品匀液。

用 1 mL 无菌吸管或微量移液器吸取 1∶10 样品匀液 1 mL,沿管壁缓慢注于盛有 9 mL稀释液的无菌试管中(注意吸管或吸头尖端不要触及稀释液面),振摇试管或换用 1 支无菌吸管反复吹打使其混合均匀,制成 1∶100 的样品匀液。

按上述操作程序,制备 10 倍系列稀释样品匀液。每递增稀释 1 次,换用 1 支 1 mL 无菌吸管或吸头。

根据对样品污染状况的估计,选择 2 ~3 个适宜稀释度的样品匀液(液体样品可包括原液),在进行 10 倍递增稀释时,吸取 1 mL 样品匀液于无菌平皿内,每个稀释度做 2 个平皿。同时,分别吸取 1 mL 空白稀释液加入两个无菌平皿内作空白对照。

及时将 15 ~20 mL 冷却至 46 ℃ 的平板计数琼脂培养基(可放置于 46 ℃ ±1 ℃恒温水浴箱中保温)倾注平皿,并转动平皿使其混合均匀。

2. 培养

待琼脂凝固后,将平板翻转,36 ℃ ±1 ℃培养 48 h ±2 h。水产品 30 ℃ ±1 ℃培养 72 h ±3 h。

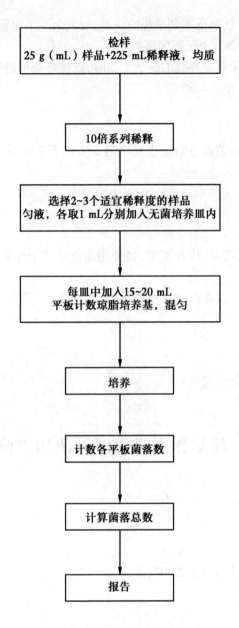

图7.2　菌落总数的检验程序

　　如果样品中可能含有在琼脂培养基表面弥漫生长的菌落时,可在凝固后的琼脂表面覆盖一薄层琼脂培养基(约4 mL),凝固后翻转平板,再进行培养。

3. 菌落计数

　　可用肉眼观察,必要时用放大镜或菌落计数器,记录稀释倍数和相应的菌落数量。菌落计数以菌落形成单位(CFU)表示。

　　选取菌落数为30～300 CFU、无蔓延菌落生长的平板计数菌落总数。低于30 CFU的平板记录具体菌落数,大于300 CFU的可记录为多不可计。每个稀释度的菌落数应采用两个平板的平均数。

　　其中1个平板有较大片状菌落生长时,则不宜采用,而应以无片状菌落生长的平板作为该稀释度的菌落数;若片状菌落不到平板的一半,而其余一半中菌落分布又很均匀,即可计算半个平板后乘以2,代表1个平板菌落数。

当平板上出现菌落间无明显界线的链状生长时,则将每条单链作为1个菌落计数。

五、实训结果

菌落总数的计算方法和菌落总数报告见项目5实训5.2中微生物细胞的平板菌落计数相关内容。

六、实训注意事项

1.实验中所用的器皿、用具、培养基等,在使用前应清洗干净并彻底灭菌,不得残留有微生物。

2.实验中应特别注意无菌操作,以免影响最后的结果。

七、思考题

菌落总数的测定具有什么意义?

实训7.2　蔬菜和水果中酵母菌和霉菌的测定

一、实训目的

1.掌握测定霉菌和酵母菌的方法和技能。

2.熟练无菌操作技术。

二、实训原理

酵母菌是真菌中的一大类,通常是单细胞,呈圆形、卵圆形、腊肠形或杆状。

霉菌也是真菌,能够形成疏松的绒毛状的菌丝体的真菌称为霉菌。

霉菌和酵母广泛分布于自然界并可作为食品中正常菌群的一部分。

霉菌和酵母也可造成食品腐败变质。由于它们生长缓慢和竞争能力不强,故常常在不适于细菌生长的食品中出现,这些食品是 pH 低、湿度低、含盐和含糖高的食品、低温贮藏的食品,含有抗生素的食品等。由于霉菌和酵母能抵抗热、冷冻,以及抗生素和辐照等贮藏及保藏技术,它们能转换某些不利于细菌的物质,而促进致病细菌的生长;有些霉菌能够合成有毒代谢产物——霉菌毒素。霉菌和酵母往往使食品表面失去色、香、味。例如,酵母在新鲜的和加工的食品中繁殖,可使食品发生难闻的异味,它还可以使液体发生混浊,产生气泡,形成薄膜,改变颜色及散发不正常的气味等。因此霉菌和酵母也作为评价食品卫生质量的指示菌,并以霉菌和酵母计数来判定食品被污染的程度。

三、实训材料和器皿

除微生物实验室常规灭菌及培养设备外,其他设备和材料如下:

冰箱(2~5 ℃)、恒温培养箱(28 ℃±1 ℃)、均质器、恒温振荡器、显微镜、电子天平、无菌锥形瓶(500 mL、250 mL)、无菌广口瓶(500 mL)、无菌吸管、无菌平皿、无菌试管等。

马铃薯-葡萄糖-琼脂培养基(附录1中2)、孟加拉红培养基(附录1中3)。

四、实训方法和步骤

霉菌和酵母计数的检验程序如图7.3所示。

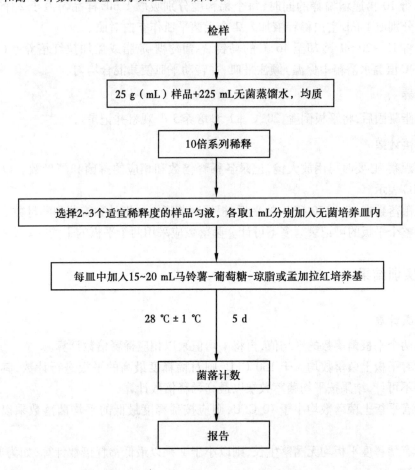

图7.3　霉菌和酵母计数的检验程序

1. 样品的稀释

（1）固体和半固体样品

称取 25 g 样品至盛有 225 mL 灭菌蒸馏水的锥形瓶中，充分振摇，即为 1 : 10 稀释液。或放入盛有 225 mL 无菌蒸馏水的均质袋中，用拍击式均质器拍打 2 min，制成 1 : 10 的样品匀液。

（2）液体样品

以无菌吸管吸取 25 mL 样品至盛有 225 mL 无菌蒸馏水的锥形瓶（可在瓶内预置适当数量的无菌玻璃珠）中，充分混匀，制成 1 : 10 的样品匀液。

取 1 mL 1 : 10 稀释液注入含有 9 mL 无菌水的试管中，另换 1 支 1 mL 无菌吸管反复吹吸，此液为 1 : 100 稀释液。

按上述操作程序，制备 10 倍系列稀释样品匀液。每递增稀释 1 次，换用 1 支 1 mL 无菌吸管。

根据对样品污染状况的估计，选择 2～3 个适宜稀释度的样品匀液（液体样品可包括原液），在进行 10 倍递增稀释的同时，每个稀释度分别吸取 1 mL 样品匀液于 2 个无菌平皿内。同时分别取 1 mL 空白稀释液加入 2 个无菌平皿作空白对照。

及时将 15～20 mL 冷却至 46 ℃ 的马铃薯-葡萄糖-琼脂或孟加拉红培养基（可放置于 46 ℃±1 ℃ 恒温水浴箱中保温）倾注平皿，并转动平皿使其混合均匀。

2. 培养

待琼脂凝固后，将平板倒置，28 ℃±1 ℃ 培养 5 d，观察并记录。

3. 菌落计数

肉眼观察，必要时可用放大镜，记录各稀释倍数和相应的霉菌和酵母数。以菌落形成单位（CFU）表示。

选取菌落数在 10～150 CFU 的平板，根据菌落形态分别计数霉菌和酵母数。霉菌蔓延生长覆盖整个平板的可记录为多不可计。菌落数应采用两个平板的平均数。

五、实训结果

1. 结果计算

计算两个平板菌落数的平均值，再将平均值乘以相应稀释倍数计算。

若所有平板上菌落数均大于 150 CFU，则对稀释度最高的平板进行计数，其他平板可记录为多不可计，结果按平均菌落数乘以最高稀释倍数计算。

若所有平板上菌落数均小于 10 CFU，则应按稀释度最低的平均菌落数乘以稀释倍数计算。

若所有稀释度平板均无菌落生长，则以小于 1 乘以最低稀释倍数计算；如为原液，则以小于 1 计数。

2. 结果报告

菌落数在 100 CFU 以内时，按"四舍五入"原则修约，采用两位有效数字报告。

菌落数大于或等于 100 CFU 时,前 3 位数字按"四舍五入"原则修约后,取前 2 位数字,后面用 0 代替位数来表示结果;也可用 10 的指数形式来表示,此时也按"四舍五入"原则修约,采用两位有效数字。

称重取样以 CFU/g 为单位报告,体积取样以 CFU/mL 为单位报告,报告或分别报告霉菌和/或酵母数。

六、实训注意事项

1. 实验中所用的器皿、用具、培养基等,在使用前应清洗干净并彻底灭菌,不得残留有微生物。

2. 实验中应特别注意无菌操作,以免影响最后的结果。

七、思考题

酵母菌和霉菌的测定具有怎样的意义?

实训 7.3　牛奶中大肠菌群的测定

一、实训目的

1. 学习和掌握牛奶中大肠菌群的检测方法。

2. 了解测定过程中每一步的基本原理及操作程序。

二、实训原理

大肠菌群是指一群在 36 ℃条件下培养 48 h 能发酵乳糖、产酸产气、需氧和兼性厌氧的革兰氏阴性无芽孢杆菌。该菌群主要来自人畜粪便,作为粪便污染指标来评价食品的卫生质量,推断食品中有否污染肠道致病菌的可能。

三、实训材料和器皿

除微生物实验室常规灭菌及培养设备外,其他设备和材料如下:

恒温培养箱(36 ℃ ±1 ℃)、冰箱、恒温水浴箱、天平、均质器、振荡器、无菌吸管、无菌锥形瓶(500 mL)、无菌培养皿、pH 计。

月桂基硫酸盐胰蛋白胨(Lauryl Sulfate Tryptose,LST)肉汤(附录 1 中 4)、煌绿乳糖胆盐(Brilliant Green Lactose Bile,BGLB)肉汤(附录 1 中 5)、结晶紫中性红胆盐琼脂(Violet Red

Bile Agar,VRBA)(附录1中6)、磷酸盐缓冲液(附录1中8)、无菌生理盐水(附录1中9)、无菌 1 mol/L NaOH(附录1中10)、无菌 1 mol/L HCl(附录1中11)。

四、实训方法和步骤

(一)大肠菌群 MPN 计数法

大肠菌群 MPN 计数的检验程序如图7.4所示。

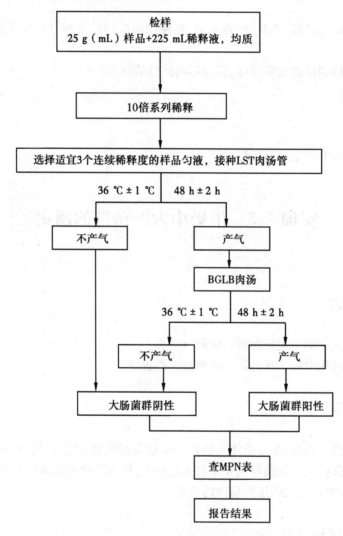

图7.4 大肠菌群 MPN 计数法检验程序

1.样品的稀释

（1）固体和半固体样品

称取 25 g 样品,放入盛有 225 mL 磷酸盐缓冲液或生理盐水的无菌均质杯内,8 000 ~ 10 000 r/ min 均质 1 ~ 2 min,或放入盛有 225 mL 磷酸盐缓冲液或生理盐水的无菌均质袋中,用拍击式均质器拍打 1 ~ 2 min,制成 1:10 的样品匀液。

（2）液体样品

以无菌吸管吸取 25 mL 样品置盛有 225 mL 磷酸盐缓冲液或生理盐水的无菌锥形瓶（瓶内预置适当数量的无菌玻璃珠）中，充分混匀，制成 1∶10 的样品匀液。

样品匀液的 pH 值应为 6.5~7.5，必要时分别用 1 mol/L NaOH 或 1 mol/L HCl 调节。

用 1 mL 无菌吸管或微量移液器吸取 1∶10 样品匀液 1 mL，沿管壁缓缓注入 9 mL 磷酸盐缓冲液或生理盐水的无菌试管中（注意吸管或吸头尖端不要触及稀释液面），振摇试管或换用 1 支 1 mL 无菌吸管反复吹打，使其混合均匀，制成 1∶100 的样品匀液。

根据对样品污染状况的估计，按上述操作，依次制成 10 倍递增系列稀释样品匀液。每递增稀释 1 次，换用 1 支 1 mL 无菌吸管或吸头。从制备样品匀液至样品接种完毕，全过程不得超过 15 min。

2. 初发酵试验

每个样品，选择 3 个适宜的连续稀释度的样品匀液（液体样品可以选择原液），每个稀释度接种 3 管月桂基硫酸盐胰蛋白胨（LST）肉汤，每管接种 1 mL（如接种量超过 1 mL，则用双料 LST 肉汤），36 ℃±1 ℃培养 24 h±2 h，观察倒管内是否有气泡产生，24 h±2 h 产气者进行复发酵试验，如未产气则继续培养至 48 h±2 h，产气者进行复发酵试验。未产气者为大肠菌群阴性。

3. 复发酵试验

用接种环从产气的 LST 肉汤管中分别取培养物 1 环，移种于煌绿乳糖胆盐肉汤（BGLB）管中，36 ℃±1 ℃培养 48 h±2 h，观察产气情况。产气者，计为大肠菌群阳性管。

（二）大肠菌群平板计数法

大肠菌群平板计数法的检验程序如图 7.5 所示。

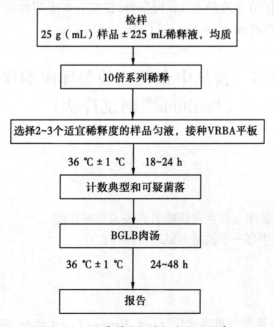

图 7.5　大肠菌群平板计数法检验程序

1. 样品的稀释

同本实训中(一)大肠菌群 MPN 计数法。

2. 平板计数

选取 2~3 个适宜的连续稀释度,每个稀释度接种 2 个无菌平皿,每皿 1 mL。同时取 1 mL 生理盐水加入无菌平皿作空白对照。

及时将 15~20 mL 冷至 46 ℃ 的结晶紫中性红胆盐琼脂(VRBA)倾注于每个平皿中。小心旋转平皿,将培养基与样液充分混匀,待琼脂凝固后,再加 3~4 mL VRBA 覆盖平板表层。翻转平板,置于 36 ℃±1 ℃ 培养 18~24 h。

3. 平板菌落数的选择

选取菌落数为 15~150 CFU 的平板,分别计数平板上出现的典型和可疑大肠菌群菌落。典型菌落为紫红色,菌落周围有红色的胆盐沉淀环,菌落直径为 0.5 mm 或更大。

4. 证实试验

从 VRBA 平板上挑取 10 个不同类型的典型和可疑菌落,分别移种于 BGLB 肉汤管内,36 ℃±1 ℃ 培养 24~48 h,观察产气情况。凡 BGLB 肉汤管产气,即可报告为大肠菌群阳性。

五、实训结果

1. 大肠菌群 MPN 计数法结果的报告

按确证的大肠菌群 LST 阳性管数,检索 MPN 表(附录2),报告每 g(mL)样品中大肠菌群的 MPN 值。

2. 大肠菌群平板计数法结果的报告

经最后证实为大肠菌群阳性的试管比例乘以计数的平板菌落数,再乘以稀释倍数,即为每 g(mL)样品中大肠菌群数。例:10^{-4} 样品稀释液 1 mL,在 VRBA 平板上有 100 个典型和可疑菌落,挑取其中 10 个接种 BGLB 肉汤管,证实有 6 个阳性管,则该样品的大肠菌群数为:$100 \times 6/10 \times 10^4/g(mL) = 6.0 \times 10^5 \ CFU/g(mL)$。

实训7.4 食品中金黄色葡萄球菌的快速检测 (Petrifilm™ 测试片法)

一、实训目的

1. 学习和掌握食品中金黄色葡萄球菌的快速检测方法。
2. 了解测定过程中每一步的基本原理及操作程序。

二、实训原理

Petrifilm™金黄色葡萄球菌测试片(Staph Express Count Plate,STX)是一种预先制备好

的快速检验系统。它含有具有显色功能并经改良的 Baird-Parker 培养基,对金黄色葡萄球菌具有很强的选择性,并含有冷水可溶性凝胶。测试片上的紫红色菌落为金黄色葡萄球菌。当测试片上出现紫红色以外的其他任何颜色(如黑色或蓝绿色),则必须使用确认反应片。此确认反应片含有显色剂和脱氧核糖核酸(DNA)。金黄色葡萄球菌产生的脱氧核糖核酸酶(DNase)会和反应片中的显色剂形成红色晕圈。

三、实训材料和器皿

恒温培养箱、均质器、pH 计。

无菌生理盐水(附录1 中9)、1 mol/L 氢氧化钠(附录1 中10)、1 mol/L 盐酸(附录1 中11)、Petrifilm™金黄色葡萄球菌测试片、Petrifilm™金黄色葡萄球菌确认反应片。

四、实训方法和步骤

(一)Petrifilm™测试片直接计数法
检验程序如图 7.6 所示。

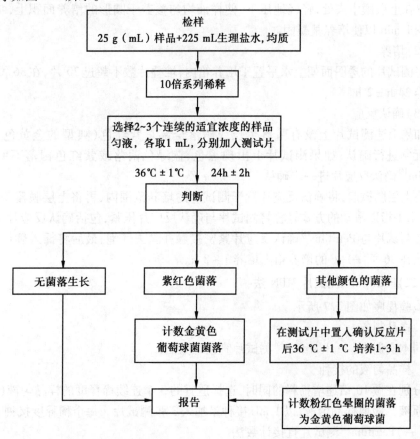

图 7.6　Petrifilm™测试片直接计数法检验程序

1. 样品制备

（1）固体或半固体食品

以无菌操作称取 25 g 样品，放入装有 225 mL 灭菌生理盐水的灭菌均质杯（无菌均质袋）内，于 8 000 r/min 均质 1～2 min 或用拍打式均质器以 6～9/s 挤压、拍击 1 min，制成 1:10 样品匀液。

（2）液体食品

用灭菌吸管吸取 25 mL 样品，放入装有 225 mL 灭菌生理盐水的灭菌玻璃瓶内（瓶内预置适当数量的玻璃珠），经充分振摇制成 1:10 样品匀液。

制备的 1:10 样品匀液后，无菌操作调节样品匀液的 pH 为 6.0～8.0，对酸性样液用 1 mol/L 氢氧化钠调节，碱性样液用 1 mol/L 盐酸调节。

2. 样品匀液的稀释、接种和培养

（1）接种

做 10 倍递增稀释，选择适宜的 2～3 个连续稀释度的样品匀液（液体样品可包括原液）接种 Petrifilm™测试片，每个稀释度接种 2 片，每片 1 mL。将测试片置于平坦表面处，揭开上层膜，用吸管吸取某一稀释度的 1 mL 样液垂直滴加到一张测试片的中央处，然后将上层膜缓慢盖下，避免气泡产生，切勿使上层膜直接落下，再将 Petrifilm™金黄色葡萄球菌的压板放置在上层膜中央处，轻轻地压下，使样液均匀覆盖于圆形的培养面积上，拿起压板，静置至少 1 min 以使培养基凝固。

（2）培养

将测试片的透明面朝上水平置于培养箱内，堆叠片数不超过 20 片，在 36 ℃ ±1 ℃条件下培养 24 h ±2 h。

（3）确认反应

如果上述测试片上没有菌落生长或菌落全部是紫红色（典型的金黄色葡萄球菌特征），无须进行确认；如果测试片上出现黑色、蓝绿色菌落或紫红色菌落不明显，需使用 Petrifilm™确认反应片进一步确认。

将上层膜掀起，将确认反应片置于测试片的培养范围内，再将上层膜覆盖在确认反应片上，用手指以滑动的方式轻轻将测试片与确认反应片压紧，包括确认反应片的边缘，此步骤可使测试片与 Petrifilm™确认反应片紧密接触并除去气泡，最后将插入确认反应片的测试片放在 36 ℃ ±1 ℃的培养箱内培养 1～3 h。

（二）Petrifilm™测试片 MPN 法

检验程序如图 7.7 所示。

1. 样品制备

同本实训中（一）Petrifilm™测试片直接计数法。

2. 样品匀液的接种

分别在做 10 倍递增稀释的同时，选择适宜的 3 个连续稀释度的样品匀液（液体样品可包括原液），吸取样品匀液，以 1 mL 接种量加入 3 张测试片。每个稀释度接种 3 张，接种方法同（一）Petrifilm™测试片直接计数法。

3. 培养和确认

同（一）Petrifilm™测试片直接计数法。

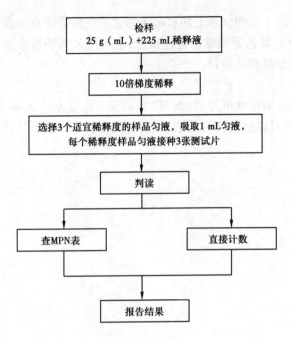

图 7.7 金黄色葡萄球菌 Petrifilm™ 测试片 MPN 法测试程序

五、实训结果

1. Petrifilm™ 测试片直接计数法的结果判读和报告

（1）判读

紫红色的菌落直接计数为金黄色葡萄球菌数；需要使用确认反应片作确认时，计数有粉红色晕圈的菌落。没有粉红色晕圈的菌落不是金黄色葡萄球菌，不应被计数。如果整个培养面积呈粉红色而没有明显的晕圈，说明金黄色葡萄球菌大量存在，结果记录为"多不可计"。

（2）菌落计数

培养结束后立即计数，可目视或用菌落计数器来计数，放大镜可辅助计数；选取金黄色葡萄球菌菌落数为 15～150 的测试片，计数菌落数，乘以相对应的稀释倍数报告；如果所有稀释度测试片上的菌落数都小于 15，则计数稀释度最低的测试片上的菌落数乘以稀释倍数报告；如果所有稀释度的测试片上均无菌落生长，则以小于 1 乘以最低稀释倍数报告；如果最高稀释倍数的菌落数大于 150 时，计数最高稀释度的测试片上的菌落数乘以稀释倍数报告。报告单位以 CFU/g(mL) 表示。

2. Petrifilm™ 测试片 MPN 法的结果判读和报告

（1）判读

金黄色葡萄球菌菌落判读同（一）Petrifilm™ 测试片直接计数法，如果最低稀释度的 3 个纸片不都有确认的金黄色葡萄球菌菌落，可根据金黄色葡萄球菌菌落的存在与否，对所有 9 张测试片进行阳性或阴性的定性报告，而无须计数每张测试片上金黄色葡萄球菌菌落数目。

　　如果最低稀释度的3个测试片上均有确认的金黄色葡萄球菌菌落,可以按照上述的方法对每张测试片进行金黄色葡萄球菌定性报告,也可以采用平板直接计数的方法,计算测试片上的金黄色葡萄球菌菌落数目。

　　2)结果报告

　　根据金黄色葡萄球菌阳性纸片数,查 MPN(附录2),报告每 g(mL)样品中金黄色葡萄球菌的 MPN 值。如果可以直接计数的结果报告,则参照 Petrifilm™测试片直接计数法。

项目8
微生物与餐饮食品加工

学习目标

1.了解餐饮食品烹饪方式的分类;国内外餐饮食品加工过程及餐饮食品在其加工过程中的注意事项。

2.熟悉微生物在餐饮食品加工中的应用。

3.掌握可能造成餐饮食品生物性危害(污染)物质的分类、来源、特点、繁殖的影响因素及对其相应的预防控制措施。

知识链接

餐饮业(catering)是通过即时加工制作、商业销售和服务性劳动于一体,向消费者专门提供各种酒水、食品、消费场所和设施的食品生产经营行业。

餐饮的概念主要有两种:一是饮食,如经营餐饮,提供餐饮。二是提供餐饮的行业或者机构、餐饮行业,其主要内容是:从事该行业的组织(如餐厅、酒店、食品加工厂)或个人,通过对食品进行加工处理,满足消费者的饮食需求,从而获取相应的服务收入。由于在不同的地区、不同的文化下,不同的人群饮食习惯、口味的不同,因此,世界各地的餐饮表现出多样化的特点。

任务8.1 餐饮食品加工基本流程

餐饮食品加工基本流程主要包括加工、配份和烹调3个程序。3个程序中每个环节紧密联系又明显划分。

8.1.1 餐饮食品加工制作方式和过程分类

1)中国餐饮食品烹调方式分类

中国菜肴在烹饪中有许多流派。其中最有影响和代表性的也为社会所公认的有:鲁、川、粤、闽、苏、浙、湘、徽等菜系,即被人们常说的中国"八大菜系"。中国"八大菜系"的烹调技艺各具风韵,其菜肴的特色也各有千秋。

无论何种菜系,其加工烹饪方法总结起来有以下几种:

①拌：用可以生食的原料，或已晾凉的熟料切配成小型，浇上调料，搅拌即食的方法。

②煮：用较多汤、水，放入原料或半熟原料，旺火烧沸，再用中小火烧至熟的方法。

③烧：将煮、煎、炸或煸炒过的原料，加上适量汤、水，旺火烧沸，再用中小火使之入味，最后收稠卤汁的烹煮方法。

④煸炒：将切配成小型的原料入热油锅中，旺火急翻至断生的方法。

⑤熘：已煎炸或蒸煮后的熟原料，浇上或投入调味汁水中使之入味的方法。

⑥扒：初加工后的原料，加上调料、汤水，旺火烧沸，中小火烧至入味，再用旺火收浓卤汁的方法。通常高档野味采用此方法烹制。

⑦烩：将多种原料切配成较小形状，加入较多量的汤水，烧至入味的方法。

⑧煨：煸炒或煎炸后的原料入器皿内，加入无色调料和汤汁后，旺火烧沸，小火长时间加热至酥烂的烹调方法。适宜用陶制器皿。

⑨焖：与煨类似，不同在于可采用有色调料，加热时间短。

⑩烤：原料腌渍或加工成半成品后，放入明火烤炉或煤气或红外线暗火烤炉内，以辐射热使之至熟的方法。

⑪熏：将腌渍调味后的生料，或蒸、煮、炸熟的熟料放入锅内有孔铁板上，锅底放熏料，明火加热至熏料阴燃，产生的烟气侵入原料，使之具有特殊香味的烹调方法。

除了上述烹调方法以外，还有汆、炝、卤、冻、烹、贴、醉、糟、涮、蜜渍、拔丝、煎、炸、蒸、挂霜、盐焗等多种烹调方法。

通过分析以上花样繁多、工艺复杂的加工方式，从食品安全的角度看，其加工方式可以简单归为下述7类：

①生食：最为简单的生食甚至连拌的步骤都省略掉，不加任何佐料直接食用。如某些海鲜的食用方法。

②调味后生食。如拌，腌醉类，蘸酱类。

③通过水的沸腾加热至熟食，时间长短依工艺不同而不同。炖、煮、烩等都属于这一类。

④通过油等媒介高温加热至熟食，时间长短依工艺不同而不同。煎、炸、爆等都属于这一类。

⑤通过辐射加热至熟食。如烤、烟熏。

⑥通过蒸汽加热至熟食。如蒸。

⑦加热至熟放冷后食用或拌调味料食用。如冷荤类食品。

2）国外零售食品加工过程分类参考

美国零售食品的加工过程从食品安全的角度分为下述3类。

①原料接收→储存→粗加工→放置→食用。该类不包含烹调过程。

②原料接收→储存→粗加工→烹调→放置→食用。可以包括其他如融化等过程。

③原料接收→储存→粗加工→烹调→放冷→再加热→热保存→食用。其特点在于再加热后的热保存温度要控制好。

美国的分类方式对所有餐饮食品的加工过程进行了较为简练、精辟的归纳，对于有针对性地控制餐饮食品安全十分有帮助。

3）我国餐饮食品加工过程分类

尽管美国的零售食品加工过程分类十分简练，但在中国要考虑中国餐饮食品烹调方式的复杂性。结合第一和第二部分内容，对加工过程分类如下：

①生食。具体过程为：原料接收→储存→粗加工→食用。该类食品仅把原料作清洗等初加工处理，初加工后可直接食用或进行调味后食用。整个加工过程没有加热的环节，原料的理化性状不发生改变，缺少彻底消除食品中微生物的措施。在分析工艺时应考虑拌入调味料调味后可能影响食品的卫生状况。

②热加工后即时食用。具体过程为：原料接收→储存→粗加工→加热烹调→食用。该类食品的烹调方法中有加热环节的存在，但不同的烹调方式加热的方式和时间有所不同。经过加热后的食品短时间内（不超过2 h）就供应食用，不存在放置中微生物繁殖的问题，但是由于加热时间和方式的不同，其中心温度往往可能达不到杀灭微生物和寄生虫的要求，应当予以考虑。

③热加工后放冷食用，或放冷再拌入调味料后食用。具体过程为：原料接收→储存→粗加工→加热烹调→常温或冷藏放置→食用。经烹调热加工后，将菜品温度降到室温或冷藏后供食用。此种加工方式除常见的冷荤菜以外，糕点制作的冷加工工艺也应列入。

④热加工后保温食用。具体过程为：原料接收→储存→粗加工→加热烹调→保温放置→食用。经烹调热加工后，保持菜品温度在60 ℃以上，直至食用。目前部分快餐盒饭在送餐的过程中往往采用热保温的方法，除快餐之外，自助餐也有采取这种形式。

⑤热加工后放冷，再加热供食用。具体过程为：原料接收→储存→粗加工→加热烹调→冷藏放置→再加热→食用。菜品经烹调热加工后，温度在短时间内迅速降低到室温以下冷藏（0～5 ℃），在食用前再加热至食物熟透。除部分快餐盒饭采用此种方式外，常见的微波食品均可列入此类。

分析中国餐饮业的供餐方式，基本上均在以上5类中。以上分类在食品安全控制上能够抓住原料控制、加热、加热后的存放、使用前的调配等关键工序，有利于在关键环节进行控制。

8.1.2 餐饮食品加工注意事项

新鲜食物经烹调后趁热食用几乎不会引起食源性疾病。尽管许多生食品在运输到食品加工部门时已污染上了病源性微生物，但通过充分的烹调仍能杀死微生物。然而，如果烹调不充分，微生物将潜伏在食物内部，导致食源性疾病的发生。某些细菌能形成芽孢，芽孢的抵抗力很强，能耐高温。当在熟食冷却较缓慢的时候，或在厨房的室温环境中搁置太久，这些芽孢能萌发为细菌再次生长繁殖。有些食物的烹调及贮藏条件均要求较高。

对肉类及家禽的加工需要特别仔细，尤其是带骨肉或体积较大的禽类。烹调肉类和家禽时要求禽类的最深处的温度能达到70 ℃。厨师应随身携带探针式温度计，经常检查肉类及家禽的内部温度。由于微生物能存在于家禽的表面或腹腔内部，因此家禽肉受微生物污染的危险性较高，在对它们进行加工过程中应当格外注意。

贝壳类食品是另一类高危险性食品，在烹调前贝壳可能已受到严重污染，因此要求烹

调温度维持在 70 ℃以上。如要在一道菜肴中加入贝壳类食品,应事先把贝壳清洗干净。如食用未烹调的冰冻贝壳,应把它们在沸水中煮开,食用前存放在 4 ℃以下的环境中。餐后剩余的食品不宜长时间保存。

1)掌握正确的烹调和加工方法

（1）只采用新鲜的原料

烹调加工所用的原料应保证新鲜。冷冻的肉、禽、水产应在室温下缓慢地彻底解冻。已解冻的食物不应再冷冻,因为这样可导致食物卫生质量下降,造成微生物的污染。

（2）正确解冻食品

从超低温冷柜中取出食物后,一般都需先完全解冻,然后立即烹调,这是一条原则。某些特殊情况下则不需完全解冻。

如果在烹调前食物仍未能达到较好的解冻效果,烹调过程中较短的时间内热量不能穿透整块生肉或骨架以致烹调后的食物中心的微生物仍能存活。因此应适当增加烹调加工的时间。

（3）彻底加热食品

从食品安全角度讲,加热就是对食品进行一次消毒灭菌,若加热不彻底,微生物将残留在食物内部,极易造成食物中毒或其他食源性疾病。一般认为食品的中心温度应达到 70 ℃以上,可用探针式温度计测量。在加工大块肉类尤其是带骨肉或整只家禽时,应特别留意加热程度,防止里生外熟。家禽的内腔常有微生物,加热不透是很危险的。西餐中的牛排、煎鸡蛋等品种,因风味的要求往往不能熟透,使得肉内部带着血红色,这些品种具有一定危险性。必须尽量保证加热至八成熟以上,用于煎鸡蛋的生鸡蛋必须经过清洗、消毒。

（4）严格做到生熟分开

生熟分开即防止熟食品与生食品、直接食用食品与尚待加工食品的交叉污染,包括直接和间接的交叉污染。加工用的容器(盆、盘、桶等)和用具应标上生熟标记,严防交叉使用。切忌把烹调后的熟食品盛放在原来盛生食品的容器内,这样引起的食物中毒案例很多。

（5）热菜贮存温度要合适

在自助餐厅,热食品需要保温。不管采用水浴保温还是明火加热保温,必须把食品的温度保持在 60 ℃以上,温度低于这个温度,则可能加速微生物的生长繁殖,增加食品的危险性。在职工食堂或为集体送餐的餐饮单位,往往把热菜盛装在大桶或大盆内,这些大容器散热较慢,降温的时间较长,延长了食物在适合于微生物繁殖的温度范围内的存放时间。一旦加热后的食物中有耐热的细菌芽孢残存或通过容器使食物再次受到污染,微生物在这个过程中将大量生长繁殖,使食品变质甚至引起食物中毒。因此热食品贮存应尽量避免使用过大容器。

（6）正确处理剩饭菜

剩饭菜是职工食堂常见的中毒食品之一。热菜加工应做到尽量不剩或少剩,但职工食堂有剩饭菜是难以避免的。若有少量剩余应废弃。要想继续使用剩饭菜,必须妥善保存,凉透后放入熟食专用冰箱冷藏保存,切不可暴露存放在室温下。值得注意的是,把剩饭菜丢弃在厨房里,甚至在室温下过夜,这是一种危险的做法。因剩饭菜更宜于微生物的生长繁殖,一旦被致病微生物污染,致病微生物可大量生长繁殖,达到中毒的数量。再次食用剩饭菜前,必须彻底加热,不可掺入新的热食品中。加热剩饭菜时,往往认为已是熟食品,只要加热到吃起来不凉就行了,这样的加热很可能引发食物中毒。

(7)严格规范冷菜加工

冷菜包括冷荤(卤菜、卤味)、凉拌菜和西餐沙拉。这些食品经过加热或消毒后,再次与刀、案、容器特别是频繁与手接触,受污染的机会多,吃前又不再加热,易引起食物中毒或其他食源性疾病。据某市统计冷荤引起的食物中毒占餐饮行业食物中毒的40%。这些冷食品均是餐饮业食品安全管理的重点食品。

(8)生食水产品和生吃牛肉的卫生要求

一些生食水产品和生吃牛肉,虽食用不普遍,但危险性大。日式餐饮中生鱼片占很大比例;在我国南方沿海地区也有生吃水产品的习惯,西餐中有生吃三文鱼,粤菜等菜系中有生吃龙虾,韩餐中有生吃牛肉。这些生食品常带有病原微生物和寄生虫,成为食源性疾病的媒介。应该指出生吃水产品和牛肉时,应严格控制加工的卫生条件。

2)避免不正确的烹调方法

(1)火候不到

对食物烹调火候的掌握,不同的厨师观点往往不一样。但是如果食物没有能很好地完全熟透,则可能引起食用者患病。热量穿透肉类食品较慢,如果肉的内部还带有红色则表明食物的内部温度尚未达到杀死微生物所需要的70 ℃。用文火炖煮嫩牛肉曾是多次导致沙门氏菌及产气荚膜梭状芽孢杆菌食源性疾病暴发的原因。

(2)不注意重新加热

在许多餐饮单位中,常把大块的肉和家禽烹煮后,在冷藏温度下或室温环境中放置一段时间,然后切片,准备作重新加热之用。尽管这种方法很常见,但它延长了食物在适合微生物繁殖的温度范围内的存放时间,尤其是产气荚膜梭状芽孢杆菌易生长繁殖。

为降低食源性疾病的危险性,切记肉类菜肴应保藏在高于60 ℃或低于10 ℃的环境中。如果熟肉保存是在冷藏温度下过夜,第二天食用时再经彻底的加热烹调是较为安全的原则。如果是在室温下过夜,即使第二天重新加热也会有导致疾病的危险。重新加热必须使内部温度达到70 ℃以上。用探针式温度计测量应作为判定重新加热效果的常用方法。

炖过的食品、肉汤、肉末和调味汁也是引起食源性疾病常见的原因。在重新加热时,大块食品内部温度可能达不到杀死微生物的温度,对于这些食物应严格执行当天烹调当天食用的原则。如果剩余了大量食物,重新加热不可避免,应在食用前彻底加热至70 ℃,至少维持2 min。

奶类、蛋类制品的菜肴必须当天准备当天食用,否则必须进行70 ℃的重新加热。液体和固体食物只能重新加热一次,否则就失去了应有的风味和营养价值。

剩米饭和南方的米粉容易引起蜡样芽孢杆菌食物中毒。蒸米饭、炒米饭和米粉应做到尽量不剩。若有剩余应摊开凉透后冷藏。食用之前要彻底加热,不要把剩米饭掺到新蒸的米饭中。炒米饭应使用新米饭,一定要翻炒均匀,彻底加热。

任务8.2　餐饮食品加工流程中可能出现的微生物污染

食物是人类生命活动的物质基础。食物在烹调直到食用前的各个环节,由于各种条件和因素的作用,可使某些有害因素进入食物,存在着造成食品危害的潜在可能性。例如,烹调不当,食品中可能含有寄生虫或致病性微生物;食品包装容器、管道、工具等材料中存在有害物质可能对食品造成污染等。如果食品中危害无法有效地消除及控制,就会危及人的健康和生命安全。

病原微生物常由食物或水作为载体,引发消化道疾病,如食物中毒、食源性传染病、食源性寄生虫病。但病原体进入人体消化道以后,是否必然发病,其病害的程度如何,是由病原生物本身的毒力、感染的数量和人体的免疫力等多种因素所决定的。懂得这些病原生物的分布特点、危害作用、预测与风险评估,食源性疾病的事故起因、应急处理与疾病控制,以及相关法律知识,其目的是防止食物中毒事故的发生和食源性传染病、寄生虫病的流行,确保餐饮业食品生产经营的顺利进行,为消费者的饮食安全服务。

食品危害,按照 HACCP 危害分析的通常分类,有 3 种类型,即生物性危害、化学性危害和物理性危害。其中生物性危害占 93%,化学性危害占 4%,物理性危害占 3%。

餐饮食品中常见的生物性危害包括细菌、病毒、寄生虫以及霉菌。

8.2.1　细菌

1)细菌的来源

食品中细菌的来源,主要有以下 4 个方面:

①原料污染:食品原料在采集、加工前已被细菌污染。

②产、储、运、销过程中的污染:这是细菌污染概率最大的一些环节。由于不卫生的操作和管理而使食品被环境、设备、器具中的一些细菌所污染。

③从业人员的污染:食品从业人员不认真执行卫生操作规程,通过手、上呼吸道等而造成食品的污染。

④烹调加工过程的污染:在食品加工过程中,未能严格贯彻烧熟煮透、生熟分开等卫生要求,再加以不卫生的管理方法,使食品中已存在或污染的细菌大量繁殖生长,从而损坏食品质量、危害人的健康。

2)污染细菌的增殖、产毒与危害

(1)细菌的增殖

细菌污染食品后,能否繁殖生长,要受一定环境条件的影响,当条件不适宜时,则生长受到限制甚至死亡。主要受营养成分、水分活度、温度、时间、酸碱度(pH 值)、气体(有氧或无氧)、抑制物质等因素影响。

（2）细菌产毒与危害

细菌不仅在食品中生长繁殖，有的还可产生毒素物质。毒素一般可分为耐热和易热两种，耐热毒素虽加热至100 ℃亦不被破坏，如葡萄球菌肠毒素等。易热毒素，在一定温度下（不超过100 ℃）即可破坏，如肉毒毒素等。当食品中的污染细菌生长繁殖，并蓄积大量毒素时，则不仅损坏食品质量，还严重地危害着人体健康。

食品中细菌分解食品中的蛋白质，经过极其复杂的各种生物化学反应，会导致食品发生腐败变质。当食品被致病菌污染时，其产生的危害则不仅是食品的腐败变质，更重要的是能引起人类食物中毒的发生。一般常见的食物中毒细菌有沙门氏菌、副溶血弧菌、葡萄球菌、变形杆菌、肉毒梭菌、蜡样芽孢杆菌、致病性大肠杆菌、志贺氏菌等。其引起中毒的机制一般分为感染型、毒素型、混合型。

8.2.2　病毒

病毒对食品的污染不像细菌那么普遍，但一旦发生污染，产生的后果将非常严重。例如甲型肝炎主要通过消化道传播，据估计10～100个病毒颗粒的剂量就可造成疾病，如果食物或水受到污染，被人食用后可造成感染；常见的污染食品为冷菜、水果和果汁、乳制品、蔬菜、贝类和冷饮。其中水、沙拉和贝类是最常见的污染源。1988年上海及沿海部分地区的甲肝大流行，就是因为食用的毛蚶受到甲肝病毒的污染而造成。

8.2.3　霉菌

霉菌可以破坏食品的品质，有的还可产毒素，造成严重的食品安全问题。例黄曲霉毒素、染色曲霉毒素可以引起肝损坏，并具有很强的致癌作用。

8.2.4　食物中毒

食物中毒的发生与市场和经济状况、卫生知识普及程度、食品卫生监督监测力度、食品安全法贯彻情况、食品从业人员修养有着直接的关系。在餐饮业，引发食物中毒的主要原因是细菌。

1）食物中毒简介

食用了被有毒有害物质污染的食品或者食用了含有毒有害物质的食品后出现的急性、亚急性疾病，称为食物中毒。食物中毒在临床上以急性胃肠炎为主要症状，无传染性。

食物中毒按毒物种类和性质的不同，可以分为细菌性食物中毒、真菌性食物中毒、动物性食物中毒、植物性食物中毒和化学性食物中毒5类。含有有毒有害物质并引起食物中毒的食品称为中毒食品，其在外观上与正常的食品没有明显差异，人体进食量也与平时相同。这与下列情况有所区别：

①吃下不可食状态的食品引起的中毒。

②吃下非正常数量食品所致的急性胃肠炎。

③个别人吃了某食物而发生的变态反应性疾病。

④有毒物质通过非经口途径进入机体后产生某些反应。

⑤经食物感染的肠道传染病和寄生虫病都不属于食物中毒。

2)食物中毒共同的特点

（1）潜伏期较短

从有毒食物进入人体到最初症状出现的这一过渡期称为潜伏期。细菌性食物中毒往往在食用食物后突然发病，短时间内可能有大量病人发病。

（2）症状相似

症状是指发生疾病时表现出来的异常状态。中毒病人的症状可因吃进有毒食物的多少，以及体质的强弱而轻重不同。但同种细菌或细菌毒素引起的中毒，病人都有相似的临床表现，最常见的为急性肠胃炎，如腹痛、腹泻、恶心、呕吐等。

（3）有共同的饮食史

病人都是由于吃了同一种或几种有毒食品或带菌食品而发病的。往往在一个饭店、一个食堂、一个地区在同一时期内或一餐中吃了有毒食物后，有时在间隔一定时期后，同时有许多人陆续发病。而未进食过有毒食品、带菌食品的人不发病。

（4）流行呈暴发性

在餐饮业中食物中毒的发生，来势汹汹、时间集中、发病率高，少的几十人，多的数百人，甚至上千人，都是突然发病。这是因为每张餐桌上都可能供应有同一种有毒的或带菌的食品造成的。

（5）不直接传染

一般无传染病流行时的余波。只要及时送病人抢救治疗，并停止供应、进食有毒食品，发病率就可以得到迅速控制。

任务8.3 餐饮食品加工中微生物污染的控制

8.3.1 常见细菌性危害及其控制

1)细菌的防护

细菌污染食品以后，不仅损害食品质量，而且可通过食物危害人类健康，所以防止食物的细菌污染就成为当前食品安全工作中的主要问题之一。

（1）食品原料

原料的严格控制是加强食品安全工作的第一步。在食品原料中存在着大量细菌，尤以不卫生的原料更甚，所以对食品原料一定要经过严格选择，并加强卫生管理工作。

（2）过程控制

空气、土壤中含有许多种微生物，如细菌、酵母、霉菌等。它们可以通过对动植物的附着、飞尘、空气等污染食品，所以加强食品在生产经营过程中的卫生防护，是防止细菌污染、保证食品质量安全的关键。生产经营过程中应保持洁净无尘、通风良好、温度适中、工用具应及时清洗、熟食品的销售要保证不出售腐坏变质食品。

(3)对从业人员的卫生要求

餐饮食品企业中的从业人员是食品污染、疾病传播的重要途径。由于不能严格执行个人卫生要求,造成细菌对食品的污染,有时引起疾病或食物中毒的发生。食品生产经营人员每年必须进行健康检查;新参加工作和临时参加工作的食品生产经营人员必须进行健康检查,取得健康证明后方可参加工作。凡患有痢疾、伤寒、病毒性肝炎等消化道传染病(包括病原携带者),活动性肺结核,化脓性或者渗出性皮肤病以及其他有碍食品卫生的疾病的,不得参加接触直接入口食品的工作。所以应对食品从业人员加强个人卫生方面的检查,对有传染病的患者或带菌者应暂时调换工作,立即进行治疗。

对接触熟食品的从业人员更应注意避免通过双手污染食品,一定要做好手的清洗和消毒。

(4)食品的烹调卫生

在烹调加工过程中,应做到烧熟煮透,彻底杀灭食品中的污染细菌,对于烹调后的熟食品,一定要做到生、熟、半成品分开,严防交叉污染。要有防尘防蝇设备,并放置洁净、凉爽和通风的地方。熟食品下次进食前应再次加热,以防污染细菌的增殖和产毒。

2)餐饮业中细菌性危害及其控制

细菌性危害主要指致病菌污染食品而导致食品变质以及食物中毒的发生。致病菌危害及控制详见表8.1。

表8.1 常见细菌致病菌的危害及控制

细 菌	疾 病	症 状	生长条件	来 源	控制措施
空肠弯曲杆菌 *Campylobacter jejuni*	其产生是由于摄入活体组织。直到19世纪70年代,弯曲杆菌才被认为是一项食物中毒的重要原因	急性腹泻(可能带血),腹痛,恶心和发热,38~40 ℃	32~45 ℃(最适温度42 ℃),需氧,鸡带菌率57.7%,鹅带菌率63.4%,猪带菌率58.8%	在野生和家养动物的肠道里,但是没有疾病的症状;没有症状的人类也可能是携带者	食品食用前要彻底加热;低温贮存或冷藏食品;做到生熟分开,避免交叉污染;人员洗手
沙门氏菌 *salmonella*	不同种的沙门氏菌能导致不同的疾病,沙门氏菌病(salmonellosis)是重要的公共健康问题	腹痛,水样腹泻,恶心,低烧和头痛	8~50 ℃,最适宜的温度是35~37 ℃,兼性厌氧	发现于多数家养和野生动物的肠道里,畜禽肉、乳制品、蛋和蛋制品、蔬菜和沙拉,鱼和水生有壳类动物	食品食用前要彻底加热;低温贮存或冷藏食品;做到生熟分开,避免交叉污染;人员洗手;食用禽蛋必须彻底煮沸8 min以上

续表

细 菌	疾 病	症 状	生长条件	来 源	控制措施
单核细胞增生李斯特氏菌 *Listeria monocytogenes*	李斯特氏菌病(listeriosis)	腹泻,呕吐,头痛,背痛,发烧,痉挛(似流感症状)	1~45℃,兼性厌氧	在自然界中广泛存在于蔬菜,水果,乳制品,红色畜肉,禽肉,干燥谷物,李斯特氏菌可以通过除了食品外的很多渠道传染人体	食品食用前要彻底加热;低温贮存或冷藏食品;做到生熟分开,避免交叉污染;人员洗手
埃希氏大肠杆菌 *Escherichia coli*	出血性结肠炎;溶血性尿毒综合征	腹泻(带血),腹痛,贫血,肾衰竭,由于缺乏血小板内出血,导致脑损伤。中枢神经系统可能抽搐和导致昏厥	8~46℃	反刍动物的肠道中,肉,乳制品,蔬菜	食品食用前要彻底加热;低温贮存或冷藏食品;做到生熟分开,避免交叉污染;人员洗手
小肠结肠炎耶尔森氏菌 *Yersinia enterocolitica*	由于有活细菌感染,导致耶尔森氏鼠疫杆菌肠道病,小肠结肠炎耶尔森氏菌也可能产生一种热稳定性肠毒素	腹泻,恶心,呕吐,头痛,发烧,急性腹痛,非常像阑尾炎	0~20℃	野生和家养动物,牛乳	食品食用前要彻底加热;低温贮存或冷藏食品;做到生熟分开,避免交叉污染;人员洗手
枯草杆菌 *Bacillus cereus*	导致两种不同类型肠胃炎,腹泻型和呕吐型。细菌产生的毒素导致食源性疾病	腹泻型:多水性腹泻,腹痛,偶尔有恶心和呕吐。呕吐型:恶心和呕吐,偶尔有腹泻	6~50℃,对于大多数菌株为30~37℃。毒素对于热敏感,56℃、5 min失活	生植物性食品,特别是谷物食品,调味品和牛乳	食品食用前要彻底加热;低温贮存或冷藏食品;做到生熟分开,避免交叉污染;人员洗手

续表

细 菌	疾 病	症 状	生长条件	来 源	控制措施
金黄色葡萄球菌 Staphylococcus aureus	细菌在生长过程中产生毒素,并不是因为微生物本身,而是其产生的毒素导致疾病	恶心,呕吐,腹泻,腹痛,极少发热	6 ~ 46 ℃,最适宜的温度为 30 ~ 37 ℃,兼性厌氧,最好在有氧气的条件下	估计30% ~ 50% 的人群的鼻腔和喉咙中携带金黄色葡萄球菌,皮肤上也存在,以及生肉和家畜,乳制品和沙拉	要定期对从业人员个人卫生状况进行检查,当患有疔疮、手指化脓、上呼吸道炎症、口腔疾病时,应暂时调换工作;已加热过的食品应迅速冷却,放在阴凉通风处,并缩短保存时间;食品食用前要彻底加热;低温贮存或冷藏食品;做到生熟分开,避免交叉污染;人员洗手;冷藏
蜡样芽孢杆菌 Bacillus cereus	分为呕吐型和腹泻型中毒	呕吐型:恶心,呕吐,腹痛,腹泻少见,无体温升高。腹泻型:主要腹痛,腹泻,呕吐罕见	生长温度范围为 10 ~ 48 ℃。28 ~ 35 ℃ 为最适生长温度,10 ℃ 以下不繁殖,耐热兼性厌氧	中毒食品范围广泛,包括乳及乳制品、畜禽肉类制品等,国内主要是剩饭,特别是大米饭,其次小米饭、高粱米饭等剩饭	食品食用前要彻底加热;剩饭等熟食品在10 ℃ 以下短时间存贮;做到生熟分开,避免交叉污染;人员洗手;冷藏
肉毒梭菌 Clostridium Botulinum	肉毒中毒,由于摄取了由肉毒梭菌生长过程中分泌的神经毒素。婴儿的肉毒中毒是由于摄取了肉毒梭菌孢子,在内脏中产生的毒素,并且在形成自然的微生物群体之前,这些疾病就可以发生	恶心和呕吐可能发生,然而这些症状主要是神经学上的视觉模糊或者重影,吞咽困难,嘴干,说话费力,肢体麻痹,呼吸阻滞	3 ~ 50 ℃,需氧。毒素对热敏感	中毒食品的种类往往同饮食习惯有关,在我国,多为家庭制豆、谷类的发酵制品,如臭豆腐、豆瓣酱、豆豉和面酱等;因肉类制品或罐头食品引起中毒的较少;欧洲主要为火腿、腊肠;美国家庭自制水果蔬菜罐头	在食品加工过程中,应当使用新鲜的原料,避免泥土的污染;对可疑的食品应作加热处理,加热温度一般为100 ℃,10 ~ 20 min,可使各型毒素破坏;低温贮存或冷藏食品;做到生熟分开,避免交叉污染;人员洗手

由此可见,控制致病菌主要应考虑4个步骤,处理食物过程中,每一步都要考虑食品安全的问题。从采购到储存剩余食物,都应随时遵循4个简单步骤:

①清洁:在制备食物之前和之后,尤其在处理肉、禽、蛋和海产品之后,都应用清洗剂清洗手、器皿和其他接触到的地方,以充分保证不受细菌感染。对手、器皿、桌面和地面进行消毒可以增强效果。

②隔离:将生的肉、禽、蛋和海产品与熟食分开,决不能将做好的即时食物放在装过生的肉、禽、蛋和海产品的盘子和器皿内。

③烹调:烹调食物一定要烧熟煮透,用食物温度计测量食物的生熟程度。煮鸡蛋一定要等蛋黄和蛋清凝固变硬。

④冷冻:在2 h内冷藏冷冻易腐食物,做好的食物冷藏在5 ℃以下或冷冻在 −18 ℃以下。

8.3.2 常见的病毒危害及控制

1941 年就已经证明病毒性疾病可通过食品引起传播,困扰当代社会的甲型肝炎、病毒性肠炎及其他病毒性疾病已成为日益严重的食品安全问题。毫无疑问,粪口途径是主要的传播途径,这种途径可以是直接的,也可以以食品或水为媒介,病毒通过吸收进入人体,在肠道中繁殖,从粪便中排出。本章介绍的是人类粪便中排出的病毒,污染食品或水后,又引起人体的病毒性疾病,即粪便中病毒→食品或水→进入人体。

病毒是体积很小的微生物,非细胞结构,只含一种核酸。当它们通过食品传播时就有可能引发食物中毒。病毒只能在其宿主即人和动物身上繁殖。病毒一般通过粪口途径传播。病毒可以在自然界环境存活很长时间,但不生长。

经过美国、英国等发达国家大量的数据研究认为,可导致疾病的常见的食源性病毒主要有:肝炎病毒(甲型和戊型)、诺沃克病毒、轮状病毒、星状病毒、口蹄疫、小核糖核酸病毒、细小病毒、禽流感和疯牛病等。

餐饮业常见的甲型肝炎病毒、轮状病毒、诺沃克病毒,其危害与控制措施详见表 8.2。

表 8.2　餐饮业常见病毒的危害与控制

病　毒	症　状	传播途径	食物来源	控制措施
甲型肝炎病毒	症状包括不适,恶心,黄疸,厌食和呕吐	通过"粪口途径传播",密切的生活接触是最常见的传播途径,也可能通过被污染的水和食物来传播	常见的污染食品为冷菜、水果和果汁、乳制品、蔬菜、贝类和冷饮。其中水、沙拉和贝类是最常见的食品中毒原因	洗手;食品制作人员身体健康;使用卫生的水源;彻底加热食品

病　毒	症　状	传播途径	食物来源	控制措施
轮状病毒	腹泻,呕吐,发热,可能破坏肠内细胞而引起营养不良	通过"粪口途径传播",密切的生活接触是最常见的传播途径,也可能通过被污染的水和食物来传播	能在4 ℃下生存数周, 在 56 ℃、30 min下失活	洗手;食品制作人员身体健康;使用卫生的水源;彻底加热食品;使用合格的水产品原料
诺沃克病毒	恶心、呕吐、腹泻、腹痛	通过被污染的水和食物来传播	被粪便污染的水源及水产品、沙拉,生食蚶类、牡蛎是最常见的食品中毒原因	洗手;食品制作人员身体健康;使用卫生的水源;彻底加热食品

8.3.3　常见的霉菌及其毒素危害与控制

霉菌在自然界分布很广,同时由于其可形成各种微小的孢子,因而很容易污染食品。霉菌污染食品后不仅造成腐败变质,而且有些霉菌还可产生毒素,造成误食人畜霉菌毒素中毒。霉菌毒素通常具有耐高温,无抗原性,主要侵害实质器官的特性,而且霉菌毒素多数还具有致癌作用。人和动物一次性摄入含大量霉菌毒素的食物常会发生急性中毒,而长期摄入含少量霉菌毒素的食物则会导致慢性中毒和癌症。

1)霉菌产毒的特点

①霉菌产毒仅限于少数的产毒霉菌。

②产毒菌株的产毒能力还表现出可变性和易变性。

③一种菌种或菌株可以产生几种不同的毒素,而同一类毒素也可由几种霉菌产生。

④产毒菌株产毒需要一定的条件,主要是基质种类、水分、温度、湿度及空气流通情况。

2)主要产毒霉菌

目前,已知可污染粮食及食品并发现具有产毒菌株的霉菌有以下几种:曲霉属、青霉属、镰刀菌属、交链孢霉属等。

餐饮业中常见的霉菌危害及控制措施详见表8.3。

表8.3　餐饮业中常见的霉菌危害及控制措施

霉菌毒素	污染来源	危害程度	预防措施
黄曲霉毒素	霉变谷物（主要在南方高温高湿地区，如广东、广西、福建等省，以玉米为主食的地区较易发生此类中毒）	慢性:致癌、致畸;急性:肝脾伤害、死亡	粮食、油要严格进货渠道;储存环境应防潮通风保持干燥;不食用发霉变质的食品
脱氧雪腐镰刀菌烯醇	赤霉病麦、霉变谷物（主要在南方高温高湿地区，如广东、广西、福建等省，以玉米为主食的地区较易发生此类中毒）	恶心、眩晕、腹痛、呕吐、全身乏力等	粮食、油品要严格进货渠道;储存环境应防潮通风保持干燥;不食用发霉变质的食品

项目小结)))

　　餐饮业是通过即时加工制作、商业销售和服务性劳动于一体,向消费者专门提供各种酒水、食品,消费场所和设施的食品生产经营行业。餐饮食品加工基本流程主要包括加工、配份和烹调3个程序。3个程序中每个环节紧密联系又明显划分。

　　我国食品的加工方式可分为5种不同的类型,食物在烹调直到食用前的各个环节,由于各种条件和因素的作用,可使某些有害因素进入食物,存在着造成食品危害的潜在可能性。如果食品中的危害无法有效地消除及控制,就会危及人的健康和生命安全。餐饮食品中常见的生物性危害包括细菌、病毒、寄生虫以及霉菌。懂得这些病原微生物的分布特点、危害作用能有效防止食物中毒事故和食源性疾病的发生,确保餐饮业食品生产经营的顺利进行,为消费者的饮食安全服务。

复习思考题)))

　　1. 为保证食品安全,餐饮食品加工中有哪些注意事项?

　　2. 餐饮食品加工中可能出现的微生物污染有哪些?

　　3. 餐饮业中常见的细菌性危害有哪些,怎么进行控制?

　　4. 餐饮业中常见的病毒危害有哪些,怎么进行控制?

　　5. 餐饮业中常见的霉菌毒素危害有哪些,怎么进行控制?

　　6. 案例分析

　　某职工食堂供应150位员工的午餐,有米饭、馒头、面条、苦瓜炒肉片、红烧豆腐、炒豆芽等。进食午餐后的3 h内,先后有80名职工出现恶心、剧烈呕吐、腹泻等症状,但体温大都正常,经治疗都恢复正常。调查结果表明,病人都吃了米饭,经进一步调查得知,该食堂供应的米饭是第一天晚上剩下的,未放入冰箱,当时米饭存放的温度为36 ℃,第二天剩米饭用蒸汽重新加热 10 min 后供应给职工食用的。

经当地主管部门对剩米饭检验表明,本次食物中毒由蜡样芽孢杆菌引起。

①米饭中毒物的可能来源有哪些?

②由米饭引起的食物中毒的影响因素有哪些?

③为了防止此类事故的发生,你对食堂负责人有何建议?

实训 8.1　餐饮加工环境中各类主要微生物的测定

一、实训目的

1. 了解环境中微生物检验项目及检测过程。

2. 学习并掌握环境中菌落总数、大肠菌群、霉菌和酵母菌的检验方法。

二、实训原理

在餐饮加工环境中,由于各种条件和因素的作用,可使某些有害因素进入食品或食品原料中,存在着造成食品危害的潜在可能性。如果食品中危害无法有效地消除及控制,就会危及人的健康和生命安全。因此,对食品中以及餐饮食品加工环境中微生物的检测显得尤为重要。餐饮加工环境中的微生物检验项目主要有菌落总数、大肠菌群、霉菌和酵母菌等。

三、实训材料和器皿

中和缓冲液(附录 1 中 12)、平板计数琼脂培养基(附录 1 中 1)、无菌生理盐水(附录 1 中 8)、马铃薯-葡萄糖-琼脂培养基(附录 1 中 2)、孟加拉红培养基(附录 1 中 3)、月桂基硫酸盐胰蛋白胨(LST)肉汤(附录 1 中 4)、煌绿乳糖胆盐(BGLB)肉汤(附录 1 中 5)、结晶紫中性红胆盐琼脂(VRBA)(附录 1 中 6)、灭菌蒸馏水、菌落检测片(菌落总数检验测试片、大肠菌群检验测试片)。

恒温培养箱、电子天平、恒温水浴箱、高压灭菌锅、鼓风干燥箱、冰箱、无菌吸管、无菌平皿、无菌试管、均质器、显微镜、温度计、镊子、刀、剪、灭菌采样罐(225 mL)、灭菌纱布、灭菌海绵、灭菌涂抹棒、灭菌采样袋、载玻片、盖玻片、采样箱、无菌保温箱、酒精灯、灭菌吸管。

四、实训方法与步骤

1. 采样

(1)空气微生物采样(自然沉降法)

根据室内面积的大小,选择有代表性的位置作为采样点。室内面积≤30 m² 的,设内、中、外3处采样,3处采样点呈对角线分布,内、外两个采样点设在距墙1 m处;室内面积 >30 m² 的,在墙壁4个角及中央设置5个采样点,墙壁4个角采样点设在距墙1 m处。采用90 mm营养琼脂平板和沙氏琼脂培养基平板在采样点暴露5 min,采样高度距离地面1.5 m。

(2)食品接触面的环境微生物采样

使用涂抹棒作为采样工具,在样品表面(5 cm×5 cm)25 cm²的面积范围内从上到下,从左到右反复涂抹5次,放入含有10 mL中和缓冲液的试管中。

2.微生物的检验

1)空气微生物

(1)菌落总数的测定

将采集细菌后的营养琼脂平皿置36 ℃±1 ℃培养48 h±2 h,菌落计数。

(2)霉菌和酵母等真菌总数

将采集真菌后的沙氏琼脂培养基平皿置28 ℃±1 ℃培养,逐日观察并于第5 d记录结果。若真菌数量过多可于第3天记录结果,并记录培养时间。

2)食品接触面的环境微生物

(1)菌落总数的测定

采样后,根据样品污染情况确定是否进行样品的稀释及稀释的倍数。选择3个合适的稀释度。分别吸取稀释液1 mL加入灭菌平皿中。加入冷却至45 ℃的培养基,每皿约15 mL,并立即旋摇平皿,凝固后放入36 ℃±1 ℃恒温培养箱中培养48 h±2 h。

(2)霉菌和酵母

采样后,将盛有采样样品的试管在手心用力振荡100次,再用1 mL灭菌吸管反复吹吸50次,使霉菌孢子和酵母菌充分散开。此液为1:10稀释液。

用灭菌吸管吸取1:10稀释液1 mL注入9 mL加有玻璃珠的灭菌生理盐水管中,换1支1 mL灭菌吸管吹吸5次,此液为1:100稀释液。

按上述操作顺序作10倍递增稀释液,每稀释1次,换1支1 mL灭菌吸管,根据样品的污染情况,选择3个合适的稀释度。分别吸取稀释液1 mL加入灭菌平皿中。将溶化并冷却至45 ℃左右的培养基注入灭菌的平皿中,待琼脂凝固后,倒置于28 ℃±1 ℃温箱中,3 d后开始观察,共培养观察5 d。

(3)大肠菌群的测定

采样后,参照实训7.3"牛奶中大肠菌群的测定"方法进行。

五、实训结果

1.菌落总数测定结果参照实训7.1"鲜肉中菌落总数的测定"方法进行。

2.霉菌和酵母测定结果参照实训7.2"蔬菜和水果中酵母菌和霉菌的测定"方法进行。

3.大肠菌群测定结果参照实训7.3"牛奶中大肠菌群的测定"方法进行。

六、实训注意事项

1.操作中必须有"无菌操作"的概念,所用玻璃器皿必须完全灭菌。所用剪刀、镊子等器具也必须进行灭菌处理。

2. 操作应当在超净工作台或经过消毒处理的无菌室进行。

3. 采样时,应防止交叉污染及其他因素对实验结果的影响。

七、思考题

在对环境中的微生物进行采样的时候应注意哪些事项?

附 录

附录 1　培养基和试剂

1）平板计数琼脂（plate count agar，PCA）培养基

（1）成分

胰蛋白胨	5.0 g
酵母浸膏	2.5 g
葡萄糖	1.0 g
琼　脂	15.0 g
蒸馏水	1 000 mL
pH	7.0±0.2

（2）制法

将上述成分加于蒸馏水中，煮沸溶解，调节 pH。分装试管或锥形瓶，121 ℃高压灭菌 15 min。

2）马铃薯-葡萄糖-琼脂

（1）成分

马铃薯（去皮切块）	300 g
葡萄糖	20.0 g
琼脂	20.0 g
氯霉素	0.1 g
蒸馏水	1 000 mL

（2）制法

将马铃薯去皮切块，加 1 000 mL 蒸馏水，煮沸 10～20 min。用纱布过滤，补加蒸馏水至 1 000 mL。加入葡萄糖和琼脂，加热溶化，分装后，121 ℃灭菌 20 min。倾注平板前，用少量乙醇溶解氯霉素加入培养基中。

3）孟加拉红培养基

（1）成分

蛋白胨	5.0 g

葡萄糖	10.0 g
磷酸二氢钾	1.0 g
硫酸镁（无水）	0.5 g
琼脂	20.0 g
孟加拉红	0.033 g
氯霉素	0.1 g
蒸馏水	1 000 mL

（2）制法

上述各成分加入蒸馏水中，加热溶化，补足蒸馏水至 1 000 mL，分装后，121 ℃灭菌 20 min。倾注平板前，用少量乙醇溶解氯霉素加入培养基中。

4）月桂基硫酸盐胰蛋白胨（LST）肉汤

（1）成分

胰蛋白胨或胰酪胨	20.0 g
氯化钠	5.0 g
乳糖	5.0 g
磷酸氢二钾	2.75 g
磷酸二氢钾	2.75 g
月桂基硫酸钠	0.1 g
蒸馏水	1 000 mL
pH	6.8 ±0.2

（2）制法

将上述成分溶解于蒸馏水中，调节 pH。分装到有玻璃小导管的试管中，每管 10 mL。121 ℃高压灭菌 15 min。

5）煌绿乳糖胆盐（BGLB）肉汤

（1）成分

蛋白胨	10.0 g
乳糖	10.0 g
牛胆粉（oxgall 或 oxbile）溶液	200 mL
0.1%煌绿水溶液	13.3 mL
蒸馏水	800 mL
pH	7.2 ±0.1

（2）制法

将蛋白胨、乳糖溶于约 500 mL 蒸馏水中，加入牛胆粉溶液 200 mL（将 20.0 g 脱水牛胆粉溶于 200 mL 蒸馏水中，调节 pH 至 7.0～7.5），用蒸馏水稀释到 975 mL，调节 pH，再加入 0.1%煌绿水溶液 13.3 mL，用蒸馏水补足到 1 000 mL，用棉花过滤后，分装到有玻璃小倒管的试管中，每管 10 mL。121 ℃高压灭菌 15 min。

6）结晶紫中性红胆盐琼脂（VRBA）

（1）成分

蛋白胨	7.0 g
酵母膏	3.0 g
乳糖	10.0 g
氯化钠	5.0 g
胆盐或 3 号胆盐	1.5 g
中性红	0.03 g
结晶紫	0.002 g
琼脂	15～18 g
蒸馏水	1 000 mL
pH	7.4±0.1

（2）制法

将上述成分溶于蒸馏水中，静置几分钟，充分搅拌，调节 pH。煮沸 2 min，将培养基冷却至 45～50 ℃倾注平板。使用前临时制备，不得超过 3 h。

7）沙氏琼脂培养基

（1）成分

蛋白胨	10 g
葡萄糖	40 g
琼脂	20 g
蒸馏水	1 000 mL

（2）制法

将蛋白胨、葡萄糖溶于蒸馏水中，pH 5.5～6.0，加入琼脂，115 ℃、15 min 高压灭菌备用。

8）磷酸盐缓冲液

（1）成分

磷酸二氢钾	34.0 g
蒸馏水	500 mL
pH	7.2

（2）制法

贮存液：称取 34.0 g 磷酸二氢钾溶于 500 mL 蒸馏水中，用大约 175 mL 的 1 mol/L 氢氧化钠溶液调节 pH，用蒸馏水稀释至 1 000 mL 后贮存于冰箱。

稀释液：取贮存液 1.25 mL，用蒸馏水稀释至 1 000 mL，分装于适宜容器中，121 ℃高压灭菌 15 min。

9）无菌生理盐水

（1）成分

氯化钠	8.5 g
蒸馏水	1 000 mL

（2）制法

称取 8.5 g 氯化钠溶于 1 000 mL 蒸馏水中,121 ℃高压灭菌 15 min。

10）1 mol/L NaOH

（1）成分

NaOH	40.0 g
蒸馏水	1 000 mL

（2）制法

称取 40 g 氢氧化钠溶于 1 000 mL 蒸馏水中,121 ℃高压灭菌 15 min。

11）1 mol/L HCl

（1）成分

HCl	90 mL
蒸馏水	1 000 mL

（2）制法

移取浓盐酸 90 mL,用蒸馏水稀释至 1 000 mL,121 ℃高压灭菌 15 min。

12）中和缓冲液

（1）成分

磷酸二氢钾	42.5 mg
硫代硫酸钠	0.16 g
芳基磺酸盐复合物	5 g
蒸馏水	1 000 mL

（2）制法

按中和缓冲液组成成分分别称取磷酸二氢钾、硫代硫酸钠和芳基磺酸盐复合物,溶于 1 000 mL 蒸馏水中,121 ℃高压灭菌 15 min。

附录 2　1 g(mL)检样中最可能数(MPN)检索表

阳性管数			MPN	95%可信限		阳性管数			MPN	95%可信限	
0.1	0.01	0.001		上限	下限	0.1	0.01	0.001		上限	下限
0	0	0	<3.0	—	9.5	2	2	0	21	4.5	42
0	0	1	3.0	0.15	9.6	2	2	1	28	8.7	94
0	1	0	3.0	0.15	11	2	2	2	35	8.7	94
0	1	1	6.1	1.2	18	2	3	0	29	8.7	94
0	2	0	6.2	1.2	18	2	3	1	36	8.7	94

续表

阳性管数			MPN	95%可信限		阳性管数			MPN	95%可信限	
0.1	0.01	0.001		上限	下限	0.1	0.01	0.001		上限	下限
0	3	0	9.4	3.6	38	3	0	0	23	4.6	94
1	0	0	3.6	0.17	18	3	0	1	38	8.7	110
1	0	1	7.2	1.3	18	3	0	2	64	17	180
1	0	2	11	3.6	38	3	1	0	43	9	180
1	1	0	7.4	1.3	20	3	1	1	75	17	200
1	1	1	11	3.6	38	3	1	2	120	37	420
1	2	0	11	3.6	42	3	1	3	160	40	420
1	2	1	15	4.5	42	3	2	0	93	18	420
1	3	0	16	4.5	42	3	2	1	150	37	420
2	0	0	9.2	1.4	38	3	2	2	210	40	430
2	0	1	14	3.6	42	3	2	3	290	90	1 000
2	0	2	20	4.5	42	3	3	0	240	42	1 000
2	1	0	15	3.7	42	3	3	1	460	90	2 000
2	1	1	20	4.5	42	3	3	2	1 100	180	4 100
2	1	2	27	8.7	94	3	3	3	>1 100	420	—

注:1. 本表采用3个稀释度[0.1 g(mL)、0.01 g(mL)和0.001 g(mL)],每个稀释度接种3管(片)。

2. 表内所列检样量如改用1 g(mL)、0.1 g(mL)和0.01 g(mL)时,表内数字应相应降低10倍;如改用
0.01 g(mL)、0.001 g(mL)、0.000 1 g(mL)时,则表内数字应相应提高10倍,其余类推。

参考文献

[1] 吕嘉栎. 食品微生物学[M]. 北京:化学工业出版社,2007.

[2] 董明盛,贾英民. 食品微生物学[M]. 北京:中国轻工业出版社,2006.

[3] 何国庆,贾英民,丁立孝. 食品微生物学[M]. 2 版. 北京:中国农业大学出版社,2009.

[4] 周德庆. 微生物学教程[M]. 北京:高等教育出版社,2001.

[5] 沈萍,彭珍荣. 微生物学[M]. 5 版. 北京:高等教育出版社,2003.

[6] Mead,P. S. ,Slutsker,et al. (1999). Food-related illness and death in the United States. E-merging Infectious Diseases,5(5),607- 625.

[7] 蔡信之,黄君红. 微生物学[M]. 3 版. 北京:科技出版社,2011.

[8] 江汉湖. 食品微生物[M]. 2 版. 北京:中国农业出版社,2005.

[9] 杨民和. 微生物学[M]. 北京:科学出版社,2010.

[10] 陈红霞,李翠华. 食品微生物学及实验技术[M]. 北京:化学工业出版社,2008.

[11] 何国庆,贾英民. 食品微生物学[M]. 北京:中国农业大学出版社,2002.

[12] 沈萍等. 微生物学[M]. 2 版. 北京:高等教育出版社,2006.

[13] 李松涛. 食品微生物学检验[M]. 北京:中国计量出版社,2008.

[14] 陈玮,董秀芹. 微生物学及实验实训技术[M]. 北京:化学工业出版社,2010.

[15] 周德庆. 微生物学教程[M]. 2 版. 北京:高等教育出版社,2002.

[16] 曹卫军,马辉文,张甲耀. 微生物工程[M]. 2 版. 北京:科学出版社,2007.

[17] 李兰平,贺稚非. 食品微生物学实验原理与技术[M]. 北京:中国农业出版社,2005.

[18] 钱爱东. 食品微生物[M]. 2 版. 北京:中国农业出版社,2007.

[19] 潘春梅,张晓静. 微生物技术[M]. 北京:化学工业出版社,2010.

[20] 李志香,张家国. 食品微生物学及其技能训练[M]. 北京:中国轻工业出版社,2011.

[21] 万萍. 食品微生物基础与实验技术[M]. 北京:科学出版社,2004.

[22] 郝林,杨宁. 发酵食品加工技术[M]. 北京:中国社会出版社,2006.

[23] 陈声东,张立钦. 微生物学研究技术[M]. 北京:科学出版社,2006.

[24] 郑晓冬. 食品微生物学[M]. 杭州:浙江大学出版社,2001.

[25] 杨洁彬,李淑高,等. 食品微生物学[M]. 北京:北京农业大学出版社,1995.

[26] 张文治,沈梅生. 实用食品微生物学[M]. 北京:中国轻工业出版社,1991.

[27] 无锡轻工大学,天津轻工业学院. 食品微生物学[M]. 北京:中国轻工业出版社,2008.

[28] 张文治. 新编食品微生物学[M]. 北京:中国轻工业出版社,1995.

[29] 沈同,王镜岩. 生物化学[M]. 北京:高等教育出版社,1991.

[30] 周德庆. 微生物学教程[M]. 北京:高等教育出版社,1993.

[31] 殷蔚申,等.食品微生物学[M].北京:中国财政经济出版社,1991.

[32] 吴金鹏.食品微生物学[M].北京:农业出版社,1992.

[33] 周德庆.微生物学教程[M].3 版.北京:高等教育出版社,2011.

[34] 诸葛健,李华钟,王正祥.微生物遗传育种学[M].北京:化学工业出版社,2009.

[35] 赵斌,何绍江.微生物学实验[M].北京:科学出版社,2002.

[36] 贺小贤.生物工艺原理[M].2 版.北京:化学工业出版社,2008.

[37] 王卫卫.微生物生理学[M].北京:科学出版社,2008.

[38] 周桃英.食品微生物[M].北京:中国农业大学出版社,2009.

[39] 岳春.食品发发酵技术[M].北京:化学工业出版社,2008.

[40] 陈志.乳品加工技术[M].北京:化学工业出版社,2008.

[41] 杨玉红.食品微生物学[M].武汉:武汉理工大学出版社,2010.

[42] 祝战斌.果蔬贮藏与加工技术[M].北京:科学出版社,2010.

[43] 张文治.新编食品微生物学[M].北京:中国轻工业出版社,2004.

[44] 翁连海.食品微生物基础与应用[M].北京:高等教育出版社,2005.

[45] 沈萍.微生物学实验[M].4 版.北京:高等教育出版社,2008.

[46] 邹晓葵.发酵食品加工技术[M].北京:金盾出版社,2008.

[47] 杨汝德.现代工业微生物学[M].广州:华南理工大学出版社,2001.

[48] 方贵.发酵微生物学[M].北京:中国农业大学出版社,1999.

[49] 岑沛霖.工业微生物学[M].北京:化学工业出版社,2000.

[50] 钱爱东.食品微生物[M].北京:中国农业出版社,2002.

[51] 张淼,等.四川豆瓣加工工艺及风味物质研究进展[J].食品与发酵科技,2011,47(1):35-38.

[52] 高岭.四川豆瓣的加工工艺及发酵机理初探[J].中国调味品,1998(6):22-23.

[53] 李幼筠."郫县豆瓣"剖析[J].中国酿造,2008(11):83-86.

[54] 朱乐敏.食品微生物学[M].北京:化学工业出版社,2010.

[55] 吕嘉枥.食品微生物学[M].北京:化学工业出版社 2011.

[56] GB 2717—2003 酱油卫生标准.

[57] GB 2719—2003 食醋卫生标准.

[58] GB 2759.1—2003 冷冻饮品卫生标准.

[59] GB 2726—2005 熟肉制品卫生标准.

[60] GB 9678.1—2003 糖果卫生标准.

[61] 汪志君.餐饮食品安全[M].北京:高等教育出版社,2010.

[62] 吉林大学精品课程—医学微生物学,http://cc.jlu.edu.cn/G2S/Template/View.aspx?courseType=1&courseId=45&topMenuId=119873&menuType=1&action=view&type=&name=&linkpageID=120156.